全国土木工程类实用创新型规划教材

安装工程计量与计价

主　审　胡兴福
主　编　彭　蓉
副主编　王　琼　张海玲
编　者　王　莉　赵太平　田施雨
　　　　柳婷婷　邹继雪

哈尔滨工业大学出版社

内 容 简 介

本书主要内容包括:绪论,安装工程预算定额,安装工程费用构成及预算编制方法,建筑给排水工程计量与计价,建筑采暖工程计量与计价,电气设备安装工程计量与计价,通风空调工程计量与计价,刷油、防腐蚀、绝热工程计量与计价。

本书内容简明易懂,每模块都配有学习目标、工程导入、重点串联、拓展与实训、链接执考。

本书可供普通高等学校工程造价专业及相关专业使用,也可作为相关工程技术人员的参考用书。

图书在版编目(CIP)数据

安装工程计量与计价/彭蓉主编. —哈尔滨:哈尔滨工业大学出版社,2014.7
 ISBN 978-7-5603-4772-1

Ⅰ.①安⋯ Ⅱ.①彭⋯ Ⅲ.①建筑安装-工程造价-高等学校-教材 Ⅳ.①TU723.3

中国版本图书馆 CIP 数据核字(2014)第 121530 号

责任编辑	苗金英
出版发行	哈尔滨工业大学出版社
社　　址	哈尔滨市南岗区复华四道街 10 号　邮编 150006
传　　真	0451 – 86414749
网　　址	http://hitpress.hit.edu.cn
印　　刷	天津市蓟县宏图印务有限公司
开　　本	850mm×1168mm　1/16　印张 19　字数 569 千字
版　　次	2014 年 7 月第 1 版　2014 年 7 月第 1 次印刷
书　　号	ISBN 978-7-5603-4772-1
定　　价	39.00 元

(如因印装质量问题影响阅读,我社负责调换)

前言 Preface

本书是全国土木工程类实用创新型规划教材之一，本书围绕职业岗位对学生职业能力的需求，注重培养学生的实践能力，培养"技能型"人才。

"安装工程计量与计价"是土建类工程造价专业的核心课程，也是一门实践性和综合性较强的课程。本书在编写过程中，紧紧围绕以"技能培养和综合素质提高"为目的，尽量做到：基础理论以应用为目的，以够用为度，以讲清概念、强化应用为重点，工程实例与现场紧密结合。

本书图文并茂，简明易懂，采用最新的规范、技术标准，注重结合相关执业资格考试内容，注重对学生专业能力及岗位能力的培养，突出实用性、技能性、创新性的特点。

本书的内容有以下特色：

1. 本书采用最新的国家规范《建设工程工程量清单计价规范》（GB 50500—2013）、《通用安装工程工程量计算规范》（GB 50856—2013），根据最新的建筑安装工程费用项目组成（建标［2013］44号）编写，使教材更具有实用性。

2. 本书以工程案例为载体，采用模块式的编写思路。基础知识配合工程实例，便于学生完整、系统地掌握计量和计价过程，定额计价和清单计价案例的对比有助于提高学生动手能力。

3. 本书内容设置与执业资格考试紧密结合，在"链接执考"部分，列出了近年来国家执业资格考试中涉及本模块的内容，便于学生拓宽眼界，了解相关考试动向。

4. "重点串联"将模块内容脉络清晰地展现给读者。

整体课时分配如下：

模块	内 容	建议课时	授课类型
模块 1	绪论	2 课时	讲授、实训
模块 2	安装工程预算定额	6 课时	讲授、实训
模块 3	安装工程费用构成及预算编制方法	6 课时	讲授、实训
模块 4	建筑给排水工程计量与计价	12 课时	讲授、实训
模块 5	建筑采暖工程计量与计价	12 课时	讲授、实训
模块 6	电气设备安装工程计量与计价	20 课时	讲授、实训
模块 7	通风空调工程计量与计价	8 课时	讲授、实训
模块 8	刷油、防腐蚀、绝热工程计量与计价	6 课时	讲授、实训

本书模块 1、模块 8 由赵太平编写，模块 3、模块 5 由王琼编写，模块 2 和模块 7 由张海玲编写，模块 4 由彭蓉编写，模块 6 由王莉编写。田施雨、柳婷婷和邹继雪老师在本书编写过程中参与了资料收集、稿件审校和部分编写工作等。

由于编者水平有限，时间仓促，书中难免有不妥之处，恳请读者、同行批评指正。

编 者

编审委员会

主　任：胡兴福
副主任：李宏魁　　　符里刚
委　员：（排名不分先后）

胡　勇	赵国忱	游普元
宋智河	程玉兰	史增录
张连忠	罗向荣	刘尊明
胡　可	余　斌	李仙兰
唐丽萍	曹林同	刘吉新
武鲜花	曹孝柏	郑　睿
常　青	王　斌	白　蓉
张贵良	关　瑞	田树涛
吕宗斌	付春松	蒙绍国
莫荣锋	赵建军	易　斌
程　波	王右军	谭翠萍
边喜龙		

本书学习导航

模块概述
简要介绍本模块与整个工程项目的联系，在工程项目中的意义，或者与工程建设之间的关系等。

学习目标
包括知识目标和技能目标，列出了学生应了解与掌握的知识点。

课时建议
建议课时，供教师参考。

工程导入
各模块开篇前导入实际工程，简要介绍工程项目中与本模块有关的知识和它与整个工程项目的联系及在工程项目中的意义，或者课程内容与工程需求的关系等。

技术提示
言简意赅地总结实际工作中容易犯的错误或者难点、要点等。

重点串联
用结构图将整个模块的重点内容贯穿起来，给学生完整的模块概念和思路，便于复习总结。

拓展与实训
包括职业能力训练、工程模拟训练和链接执考三部分，从不同角度考核学生对知识的掌握程度。

目录 Contents

模块1 绪 论

- ☞ 模块概述/001
- ☞ 知识目标/001
- ☞ 技能目标/001
- ☞ 课时建议/001

1.1 安装工程计量与计价的概念及分类/002
    1.1.1 安装工程/002
    1.1.2 安装工程计量与计价/002
    1.1.3 计价的分类/002

1.2 安装工程计量与计价的发展简史/003
    1.2.1 国际安装工程计量与计价的发展/003
    1.2.2 我国安装工程计量与计价的发展/004

1.3 本课程的内容、任务、作用、学习方法和学习目标/004
    1.3.1 本课程的内容/004
    1.3.2 本课程的任务和作用/005
    1.3.3 本课程的学习方法/006
    1.3.4 本课程的学习目标/006

- ❖ 重点串联/006
- ❖ 拓展与实训/007
  - ✱ 职业能力训练/007
  - ✱ 链接执考/007

模块2 安装工程预算定额

- ☞ 模块概述/009
- ☞ 知识目标/009
- ☞ 技能目标/009
- ☞ 课时建议/009
- ☞ 工程导入/010

2.1 安装工程预算定额概述/010
    2.1.1 建设工程定额的分类/010
    2.1.2 安装工程预算定额的概念和作用/012
    2.1.3 《全国统一安装工程预算定额》介绍/013

2.2 安装工程预算定额消耗量指标的确定/018
    2.2.1 人工消耗量指标的确定/018
    2.2.2 材料消耗量指标的确定/019
    2.2.3 机械台班消耗量的确定/019

2.3 安装工程预算定额单价的确定/020
    2.3.1 定额人工日工资单价的确定/020
    2.3.2 定额材料预算单价的确定/020
    2.3.3 定额施工机械台班单价的确定/023

2.4 安装工程预算定额基价的确定/024
    2.4.1 预算定额基价/024
    2.4.2 预算定额基价的组成/024

2.5 安装工程预算定额的应用/025
    2.5.1 材料与设备的划分/025
    2.5.2 计价材料和未计价材料的区别/026
    2.5.3 定额中的系数/027
    2.5.4 安装工程预算定额的查阅方法/027
    2.5.5 各册定额间的联系/028

- ❖ 重点串联/030
- ❖ 拓展与实训/030
  - ✱ 职业能力训练/030
  - ✱ 工程模拟训练/032
  - ✱ 链接执考/032

模块3 安装工程费用构成及预算编制方法

- ☞ 模块概述/033
- ☞ 知识目标/033
- ☞ 技能目标/033
- ☞ 课时建议/033
- ☞ 工程导入/034

3.1 安装工程的费用构成/034
    3.1.1 安装工程定额模式下的费用构成/034
    3.1.2 安装工程清单模式下的费用构成/038

3.2 安装工程造价的计算程序/041
    3.2.1 安装工程定额计价的计算程序/041
    3.2.2 安装工程清单计价的计算程序/043

3.3 安装工程预算编制方法/045
    3.3.1 安装工程施工图预算编制方法/045

3.3.2　安装工程工程量清单编制方法/050
❖ 重点串联/068
❖ 拓展与实训/068
　　✱ 职业能力训练/068
　　✱ 工程模拟训练/069
　　✱ 链接执考/069

模块4　建筑给排水工程计量与计价

☞ 模块概述/071
☞ 知识目标/071
☞ 技能目标/071
☞ 课时建议/071
☞ 工程导入/072

4.1　建筑给排水工程基础知识/072
　　4.1.1　建筑给排水系统的分类和组成/072
　　4.1.2　建筑给排水系统常用材料及设备/075
　　4.1.3　建筑给排水系统的安装要求/077
4.2　建筑给排水工程施工图识读/078
　　4.2.1　图纸组成/078
　　4.2.2　识图方法/080
4.3　建筑给排水工程定额模式下的计量与计价/081
　　4.3.1　定额内容及注意事项/081
　　4.3.2　定额项目工程量计算方法/082
　　4.3.3　定额项目工程量计算规则/083
　　4.3.4　定额计价案例/086
4.4　建筑给排水工程清单模式下的计量与计价/094
　　4.4.1　清单内容及注意事项/094
　　4.4.2　清单项目工程量计算方法/095
　　4.4.3　清单工程量计算规则/095
　　4.4.4　清单计价案例/098
❖ 重点串联/109
❖ 拓展与实训/110
　　✱ 职业能力训练/110
　　✱ 工程模拟训练/111
　　✱ 链接执考/111

模块5　建筑采暖工程计量与计价

☞ 模块概述/112
☞ 知识目标/112
☞ 技能目标/112
☞ 课时建议/112
☞ 工程导入/113

5.1　建筑采暖工程基础知识/113
　　5.1.1　建筑采暖系统的分类和组成/113
　　5.1.2　建筑采暖系统常用材料及设备/114
　　5.1.3　建筑采暖系统的安装要求/117
5.2　建筑采暖工程施工图识读/119
　　5.2.1　图纸组成/119
　　5.2.2　识图方法/121
5.3　建筑采暖工程定额模式下的计量与计价/121
　　5.3.1　定额内容及注意事项/121
　　5.3.2　定额项目工程量计算方法/123
　　5.3.3　定额项目工程量计算规则/124
　　5.3.4　定额计价及预算编制案例/127
5.4　建筑采暖工程清单模式下的计量与计价/135
　　5.4.1　清单内容及注意事项/135
　　5.4.2　清单项目工程量计算方法/135
　　5.4.3　清单项目工程量计算规则/136
　　5.4.4　清单计价及预算编制案例/140
❖ 重点串联/151
❖ 拓展与实训/152
　　✱ 职业能力训练/152
　　✱ 工程模拟训练/152
　　✱ 链接执考/152

模块6　电气设备安装工程计量与计价

☞ 模块概述/153
☞ 知识目标/153
☞ 技能目标/153
☞ 课时建议/153
☞ 工程导入/154

6.1　电气设备安装工程基础知识/154
　　6.1.1　电气设备安装工程的分类和组成/154
　　6.1.2　电气设备安装系统常用材料及设备/162
　　6.1.3　电气设备安装系统的安装要求/164
6.2　电气设备安装工程施工图识读/166
　　6.2.1　图纸组成/166
　　6.2.2　识图方法/167

6.3 电气设备安装工程定额模式下的计量与
　　计价/171
　　6.3.1 定额内容及注意事项/171
　　6.3.2 定额项目工程量计算方法/172
　　6.3.3 定额项目工程量计算规则/173
　　6.3.4 定额计价案例/190
6.4 电气设备安装工程清单模式下的计量与
　　计价/202
　　6.4.1 清单内容及注意事项/202
　　6.4.2 清单项目工程量计算方法/203
　　6.4.3 清单项目工程量计算规则/203
　　6.4.3 清单计价案例/215
◆ 重点串联/228
◆ 拓展与实训/229
　　✻ 职业能力训练/229
　　✻ 工程模拟训练/229
　　✻ 链接执考/230

模块7　通风空调工程计量与计价

☞ 模块概述/232
☞ 知识目标/232
☞ 技能目标/232
☞ 课时建议/232
☞ 工程导入/233

7.1 通风空调工程基础知识/233
　　7.1.1 通风空调系统的分类和组成/233
　　7.1.2 通风空调系统常用材料及设备/235
　　7.1.3 通风空调系统的安装要求/238
7.2 通风空调工程施工图识读/241
　　7.2.1 图纸组成/241
　　7.2.2 识图方法/242
7.3 通风空调工程定额模式下的计量与
　　计价/247
　　7.3.1 定额内容及注意事项/247
　　7.3.2 定额项目工程量计算方法/250
　　7.3.3 定额项目工程量计算规则/250
　　7.3.4 定额计价案例/252
7.4 通风空调工程清单模式下的计量与
　　计价/257

　　7.4.1 清单内容设置/257
　　7.4.2 清单项目工程量计算方法/258
　　7.4.3 清单项目工程量计算规则/258
　　7.4.4 清单计价案例/264
◆ 重点串联/268
◆ 拓展与实训/268
　　✻ 职业能力训练/268
　　✻ 工程模拟训练/269
　　✻ 链接执考/269

模块8　刷油、防腐蚀、绝热工程计量与计价

☞ 模块概述/270
☞ 知识目标/270
☞ 技能目标/270
☞ 课时建议/270
☞ 工程导入/271

8.1 刷油、防腐蚀、绝热工程基础知识/271
　　8.1.1 除锈工程/271
　　8.1.2 刷油工程/271
　　8.1.3 绝热工程/272
　　8.1.4 防腐蚀工程/272
8.2 刷油、防腐蚀、绝热工程定额模式下的计量
　　与计价/273
　　8.2.1 定额内容及注意事项/273
　　8.2.2 定额项目工程量计算方法/274
　　8.2.3 定额项目工程量计算规则/275
　　8.2.4 定额计价案例/280
8.3 刷油、防腐蚀、绝热工程清单模式下的计量
　　与计价/283
　　8.3.1 清单内容设置/283
　　8.3.2 清单项目工程量计算方法/283
　　8.3.3 清单项目工程量计算规则/284
　　8.3.4 清单计价案例/287
◆ 重点串联/290
◆ 拓展与实训/291
　　✻ 职业能力训练/291
　　✻ 工程模拟训练/291
　　✻ 链接执考/291

参考文献/293

模块 1 绪 论

【模块概述】

本模块介绍了安装工程计量与计价的概念、作用、发展及本课程的内容、任务、学习方法、学习目标等。通过本模块的学习，我们将对安装工程计量与计价有初步的认识和理解，知道本课程的重要性及学习本课程的作用。本模块介绍的学习方法、学习目标等，将为我们学好这门课指引方向。

【知识目标】

1. 安装工程计量与计价的概念及分类；
2. 安装工程计量与计价的发展简史；
3. 本课程的内容、任务、学习方法和学习目标。

【技能目标】

1. 掌握基本概念；
2. 熟悉课程内容；
3. 熟悉本课程的学习任务、学习方法和学习目标。

【课时建议】

2课时

1.1 安装工程计量与计价的概念及分类

1.1.1 安装工程

安装工程是指按照工程建设施工图纸和施工规范的规定,把各种设备放置并固定在一定的地方,或将工程原材料经过加工并安置、装配而形成具有功能价值产品的工作过程。

安装工程所包括的内容广泛,涉及多个不同种类的工程专业。在建筑行业常见的安装工程有:电气设备安装工程,给排水、采暖、燃气安装工程,消防及安全防范设备安装工程,通风空调安装工程,工业管道安装工程,刷油、防腐蚀及绝热安装工程等。这些安装项目是工程造价计算的完整对象,具有单独的施工设计文件和独立的施工条件。

1.1.2 安装工程计量与计价

安装工程计量与计价,一般称为安装工程预算,是反映拟建安装工程经济效果的一种技术经济文件。安装工程计量与计价一般从以下两个方面计算工程经济效果。

1. 计量

计量是指通过施工图纸计算确定安装工程各分部分项工程的工程量,然后根据计算出的工程量确定消耗在安装工程中的人工、材料、机械台班数量。正确地计量是支付的前提。

2. 计价

有了工程数量,我们就可以根据有关计价规定对安装工程的工程量进行经济核算,从而得到安装工程的工程造价。计价为安装工程的成本控制、经济效益提高提供约束条件,为如何控制安装工程的资金流向提供依据。

目前,我国现行的安装工程计价方法有定额计价和清单计价两种。

1.1.3 计价的分类

安装工程造价的计价具有动态性和阶段性的特点。工程建设项目从决策到竣工交付使用,都有一个较长的建设期。在整个建设期内,构成工程造价的任何因素发生变化都必然会影响工程造价的变动,不能一次确定可靠的价格,要到竣工结算后才能最终确定工程造价,因此需要对建设程序的各个阶段进行计价,以保证工程造价的确定性和控制的科学性。

1. 招标控制价

招标控制价是在工程招标发包过程中,由招标人根据有关计价规定计算的工程造价,它是招标人用于对招标工程发包的最高投标限价。

2. 投标价

投标价是在工程招标发包过程中,由投标人按照招标文件的要求,根据工程特点,并结合自身的施工技术、装备和管理水平,依据有关计价规定自主确定的工程造价,是投标人希望达成工程承包交易的期望价格。投标价不能高于招标人设定的招标控制价。

3. 签约合同价

签约合同价是在工程发承包交易过程中,由发承包双方以合同形式确定的工程承包价格。采用招标发包的工程,其合同价应为投标人的中标价。

4. 预付款

预付款是在工程开工前,发包人按照合同约定预先支付给承包人用于施工所需材料的采购以及组织人员进场等的款项。

5. 进度款

进度款是施工过程中，发包人按照合同约定在付款周期内对承包人完成的合同价款给予支付的款项，又称期中结算支付。

6. 合同价款调整

合同价款调整是指施工过程中出现合同约定的价款调整事项时，发承包双方提出和确定该价款调整事项的行为。

7. 竣工结算价

竣工结算价是在承包人完成施工合同约定的全部工程内容，发包人组织竣工验收合格后，由发承包双方按照合同约定的工程造价条款，即已签约合同价、合同价款调整（包括工程变更、索赔和现场签证）等事项确定的最终工程造价。

1.2 安装工程计量与计价的发展简史

建筑业是我国的支柱产业之一，是社会物质资料生产的重要部门，它的产品是建筑工程和安装工程。随着生产力的发展、科学技术水平的提高，以及建筑安装施工新技术、新工艺、新材料的不断推陈出新，建筑安装工程计量与计价也随之而发展。

1.2.1 国际安装工程计量与计价的发展

国际建筑安装工程计量与计价的发展大致可以分为以下五个阶段。

1. 国际建筑安装工程计量和计价的萌芽阶段

国际建筑安装工程计量与计价的起源可以追溯到16世纪以前。当时的大多数建筑设计比较简单，业主往往聘请当地的手工艺人及工匠负责建筑物的设计和施工，工程完成后按照一定的计算方法得出实际完成的工程量，并根据双方事先协商好的价格进行结算。

2. 国际建筑安装工程计量与计价的雏形阶段

16世纪至18世纪，随着资本主义社会化大生产的出现和发展，在现代工业发展最早的英国出现了现代意义上的建筑安装工程计量与计价。社会生产力和技术的发展促进国家建设大批的工业厂房，许多农民在失去土地后集中转向城市，需要大量住房，这样使建筑业逐渐得到了发展，设计和施工逐步分离并各自形成一个独立的专业。此时，工匠需要有人帮助他们对已完成的工程量进行测量和估价，以确定应得的报酬，因此，从事这些工作的人员逐步专门化，并被称为工料测量师。他们以工匠小组的名义与工程委托人和建筑师洽商，计算工程量和确定工程价款。但是，当时的工料测量师是在工程完工以后才去测量工程量和结算工程造价的，因而工程造价管理处于被动状态，不能对设计与施工施加任何影响，只是对已完工程进行实物消耗量的测定。

3. 建筑安装工程计量与计价的正式诞生阶段——工程计量与计价的第一次飞跃

19世纪初期，资本主义国家开始推行建设工程项目的竞争性招标投标。工程计量和工程造价的预测的准确性自然成为实行这种制度的关键。参与投标的承包商往往雇用一个估价师为自己做这项工作，而业主（或代表业主利益的工程师）也需要雇用一个估价师为自己计算拟建工程的工程量，为承包商提供工程量清单。因此要求工料测量师在工程设计以后和开工之前就要对拟建的工程进行测量与估价，以确定招标的标底和投标报价。招标承包制的实行更加强化了工料测量师的地位和作用。与此同时，工料测量师的工作范围也扩大了，而且工程计量和工程估价活动从竣工后提前到施工前进行，这是历史性的重要进步。

1868年3月，英国成立了"测量师协会（Surveyor's Institution）"，其中最大的一个分会是工料测量师分会。这一工程造价管理专业协会的创立，标志着现代工程造价管理专业的正式诞生。英国皇家特许测量师协会的成立使工程造价管理人士开始了有组织的相关理论和方法的研究，这一变化使得工程造价管理走出了传统管理的阶段，进入了现代化工程造价的阶段。这一时期完成了工程计量和计价历史上的第一次飞跃。

4."投资计划和控制制度"的产生阶段——工程计量与计价的第二次飞跃

从20世纪40年代开始，由于资本主义经济学的发展，许多经济学的原理被应用到了工程造价管理领域。工程造价管理从一般的工程造价的确定和简单的工程造价的控制的雏形阶段开始向重视投资效益的评估、重视工程项目的经济与财务分析等方向发展。

同时，英国的教育部和英国皇家特许测量师协会（RICS）的成本研究小组（RICS Cost Research Panel）相继提出成本分析和规划的方法。成本规划法的提出大大改变了计量与计价工作的意义，使计量与计价工作从原来被动的工作状况转变成主动，从原来设计结束后做计量估价转变成与设计工作同时进行，甚至在设计之前即可做出估算，这样就可以根据工程委托人的要求使工程造价控制在限额以内。因此，从20世纪50年代开始，"投资计划和控制制度"就在英国等经济发达的国家应运而生。此时恰逢第二次世界大战后的全球重建时期，大量需要建设的工程项目为工程造价管理的理论研究和实践提供了许多机会，从而使工程计量与计价的发展获得了第二次飞跃。

5. 工程计量与计价的综合与集成发展阶段——工程计量与计价的第三次飞跃

从20世纪70年代末到90年代初，工程造价管理的研究又有了新的突破。各国纷纷在改进现有理论和方法的基础上，借助其他管理领域在理论和方法上的最新发展，对工程造价管理进行了更深入和全面的研究。这一时期，英国提出了"全生命周期造价管理（Life Cycle Costing Management，LCCM）"；美国稍后提出了"全面造价管理（Total Cost Management，TCM）"；我国在20世纪80年代末和90年代初提出了"全过程造价管理（Whole Process Cost Management，WPCM）"。这三种工程造价管理理论的提出和发展，标志着工程造价理论和实践的研究进入了一个全新的阶段——综合与集成的阶段，从而标志着工程计量与计价发展的第三次飞跃。

1.2.2 我国安装工程计量与计价的发展

在计划经济体制下，我国建筑安装工程预算是"量""价"合一的，只要按照预算定额和相关费用的计取标准，就可以编制出工程造价。按这种"量""价"合一的建筑安装工程预算定额编制出来的工程造价，反映了计划经济体制下的指令性工程价格。

随着我国加入WTO后建筑市场对外开放，国际上崭新的工程造价管理理论，使我国建筑业对工程计量与计价有了重新的认识。在工程计量与计价方面实行国际通行的工程量清单计量和计价办法，使工程计量与计价贯穿于工程项目的全生命周期，实现从事后算账发展到事先算账，从被动地反映设计和施工发展到能动地影响设计和施工，从工程计量与计价理论方法的单一化向更加科学和多样化的方向发展。

1.3 本课程的内容、任务、作用、学习方法和学习目标

1.3.1 本课程的内容

本课程主要讲述了安装工程预算定额、费用构成、计价程序、工程量计算规则、计价方法等方面的知识。各模块主要内容如下。

模块1 绪论

本模块主要介绍安装工程计量与计价的基本概念、分类、发展，及课程的内容、任务、作用、学习方法和学习目标等。通过本模块的学习，我们要对安装工程计量与计价有初步的认识和理解。

模块2 安装工程预算定额

本模块主要介绍安装工程预算定额的概念、分类和作用；介绍《全国统一安装工程预算定额》

和地区预算定额的区别和联系；介绍定额表中的量、价、费，以及它们之间的关系；介绍安装工程预算定额的应用。通过本模块的学习，我们要能正确地使用定额。

模块3　安装工程费用构成及预算编制方法

本模块主要介绍安装工程定额计价和清单计价的费用构成和计价程序；介绍安装工程预算编制方法。通过本模块的学习，我们要区分定额计价和清单计价的不同。

模块4　建筑给排水工程计量与计价

本模块介绍建筑给排水工程基础知识、识图方法和计量规则；以工程实例为案例，介绍定额计价方法和清单计价方法。通过本模块的学习，我们要能根据施工图纸和其他相关资料，做定额模式下的预算和清单模式下的预算。

模块5　建筑采暖工程计量与计价

本模块介绍建筑采暖工程基础知识、识图方法和计量规则；以工程实例为案例，介绍定额计价方法和清单计价方法。通过本模块的学习，我们要能根据施工图纸和其他相关资料，编制定额模式下的预算和清单模式下的预算。

模块6　电气设备安装工程计量与计价

本模块介绍电气设备安装工程基础知识、识图方法和计量规则；以工程实例为案例，介绍定额计价方法和清单计价方法。通过本模块的学习，我们要能根据施工图纸和其他相关资料，编制定额模式下的预算和清单模式下的预算。

模块7　通风空调工程计量与计价

本模块介绍通风空调工程基础知识、识图方法和计量规则；以工程实例为案例，介绍定额计价方法和清单计价方法。通过本模块的学习，我们要能根据施工图纸和其他相关资料，编制定额模式下的预算和清单模式下的预算。

模块8　刷油、防腐蚀、绝热工程计量与计价

本模块介绍刷油、防腐蚀、绝热工程基础知识及和计量规则；以工程实例为案例，介绍定额计价方法和清单计价方法。通过本模块的学习，我们要能根据相关资料，编制定额模式下的预算和清单模式下的预算。

1.3.2　本课程的任务和作用

本课程的任务是使学习者掌握安装工程工程量的计算方法，定额的套用，定额计价的方法，清单计价的方法，预算编制方法及编制步骤，具备从事安装工程相关专业造价的能力。

本课程的作用主要体现在以下几个方面。

①通过理论学习，我们知道安装工程计量与计价的基本原理过程，为课程设计或者以后的工作奠定理论基础。

②本课程是一门实践性较强的课，要有扎实的安装基础知识和识图能力，这样我们才能在学习过程中结合定额预算或者清单计价完美地掌握该课程。在本课程中，每个安装工程模块学习都有预算实例，并对该实例给出定额计价和清单计价两种解题方法，通过两种计算方法的对比学习，我们既能掌握安装工程定额计价，也能掌握安装工程清单计价。

③本课程有较强的应用性，安装工程计量与计价是一门独立的预算课程，在安装工程中，安装工程预算对控制安装造价成本，提高安装工程效率发挥着重要作用，尤其是对如今的建筑行业，规范多，施工要求多，建筑行业越来越规范化。与此同时，对安装工程的要求也是越来越严格，这样就对安装预算有更高的要求，学好安装工程预算，能对安装造价成本控制及提高安装工作效率发挥重要作用。

④安装工程预算是一门技能课，学好本课程，需要有较强的识图能力，有安装工程基础知识做铺垫，这样我们既能掌握安装工程预算，也能熟悉安装工程图纸，可谓是一举两得的一门课。

1.3.3 本课程的学习方法

安装工程计量与计价是一门技术性、专业性和综合性很强的课程，涉及许多专业，如建筑给排水工程、建筑采暖工程、电气工程等，要学好本课程必须对这些专业的系统组成、材料、安装工艺有所了解，而且要能看懂这些专业的施工图纸，在此基础上来学习计量规则和计价方法，把他们综合运用，才能学好这门课。

其次，学习本课程时，要注意与"建筑工程计量与计价"课程的内容进行分析对比，例如：本地区建筑工程预算定额和安装工程预算定额的区别和联系，清单规范内容的区别和联系，计价程序的区别和联系，计价方法的区别和联系，取费系数有哪些不同等，通过分析对比，找特点、找规律、找方法，才能学得更好，掌握得更透彻。

1.3.4 本课程的学习目标

本课程的学习目标如下。
① 了解安装工程定额与预算的基本原理和方法。
② 通过本课程的学习，学会编制建筑安装工程计量计价文件。
③ 增强动手能力，培养学生理论联系实际的能力。
④ 具有热爱专业、认真执行规范的良好职业道德。
⑤ 培养学生实事求是、严谨细致、认真负责、团结协作的工作作风。

【重点串联】

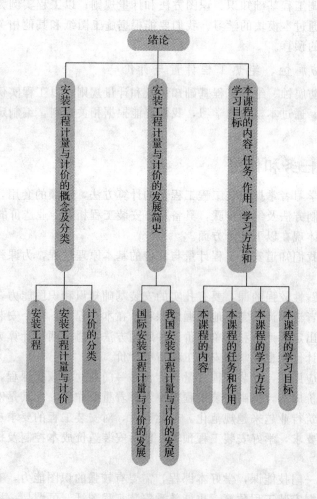

拓展与实训

职业能力训练

一、名词解释

1. 安装工程
2. 安装工程计量与计价
3. 招标控制价
4. 签约合同价
5. 竣工结算价

二、选择题

1. 我国的计价方法包括（　　）。
   A. 概算计价　　　　B. 清单计价　　　　C. 定额计价　　　　D. 综合计价
2. 工程造价的特点是（　　）。
   A. 大额性　　　　　B. 多样性　　　　　C. 动态性
   D. 层次性　　　　　E. 复杂性
3. 下列论述说法正确的是（　　）。
   A. 采用工程量清单计价模式的建设工程既可用综合单价法计价，也可用工料单价法计价
   B. 全部使用国有资金投资或国有资金投资为主的建设工程项目必须实行工程量清单计价
   C. 工程量清单项目基本以一个综合实体考虑，一般一个项目包括多项工程内容
   D. 工程量清单计价模式中的工程量计算规则在国家标准《建设工程工程量清单计价规范》的指导下，由各地区（省、自治区、直辖市）自行制定，在本地区域内统一
4. 我国工程造价管理改革的目标是（　　）。
   A. 可不执行国家计价定额　　　　　　　　B. 加强政府管理职能
   C. 建立以市场形成的价格为主的价格机制　D. 制定统一的预算定额
5. 分部分项工程量清单项目编码以12位阿拉伯数字表示，前9位是全国统一编码，可按附录中的相应编码设置，不得变动，后3位是清单项目名称编码，根据设置的清单项目，编制者是（　　）。
   A. 招标单位　　　　B. 投标单位　　　　C. 清单编制人　　　D. 清单发放人

链接执考

[2010年全国建设工程造价员安装造价员考试试题（单选题）]

1. 建设项目投资控制应贯穿于工程建设全过程，在建设项目的实施阶段应以（　　）为重点。
   A. 施工阶段　　　　B. 设计阶段　　　　C. 招投标阶段　　　D. 决策阶段

[2007年造价工程师《基础理论与相关法规》（单选题）]

2. 建设工程造价的最高限额是按照有关规定编制并经有关部门批准的（　　）。
   A. 初步投资估算　　B. 施工图预算　　　C. 施工标底　　　　D. 初步设计总概算

[2007年造价工程师《工程造价管理基础理论与相关法规》（单选题）]

3. 生产性建设项目的总投资包括（　　）两部分。
   A. 建筑设备安装工程投资和设备、工器具购置费
   B. 建筑设备安装工程投资和工程建设其他费用
   C. 固定资产投资和流动资产投资
   D. 固定资产静态投资和动态投资

[2009年造价工程师《工程造价管理基础理论与相关法规》（单选题）]

4. 对于政府投资项目而言，作为拟建项目工程造价最高限额的是经有关部门批准的（　　）。

　　A. 投资估算　　　　B. 初步设计总概算　　C. 施工图预算　　　　D. 承包合同价

[2007年江苏省造价员考试（单选题）]

5. 对工程量清单概念表述不正确的是（　　）。

　　A. 工程量清单是包括工程数量的明细清单

　　B. 工程量清单也包括工程数量相应的单价

　　C. 工程量清单由招标人提供

　　D. 工程量清单是招标文件的组成部分

[2007年江苏省造价员考试（单选题）]

6. 实行工程量清单计价（　　）。

　　A. 业主承担工程价格波动的风险，承包商承担工程量变动的风险

　　B. 业主承担工程量变动的风险，承包商承担工程价格波动的风险

　　C. 业主承担工程量变动和工程价格波动的风险

　　D. 承包商承担工程量变动和工程价格波动的风险

[2007年江苏省造价员考试（多选题）]

7. 《工程量清单计价规范》的特点是（　　）。

　　A. 强制性　　　　B. 市场性　　　　C. 实用性

　　D. 竞争性　　　　E. 通用性

模块 2 安装工程预算定额

【模块概述】

安装工程预算定额是安装工程计量与计价的重要组成部分，它是安装工程预算工程量计算规则、项目划分、计量单位的依据；是编制安装工程地区单位估价表、施工图预算、招标工程标底、确定工程造价的依据；也是编制概算定额（指标）、投资估算指标的基础；也可作为制定企业定额和投标报价的基础。

安装工程预算定额是指完成单位安装工程量所消耗的人工、材料、机械台班的实物量指标，以及相应安装费基价的标准数值，是编制建筑给水排水、采暖、电气设备、通风空调及刷油、防腐蚀、绝热工程计量与计价的重要依据。

学习安装工程预算定额要求掌握安装工程预算定额内容和定额表的形式，安装工程预算定额消耗量指标，安装工程预算定额单价以及安装工程预算定额基价的确定方法。

【知识目标】

1. 建设工程定额的分类；
2. 安装工程预算定额的概念和作用；
3. 《全国统一安装工程预算定额》介绍；
4. 安装工程预算定额消耗量指标；
5. 安装工程预算定额单价；
6. 安装工程预算定额基价；
7. 计价材料和未计价材料的区别；
8. 定额中的系数。

【技能目标】

1. 熟悉建设工程定额的分类；
2. 理解安装工程预算定额的概念和作用；
3. 掌握《全国统一安装工程预算定额》的内容和定额表的形式；
4. 掌握安装工程预算定额消耗量指标的确定；
5. 掌握安装工程预算定额单价的确定；
6. 掌握安装工程预算定额基价的确定；
7. 理解计价材料和未计价材料的区别；
8. 理解定额中的系数。

【课时建议】

6 课时

> **工程导入**
>
> 某学校办公楼工程，主体建筑六层，框架结构，编制安装工程施工图预算时，你知道应该使用什么定额吗？你知道所选用的定额包括哪些内容吗？你知道该如何查阅定额吗？

2.1 安装工程预算定额概述

2.1.1 建设工程定额的分类

在工程施工生产过程中，为完成某项工程或某项结构构件，必须消耗一定数量的劳动力、材料和机具。定额是在合理的劳动组织、合理地使用材料和机械的条件下，完成单位合格产品所消耗资源的数量标准。在社会平均生产条件下，把科学的方法和实践经验相结合，生产质量合格的单位工程产品所必需的人工、材料、机具的数量标准，称为建设工程定额。建设工程定额是根据国家一定时期的管理体制和管理制度，根据不同定额的用途和适用范围，由指定的机构按照一定的程序制定的，并按照规定的程序审批和颁布执行的。建设工程定额除了规定有数量标准外，也要规定出它的工作内容、质量标准、生产方法、安全要求和适用的范围等。

建设工程定额种类繁多，主要有以下几种分类方法。

1. 按生产要素分类

（1）人工定额

人工定额，也称劳动定额，是指在正常的施工生产条件下，完成单位合格产品所必需的人工消耗量标准。人工定额可用时间定额和产量定额表示。

①时间定额是指在正常的施工生产条件下，完成一定单位合格产品（如 m^3、m^2、m、t、根、块……）所必须消耗的劳动时间。常用单位有工日/m，工日/m^2，工日/m^3，工日/t 等。

②产量定额是指在正常的施工生产条件下，一个建筑安装工人在单位时间内生产合格产品的数量。常用单位有 m/工日，m^2/工日，m^3/工日，t/工日等。

> **技术提示**
>
> 时间定额和产量定额互为倒数关系，即
>
> $$时间定额 \times 产量定额 = 1$$
>
> 例如，时间定额：挖 $1m^3$ 基础土方需 0.333 工日，则产量定额：综合可挖土 $\dfrac{1}{0.333(m^3/工日)} = 3.00\ m^3/工日$。

（2）材料消耗定额

材料消耗定额是指在正常的施工生产条件下，生产单位合格产品所必须消耗的一定品种、规格的建筑材料的数量标准。

（3）机械台班使用定额

机械台班使用定额是指在正常的施工条件下，完成单位合格产品所必需的工作时间或某种施工机械在单位时间内完成的合格产品的数量。它反映了合理地、均衡地组织劳动和使用机械时，该机械在单位时间内的生产效率。机械台班使用定额以"台班"为单位，机械台班使用定额有机械时间定额和机械产量定额两种表现形式。

2. 按编制程序和用途分类

（1）施工定额

施工定额是施工企业（建筑安装企业）为组织生产和加强管理在企业内部使用的一种定额，是工程建设定额中分项最细、定额子目最多的一种定额，也是建筑工程定额中的基础性定额。施工定额中只有生产产品的消耗量标准而没有价格标准，反映了社会平均先进劳动水平。

(2) 预算定额

预算定额是以建筑物和构筑物各个分部分项工程为对象的定额，它是编制施工图预算的主要依据，是编制单位估价表、确定工程造价、控制建设工程投资的依据和基础，与施工定额不同，预算定额是社会性的，反映了社会平均劳动水平。

(3) 概算定额

概算定额是在设计阶段所采用的一种定额，是以扩大分部分项工程为对象编制的，是编制设计概算、确定建设项目投资的依据。概算定额是在预算定额基础上综合扩大而形成的。

(4) 概算指标

概算指标是比概算定额更加综合、扩大的指标，概算指标的设定与初步设计的深度相适应。

(5) 投资估算指标

投资估算指标是在项目建议书和可行性研究阶段编制投资估算、计算投资需要量时使用的一种指标。投资估算指标非常概略，往往以独立的单项工程或完整的工程项目为计算对象，项目划分粗细与可行性研究阶段相适应。

【知识拓展】

预算定额是一种计价性的定额，它是概算定额或概算指标的编制基础。而预算定额又是以施工定额为基础编制出来的，它们都是施工企业实行科学管理的工具，但是两种定额还有许多不同，其主要区别是：

①预算定额是编制施工图预算、标底、工程决算的依据，而施工定额是施工企业编制施工预算的依据。

②预算定额中除人工、材料、机械台班等消耗量以外，还有费用和单价，而施工定额只包含人工、材料、机械台班的消耗量。

③预算定额反映大多数企业和地区能达到的水平，是社会平均水平，而施工定额反映的是平均先进水平，比预算定额高出10%左右。

3．按编制单位和适用范围分类

(1) 全国统一定额

全国统一定额是由国家建设行政主管部门组织，依据有关国家标准和规范，综合全国工程建设的技术与管理状况等编制和发布，在全国范围内使用的定额。

(2) 行业定额

行业定额是指由行业建设行政主管部门组织，依据有关行业标准和规范，考虑行业工程建设特点等情况所编制和发布的，在本行业范围内使用的定额。

(3) 地区定额

地区定额是指由地区建设行政主管部门组织，考虑地区工程建设特点及情况制定和发布，在本地区内使用的定额。

(4) 企业定额

企业定额是指由施工企业自行组织，主要根据企业的自身情况，包括人员素质、机械装备程度、技术和管理水平等编制，在本企业内部使用的定额。

(5) 补充定额

新材料、新技术、新工艺和新方法的不断涌现，使得现行定额不能满足需要，为了适应这种变化，补充缺项而编制的定额即补充定额，补充定额以文件或小册子的形式发布，具有与正式定额同等的效力。

4. 按适用技术专业分类

建设工程定额按适用技术专业分类，可分为建筑工程定额、装饰工程定额、房屋修缮工程定额、安装工程定额、仿古建筑及园林工程定额、铁路工程定额、公路工程定额和矿井工程定额等。

建设工程定额分类如图 2.1 所示。

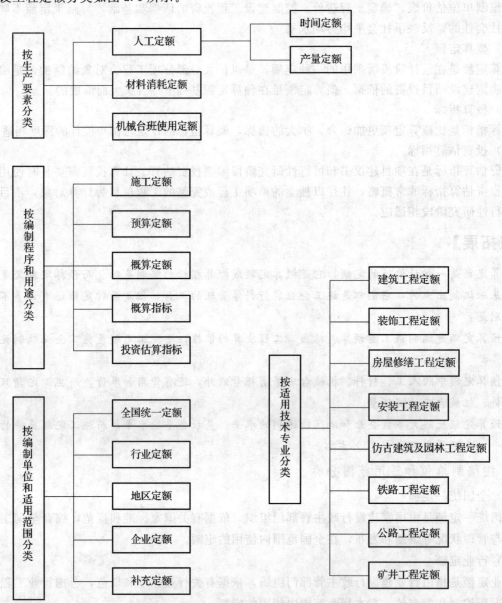

图 2.1 建设工程定额分类图

2.1.2 安装工程预算定额的概念和作用

1. 安装工程预算定额的概念

安装工程预算定额是反映消耗在组成安装工程基本构成要素上的人工、材料和机械台班的数量标准。安装工程预算定额是由国家或其授权单位组织编制并颁发执行的具有法律性质的数量指标。

【知识拓展】

由于安装工程预算定额是由国家主管机关或其授权单位组织编制并审批颁发执行的，所以可以推出它具有如下的性质：

①指导性——是国家授权有关部门编制和颁发实施的。
②科学性——是根据客观存在的工程，用科学技术方法编制的。
③灵活性——对于影响工程造价大的因素，可调整与换算，使其符合客观实际。

2. 安装工程预算定额的作用

安装工程预算定额的作用，主要有以下几方面。

①安装工程预算定额是对设计方案进行技术经济评价，对新结构、新材料进行技术经济分析的依据。

结构方案在整个设计中占有中心的地位。结构方案的选择既要符合技术先进、适用、美观的要求，也要符合经济的要求。只有技术先进而没有经济合理的结构方案，不是可行的方案。在满足技术先进、适用、美观要求的条件下，如何在不同的设计方案中，选择出最佳的结构方案，关键就是根据预算定额对方案进行经济性比较，以衡量各种方案所需的劳动消耗的多少，在经济上是否合算。

选择新结构和新材料加以推广，是关系到在一定时期内技术发展方向的问题。更需要借助于预算定额进行技术经济分析，以便从经济角度考虑新结构和新材料普遍采用的可能性。

②安装工程预算定额是编制施工图预算，确定工程预算造价的依据。

③安装工程预算定额是施工企业编制人工、材料、机械台班需要量计划，统计完成工程量，考核工程成本，实行经济核算的依据。任何分部分项工程的合格产品在生产中所消耗的劳动力、材料及机械设备台班的数量，是构成产品价值的决定性因素，而它们的安装工程消耗量又是根据安装工程预算定额决定的，因此，安装工程预算定额是确定分部分项工程产品成本的依据。

④安装工程预算定额是在建筑工程招标、投标中确定标底和投标价，实行招标承包制的重要依据。

⑤安装工程预算定额是建设单位拨付工程价款和竣工结算的依据。

⑥安装工程预算定额是编制地区单位估价表、概算定额和概算指标的基础资料。

⑦安装工程预算定额是施工企业贯彻经济核算，进行经济活动分析的依据。

> **技术提示**
> 同一产品采用不同的设计方案，它们的经济效果是不一样的。因此，需要对方案进行经济技术比较，选择合理经济的方案，而定额是确定产品成本的依据，所以定额是比较和评价设计方案是否经济合理的尺度。

2.1.3 《全国统一安装工程预算定额》介绍

安装工程预算定额分为由建设部批准颁发的《全国统一安装工程预算定额》和由各省（直辖市、特区和自治区）建设工程定额主管部门颁发的地区安装工程预算定额。

《全国统一安装工程预算定额》是完成规定计量单位分项工程计价所需的人工、材料、施工机械台班、仪器仪表台班的消耗量标准，是统一全国安装工程预算工程量计算规则、项目划分、计量单位的依据；是编制安装工程地区单位估价表、施工图预算、招标工程标底、确定工程造价的依据；是编制概算定额（指标）、投资估算指标的基础；也可作为制定企业定额和投标报价的参考。

《全国统一安装工程预算定额》是依据国家有关现行产品标准、设计规范、施工及验收规范、技术操作规程、质量评定标准和安全操作规程编制的，也参考了行业、地方标准，以及有代表性的工程设计、施工资料和其他资料。同时它是按目前国内大多数施工企业采用的施工方法、机械化装备程度、合理的工期、施工方法、施工工艺和劳动组织条件进行编制的。

1. 定额的内容

2000年《全国统一安装工程预算定额》共分十三册，见表2.1。

表 2.1 2000 年《全国统一安装工程预算定额》的内容

分册	名称	标准代码	适用范围	备注	执行规定
一	机械设备安装工程	GYD-201-2000	工业与民用建筑中新建、扩建及技术改造项目的通用机械设备安装	旧设备拆除按定额（人工+机械）×50%计算	①建设部于2000年3月17日发布施行 ②全国各省、自治区、直辖市相继发布了相应的各册单位估价表，同时发布了配套的地区安装工程费用定额，并于2001年以后相继施行 ③资源价差（人工机械、轴材）暂不调整 ④主材执行市场价或地方政府指导价
二	电气设备安装工程	GYD-202-2000	工业与民用建筑中新建、扩建工程的10 kV以下变配电设备及线路安装，车间动力、电气照明、防雷接地、电梯电气等安装	不用于高压10 kV以上输变电线路及发电站安装	
三	热力设备安装工程	GYD-203-2000	新建、扩建项目中25 MW以下汽轮发电机组、130 t/h以下锅炉设备安装		
四	炉窑砌筑工程	GYD-204-2000	新建、扩建和技改项目中，各种工业炉窑耐火与隔热砌体工程（其中蒸汽锅炉限于蒸发量75 t/h以内中、小型），不定型面积材料内衬及炉内金具制安装	不含烟道	
五	静置设备与工艺金属结构制作安装工程	GYD-205-2000	金属容器、塔类、油罐、气柜及工艺结构等制作与安装	含单件重100 kg以上管道支架、平台等	
六	工业管道工程	GYD-206-2000	厂区范围内生产用（含生产与生活共用）介质输送管道，如给水、排水、蒸汽、煤气等管道安装	不含地沟、回填、砌筑等	
七	消防及安全防范设备安装	GYD-207-2000	工业与民用建筑中新建、扩建和整体更新改造工程的消防及安全防范设备安装	管线、电气、通用机械、金属结构、仪表等用相关分册	
八	给排水、采暖、燃气工程	GYD-208-2000	工业与民用建筑工程中生活用给排水、采暖、燃气项目的管道与设备安装	不含厂区外管道及厂区内生产用管道	
九	通风空调工程	GYD-209-2000	工业与民用建筑项目中的通风、空调工程		
十	自动化控制仪表安装工程	GYD-210-2000	新建、扩建项目中的自动化控制装置及仪表的安装调试，包括监控、检测、计算机、工厂通风等系统安装调试		
十一	刷油、防腐蚀、绝热工程	GYD-211-2000	设备、管道、金属结构等刷油、防腐蚀、绝热工程	安装工程的各册配套定额	
十二	通讯设备及线路工程	GYD-212-2000	专业通讯工程中管线、架空线、电缆、设备、共用电源等安装与调试	尚未发布	暂执行1986年"全统定额"第四、五册的规定
十三	建筑智能化系统设备安装工程	GYD-213-2003	智能大厦、智能小区新建和扩建项目中的智能化设备的安装调试工程		

【知识拓展】

《全国统一安装工程预算定额》具有以下特点：

①以最新发布的现行相关的"规范、规程、标准、定型图"等为依据；突出定额的通用性、适用性和指导性。

②补充了安装工程中的新项目、新材料，新工艺、新技术、新设备等内容。

③调整了定额分项与专业归口范围。十三册《全国统一安装工程预算定额》中，取消原1986年版定额第七册的"长输管道"；第二、三册合并为第二册，取消其中电力输变电专业项目；第四、五册合并为第十二册，取消其中邮电项目，增加有线电视等内容（该册尚未发布，仍执行"1986版定额"的第四、五册）；第十一、十五、十六册合并为第五册，取消专业化项目等。

④凡技术性较强的非通用专业安装项目，列入相关"专业部"或"行业协会"管理范畴，分别独立发布专项安装定额，在行业内部执行。例如水电站、高压输变电、化工、石油、冶金、交通、水利、铁道、煤炭、国防等，都要有本行业的专业设备安装定额，实行纵向管辖。

2. 定额的组成

《全国统一安装工程预算定额》由总说明、册说明、目录、章说明、定额表、附注和附录组成。

(1) 总说明

总说明主要说明"统一定额"的作用、编制依据、各种消耗量的确定，对垂直及水平运输的说明以及其他有关说明。

(2) 册说明

册说明是对本册定额共同性问题做的综合说明与有关规定，包括：

①定额的适用范围。

②定额的编制条件。

③工日、材料、机械台班实物耗量的确定依据和计算方法、预算单价的确定依据和计算方法以及有关规定。

④有关费用（如脚手架搭拆费、高层建筑增加费、操作高度超高费等）的计取。

⑤本册定额包括的工作内容和不包括的工作内容。

⑥本册定额在使用中应注意的事项和有关问题的说明。

(3) 目录

目录为查找、检索定额项目提供方便。

(4) 章说明

章说明主要是对本章定额共同性问题所作的说明与有关规定，内容有：

①分部工程定额包括的主要工作内容和不包括的工作内容。

②使用定额的一些基本规定和有关问题的说明，例如界限划分、适用范围等。

③分部工程的工程量计算规则及有关规定。

(5) 定额表

定额表是每册定额的重要内容，它将安装工程基本构成要素有机组列，并按章编号，以便检索应用。

(6) 附注

附注在项目表的下方，解释一些定额说明中未尽的问题。

(7) 附录

附录主要提供一些有关资料，例如施工机械台班单价表、主要材料损耗率、定额中材料的预算价格等，放在每册定额表之后。

3. 《全国统一安装工程预算定额》和各地区预算定额的区别与联系

地区预算定额是依据全国统一预算定额各分项工程子目所给定的实物消耗量，按照本地区的预算价格，并结合本地区的设计、施工、招投标的实际情况增加一些适用本地的补充项目编制而成的。地区预算定额是以《全国统一安装工程预算定额》为基础编制的，安装工程施工图预算要根据本地区的预算定额编制。

4. 定额表的形式

(1)《全国统一安装工程预算定额》定额表的形式（表2.2）

表 2.2 接地极（板）制作、安装

工作内容：尖端及加固帽加工、接地极打入地下及埋设、下料、加工、焊接。　　　　计量单位：根

定额编号				2—688	2—689	2—690	2—691
项目				钢管接地极		角钢接地极	
				普通土	坚土	普通土	坚土
	名称	单位	单价/元	数量			
人工	综合工日	工日	23.22	0.620	0.670	0.480	0.530
材料	电焊条结 422φ3.2	kg	5.410	0.200	0.200	0.150	0.150
	钢锯条	根	0.620	1.500	1.500	1.000	1.000
	镀锌扁钢—60×6	kg	4.300	0.260	0.260	0.260	0.260
	沥青清漆	kg	5.140	0.020	0.020	0.020	0.020
机械	交流电焊机 21 kV·A	台班	35.670	0.270	0.270	0.180	0.180
基价/元				27.26	28.42	20.22	21.38
其中	人工费/元			14.40	15.56	11.15	12.31
	材料费/元			3.23	3.23	2.65	2.65
	机械费/元			9.63	9.63	6.42	6.42

注：主要材料为钢管、角钢

【例题 2.1】 某钢管接地极（板）制作安装项目，普通土，试确定定额内容。

解 从表2.2中可以查出：

①定额编号：2—688。

②项目名称：钢管接地极（普通土）。

③计量单位：根。

④定额消耗的综合工日为0.62工日，定额规定的预算工资标准为23.22元/工日。

⑤定额消耗的安装材料有：电焊条结（422φ3.2）0.2 kg（单价5.410元/kg）；钢锯条1.5根（单价0.62元/根）；镀锌扁钢（—60×6）0.26 kg（单价4.3元/kg）；沥青清漆0.02 kg（单价5.14元/kg）。

⑥定额机械台班消耗量为21 kV·A交流电焊机0.27台班（单价35.67元/台班）。

⑦该项目的未计价材为钢管，但没有在表格中表现，是用附注的形式表现的（表格下方注）。

(2) 地区安装工程预算定额表的形式

地区安装工程预算定额表的形式各有不同，以《内蒙古安装工程预算定额》为例，定额表的形式见表2.3。

【例题 2.2】 以《内蒙古安装工程预算定额》（第二册电气设备安装工程）中穿墙套管安装项目为例，说明内蒙古安装工程预算基价表的内容。

表 2.3　穿墙套管安装

工作内容：开箱检查、清扫、安装固定、接地、刷漆　　　　　　　　　　　　　　　单位：个

定额编号				2—114
项目名称				电压 10 kV 以下
基价/元				39.660
人工费/元				12.530
材料费/元				23.270
机械费/元				3.860
编码	名称	单位	单价/元	数量
AZ0030	综合工日	工日	48.00	0.261
AM3156	镀锌精制带帽螺栓 M14×100 以内 2 平 1 弹垫	10 套	14.48	0.410
AN2101	钢锯条	根	0.30	0.100
AQ0500	破布	kg	6.50	0.030
AR0170	电焊条结 422	kg	6.90	0.060
AT1070	钢板垫板	kg	9.54	0.500
AV0940	铁砂布	张	0.60	0.100
DA0221	镀锌扁钢—4×40	kg	3.96	2.650
HA0270	调和漆	kg	10.60	0.040
HA0470	防锈漆	kg	5.31	0.040
JA0331	汽油	kg	6.20	0.100
JB0881	电力复合脂	kg	11.00	0.010
XI0010	交流弧焊机 21 kV·A	台班	40.64	0.095

注：主要材料是穿墙套管

解　从表 2.3 中可以查出：

①定额编号：2—114。

②项目名称：电压 10 kV 以下（穿墙套管安装）。

③计量单位：个。

④定额消耗的综合工日为 0.261 工日，定额规定的预算工资标准为 48.00 元/工日。

⑤定额消耗的安装材料有：镀锌精制带帽螺栓（M14×100 以内 2 平 1 弹垫）0.410 套（单价 14.48 元/10 套）；钢锯条 0.100 根（单价 0.30 元/根）；破布 0.030 kg（单价 6.50 元/kg）；电焊条结（422）0.060 kg（单价 6.90 元/kg）；钢板垫板 0.500 kg（单价 9.54 元/kg）；铁砂布 0.100 张（单价 0.60 元/张）；镀锌扁钢—4×40 2.650 kg（单价 3.96 元/kg）；调和漆 0.040 kg（单价 10.60 元/kg）；防锈漆 0.040 kg（单价 5.31 元/kg）；汽油 0.100 kg（单价 6.20 元/kg）；电力复合脂 0.010 kg（单价 11.00 元/kg）。

⑥定额机械台班消耗量为 21 kV·A 交流电焊机 0.095 台班（单价 40.64 元/台班）。

⑦该项目的未计价材料为穿墙套管，但没有在表格中表现，是用附注的形式表现的（表格下方注）。

【知识拓展】

熟悉本地区预算定额组成，熟悉本地区预算定额表的内容。

2.2 安装工程预算定额消耗量指标的确定

2.2.1 人工消耗量指标的确定

人工消耗量指标，是以劳动定额为基础确定的完成单位子目工程所必须消耗的劳动量，以"工日"为单位。其表达式为

分项工程人工消耗量＝基本用工＋辅助用工＋超运距用工＋人工幅度差

式中 基本用工——完成该分项工程的主要用工量，如管道工程中的管道安装用工等。

辅助用工——各种辅助工序用工，如现场材料加工等用工。《建筑安装工程统一劳动定额》规定了完成质量合格单位产品的基本用工量，并未考虑施工现场的某些材料的加工用工。辅助用工是施工生产不可缺少的用工，在编制预算定额计算总的用工指标时，必须按需要加工的劳动数量和劳动定额中相应的加工定额，计算辅助用工量。

超运距用工——预算定额取定的材料、半成品等运距，超过劳动定额规定的运距应增加的工日。劳动定额中材料运距的用工是按合理的施工组织规定的，实际上各类建设场地的条件不一致，实际运距与劳动定额规定的运距有较大的出入，编制预算定额是必须根据本地区的施工现场的实际情况综合取定一个合理运距。实际工程现场运距超过预算定额取定运距时，可另行计算二次搬运费。

人工幅度差——劳动定额人工消耗只考虑就地操作，不考虑工作场地转移、工序交叉、机械转移、零星工程等用工，而预算定额考虑了这些用工差，其计算采用乘系数的方法，人工幅度差系数在10%以内。

人工幅度差＝（基本用工＋辅助用工＋超运距用工）×人工幅度差系数

【知识拓展】

人工幅度差内容包括：
①各工种间的工序搭接及工序交叉作业相互配合所发生的用工间歇。
②临时水电路转移所造成的用工间歇。
③质量检查及隐蔽工程验收所发生的用工间歇。
④操作地点转移所造成的间歇。
⑤工序交接时所发生的间歇。
⑥施工中不可避免地发生其他零星用工。

【例题2.3】已知在某照明配电箱使用配管总长165 m中，公称口径是20 mm的钢管占配管总长20%，公称口径是25 mm的钢管占配管总长60%，公称口径是32 mm的钢管占配管总长20%。

由相应劳动定额可知：
①公称口径是20 mm的钢管时间定额：11.322 工日/100 m；
②公称口径是25 mm的钢管时间定额：13.032 工日/100 m；
③公称口径是32 mm的钢管时间定额：13.842 工日/100 m。

并可知辅助用工：

套丝相应劳动定额：0.35 工日/100 m　　　套丝用量：9 m
划线相应劳动定额：0.85 工日/100 m　　　划线用量：182 m

在人工幅度差规定为10%的情况下,试求预算人工工日数。

解 ① 基本用工。

公称口径是20 mm的钢管:(1.65×20%×11.322)工日=3.736工日;

公称口径是25 mm的钢管:(1.65×60%×13.032)工日=12.901工日;

公称口径是32 mm的钢管:(1.65×20%×13.842)工日=4.567工日。

② 辅助用工:(0.35×0.09+0.85×1.82)工日=1.578工日。

③ 人工幅度差:

$$[(3.736+12.901+4.567+1.578)×10\%]工日=2.278工日$$

配管总长165 m人工工日数:

$$(3.736+12.901+4.567+1.578+2.278)工日=25.060工日$$

2.2.2 材料消耗量指标的确定

安装工程在施工过程中不仅仅要安置设备,还要消耗材料。材料的消耗量包括材料的净用量和损耗量。材料消耗量按下述方法计算:

材料消耗量=材料净用量+损耗量=材料净用量×(1+损耗率)=材料净用量×损耗系数

式中   损耗率=(材料损耗量/定额净用量)×100%

损耗系数=1/(1−损耗率)

【知识拓展】

材料损耗率是编制材料消耗量指标的重要依据之一。不同材料的损耗率不同,相同材料因施工做法不同,其损耗率也不相同。一般来讲,定额中材料损耗率是统一规定的,施工定额的材料损耗率要比预算定额的材料损耗率小。

材料净用量是构成工程子目实体必须占有的材料量。材料损耗量包括施工操作、场内运输、场内堆放等材料损耗量。材料的损耗率应当是在正常条件下,采用合理的施工方法时所形成的合理的材料损耗。

2.2.3 机械台班消耗量的确定

机械台班消耗量是指在合理使用机械和合理施工组织条件下,完成单位合格产品所必须消耗的机械台班数量的标准,以"台班"为单位。它是在机械正常生产率和工人正常劳动工效的前提下,按选定的机械种类、规格及各种机械型号的合理比例,根据合理的施工方法和正常的施工组织设计综合确定的。

> **技术提示**
>
> 合理确定机械台班耗用量,对合理确定工程造价,对施工企业编制施工组织设计、确定建筑机械需要量、改进施工管理、避免施工中的浪费等具有重要的意义。

机械台班消耗量的计算方法有以下两种:

1. 按小组产量的方法确定

$$机械台班消耗量=\frac{子项定额计量单位值}{小组总产量}$$

$$小组总产量=小组总人数×每工时产量$$

2. 按机械台班产量的方法确定

$$机械台班消耗量=\frac{定额计量单位值}{机械台班产量}×机械幅度差系数$$

【知识拓展】

机械幅度差是根据施工定额的施工机械台班消耗量编制预算定额时,对施工定额规定的范围内没有包括而又必须增加的机械台班消耗量,一般以百分率表示。其影响因素大致有：施工中施工机械转移工作位置及配套机械相互影响所造成的损失时间；施工初期条件限制所造成的工效差；工程结尾时工作量不饱满所损失的时间；临时停水、停电所发生的工作间歇时间；临时水电线路的转移而影响机械的工作间歇时间；工程质量检查影响机械工作的损失时间；配合机械施工的工人,在人工幅度差范围内的工作间歇而影响机械操作的时间。

2.3 安装工程预算定额单价的确定

2.3.1 定额人工日工资单价的确定

人工日工资单价是指一个建筑安装工人一个工作日在预算中应计入的全部人工费用。人工日工资单价由基本工资、工资性补贴、生产工人辅助工资、职工福利费和生产工人劳动保护费五部分组成。

（1）基本工资

基本工资指发放的生产工人的基本工资,包括岗位工资、技能工资、工龄工资。

（2）工资性补贴

工资性补贴是按规定标准发放的物价补贴,煤、燃气补贴,交通费补贴,住房补贴,流动施工补贴,地区津贴等。

（3）生产工人辅助工资

生产工人辅助工资是指生产工人年有效施工天数以外非作业天数的工资,包括职工学习、培训期间的工资,调动工作、探亲、休假期间的工资,因气候影响的停工工资,女工哺乳期间的工资,病假在六个月以内的工资及婚、产、丧假期的工资。

（4）职工福利费

职工福利费是指按规定标准计取的职工福利费。

（5）生产工人劳动保护费

生产工人劳动保护费是指按规定标准发放的劳动保护用品的购置费及修理费,徒工服装补贴,防暑降温费,在有碍身体健康环境中施工的保健费用等。

2.3.2 定额材料预算单价的确定

材料预算单价是指材料由发货地点运至现场仓库或工地材料堆放点后的出库价格。出库价格是指材料入库经过保管后再领出仓库时的价格。

材料预算单价＝（材料原价＋供销部门手续费＋包装费＋运杂费）×
（1＋采购保管费率）－包装回收值

由于国家逐渐放开材料价格,材料生产厂家自主经营,材料供销部门失去作用,所以供销手续费可以不计算。若不计算包装回收值,材料预算单价表达式为

材料预算单价＝（材料原价＋包装费＋运杂费＋运输损耗费）×（1＋采购及保管费率）

1. 材料原价

（1）国内材料原价

材料出厂价或国有商业部门的批发价。

(2)进口材料原价

由国家地方外贸部门购进的国外材料,按国家批准的进口材料调拨价格计算。

同种材料由于出产地、供货渠道不一样,会出现几种原价,原价可按供应量的比例,加权平均计算。

【例题 2.4】 钢管供应情况见表 2.4。

表 2.4 钢管供应情况表

序号	供应厂家/（元·t^{-1}）	出厂价格/（元·t^{-1}）	供货比例/%
1	A	4 200	45
2	B	4 156	20
3	C	4 389	35

试根据表 2.4 计算该钢管的加权平均原价。

解 钢管原价为

$$(4\ 200\times45\%+4\ 156\times20\%+4\ 389\times35\%)\text{元}/t=$$
$$(1\ 890+831.2+1\ 536.15)\text{元}/t=4\ 257.35\ \text{元}/t$$

2. 供销部门手续费

某些材料需要经过当地物资部门供应时发生的经营管理费用。供销部门手续费表达式为

$$\text{供销部门手续费}=\text{材料原价}\times\text{手续费率}$$

3. 包装费

包装费是为了便于材料运输和保护材料免受损失,对其进行包装,由此所产生的费用。包装费包括包装品的价值和包装费用。凡由生产厂家负责包装的产品,其包装费已计入材料原价内,不再另行计算,但应扣回包装品的回收价值。包装器材如有回收价值,应考虑回收价值。

> **技术提示**
> 各地区有规定的,按地区规定计算;各地区无规定的,可根据实际情况确定。

4. 运杂费

运杂费是材料由产地或交货地点运至工地仓库所发生的车、船运输等一切费用。运杂费表达式为

$$\text{运杂费}=\text{运输费}+\text{调车（船）费}+\text{装卸费}+\text{保险费}+\text{附加工作费}+\text{囤存费}+\text{运输损耗费}$$

运杂费一般有三种计算方式:

①直接计算方式:如三材、主材按材料质量计算运杂费。

②间接计算方式:一般材料根据主材运费测定一个运杂费系数计算运杂费。

③平均计算方式:当同一种材料有几个货源地时,应按各货源地供应的数量比例和运费单价,计算其加权平均运费。计算公式为

$$\overline{C}=\frac{\sum_{i=1}^{n}T_iQ_i}{\sum_{i=1}^{n}Q_i}$$

式中 $\overline{C}$——加权平均运费;

T_i——货源地材料运输单价;

Q_i——各货源地材料供应量。

【例题 2.5】 已知某地区 35 号钢管有三个供应地点,各地的供应量及运费单价见表 2.5。

表 2.5 各地的供应量及运费单价表

货源地	供应量占总量的比例/%	运费单价/(元·t⁻¹)
甲地	30	500
乙地	45	455
丙地	25	615

解 35 号钢管运输费为

$$\left(\frac{500\times0.3+455\times0.45+615\times0.25}{0.3+0.45+0.25}\right)元/t=508.5\ 元/t$$

【例题 2.6】 甲、乙、丙分别为铁路运输钢材,运至工地采用汽车,运距、运价和供货比重如图 2.2 所示,求钢材每吨的运价。

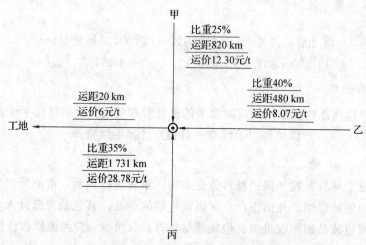

图 2.2 运距、运价和供货比重图

解 加权平均运费为

$$\left(\frac{12.30\times25\%+8.07\times40\%+28.78\times35\%}{100\%}+6\right)元/t=22.38\ 元/t$$

5. 采购保管费

采购保管费是在组织材料供应中,发生材料的采购与保管、库存耗损等的费用。此费用包括采购保管人员工资、福利、办公、交通、固定资产使用、工具、劳动保护、试验、库存耗损等。采购保管费表达式为

采购保管费=(材料原价+运输途中损耗+包装费+运杂费)×采购保管费率

【例题 2.7】 某钢管加权平均原价为 4 257.35 元/t,供销部分手续费为 65.50 元/t,加权平均运费为 508.5 元/t,采购及保管费率为 2.5%,试计算该钢管的采购保管费。

解 该钢管的采购及保管费为

[(4 275.35+65.5+508.5)×2.5%] 元/t=121.23 元/t

6. 运输损耗费

在材料的运输过程中,应考虑一定的场外运输损耗费用。这是材料在运输装卸过程中不可避免的损耗。运输损耗费的表达式为

运输损耗费=(材料原价+运杂费)×运输损耗率

【例题 2.8】 已知某钢管的材料原价为 4 869.56 元/t,运杂费为 615.25 元/t,运输途中的损耗率为 2.42%,采购及保管费率为 2.5%,包装费为 85 元/t,求该钢管的材料预算单价。

解 材料预算单价=(材料原价+包装费+运杂费+运输损耗费)×(1+采购及保管费率)

运输损耗费为

$$[(4\,869.56+615.25)\times 2.42\%]\,元=132.73\,元$$

材料预算单价为

$$[(4\,869.56+85+615.25+132.73)\times(1+2.5\%)]\,元/t=5\,845.11\,元/t$$

2.3.3 定额施工机械台班单价的确定

施工机械台班单价指一台施工机械在正常运转条件下,一个工作班中所发生的全部费用。

施工机械台班单价由两大类费用组成,即第一类费用和第二类费用。第一类费用也称为不变费用,即不因施工地点和施工条件不同而发生变化的费用,如机械折旧、大修理、零件替换等费用,这类费用分摊于各台班中计算。第二类费用也称可变费用,是受机械运行、施工地点和条件变化影响的费用,如机械的动力及燃料费,养路费及牌照税等。其表达式为

$$机械台班单价=第一类费用+第二类费用$$

或

$$机械台班单价=不变费用+可变费用$$

> **技术提示**
>
> 第一类费用的特点是不管机械开动的情况以及施工地点和条件的变化,都需要开支;第二类费用只有当机械运转时才发生,与施工机械的工作时间及施工地点和条件有关,应根据台班耗用的人工、动力燃料的数量和地区工程备料款单价确定。

1. 折旧费

折旧费是指机械设备在规定的使用期限内,收回机械原值而分摊到每一台班的费用。

$$折旧费=\frac{机械原值\times(1-机械残值率)}{使用总台班}$$

各种机械残值率见表 2.6。

表 2.6 各种机械残值率表

序号	机械种类	机械残值率/%
1	大型施工机械	5
2	运输机械	6
3	中小型机械	4

【例题 2.9】 某 4 t 载重汽车预算价格为 14 500 元,大修理间隔台班 750,使用周期 5 次,求其折旧费?

解 折旧费为

$$\left[\frac{14\,500\times(1-0.06)}{750\times 5}\right]\,元=3.63\,元$$

2. 大修理费

大修理费是指为保证机械完好和正常运转达到大修理间隔,必须进行大修理而支出各项费用的台班分摊费。

$$大修理费=\frac{一次大修理费\times大修理次数}{使用总台班}$$

$$大修理次数=\frac{使用总台班}{大修间隔台班}-1$$

【例题 2.10】 求 4 t 载重汽车的台班大修理费,一次大修理费为 4 500 元。

解 大修理费为

$$\left[\frac{4\,500(5-1)}{3\,750}\right]元 = 4.80\ 元$$

3. 经常修理费

经常修理费是指机械设备除大修理外的各级保养及临时故障排除所需的费用。为保障机械正常运转所需替换设备及随机使用工具、附具摊销和维护的费用,机械运转与日常保养所需的润滑材料、擦拭材料费用,机械停置期间的维护保养费用等。

4. 安拆费及场外运输费

安拆费是指机械在施工现场进行安装、拆卸所需的人工、材料、机械和试运转费用,以及机械辅助设施(包括基础、底座、行走轨道、枕木等)的折旧、搭设、拆除等费用。

场外运输费是指机械整体或分件自停放场地运至施工现场的运距在 25 km 以内的机械进出场运输及转移费用,包括机械的装卸、运输、辅助材料及架线费用等。

【知识拓展】

工地间移动较频繁的小型机械及部分中型机械,其安拆费及场外运输费为计入台班单价;移动有一定难度的特大型机械,其安拆费及场外运输费应单独计算;不需要安装、拆卸且自身又能开动的机械和固定在车间不需安装、拆卸及运输的机械,其安拆费及场外运输费不计算。

5. 机上人员工资

机上人员工资是指机上操作人员及随机人员的工资。它是按机械施工定额、不同类型机械使用性能配备的一定技术等级的机上人员的工资。

6. 动力燃料费

动力燃料费包括机械所需的电力、柴油、汽油、固体燃料等台班摊销费用。

7. 养路费及车船使用税

养路费及车船使用税是指施工机械按照国家和有关部门规定应缴纳的养路费、车船使用税、保险费及年检费。

2.4 安装工程预算定额基价的确定

2.4.1 预算定额基价

预算定额基价是预算定额人工消耗量、材料消耗量、机械台班消耗量在定额编制中心地区的货币形态表现。基价表是该地区工程预算造价的参考标准。因为是按该地区人工工日单价、材料预算单价、机械台班使用单价计算出来的,所以,基价代表该地区价格水平,地区性很强,不能跨地区使用。

其表达式为

预算定额基价 = 人工费 + 材料费 + 机械台班费

2.4.2 预算定额基价的组成

1. 人工费

人工费是支付给从事建筑安装工程施工的生产工人开支的各项费用。其表达式为

$$\text{定额人工费} = \sum(\text{人工消耗量} \times \text{人工日工资单价})$$

2. 材料费

材料费是消耗在单位工程子目上的材料、零件、配件消耗量及周转材料的摊销量，按相应价格计算的费用之和。其表达式为

$$\text{定额材料费} = \text{计价材料费} + \text{未计价材料费}$$

其中

$$\text{计价材料费} = \sum(\text{材料消耗量} \times \text{材料预算单价})$$

$$\text{未计价材料费} = \sum(\text{子目未计价材料消耗量} \times \text{材料单价})$$

【知识拓展】

在定额项目表下方的材料栏中，常看到有的数字是用"（　　）"括起来的，括号内的材料数量是该子项目工程的消耗量，其价值并未计入基价。未计价材料费是主材料费用，在编制预算时一定不能忘记，预算时应根据工程量、根据括号内未计价材料的消耗量，按地区材料价格进行计算。

另外，有的未计价材料费是在附注中注明的，此时应按设计用量加损耗量，按地区预算价计算其价格。

3. 定额机械台班费

定额机械台班费指完成单位工程子目生产中所使用的各种施工机械所发生的台班费用之和。其表达式为

$$\text{定额机械台班费} = \sum(\text{子目机械台班消耗量} \times \text{相应机械台班单价})$$

> **技术提示**
> 定额中的机械台班消耗量是按正常合理的机械配备和大多数施工企业的机械化程度综合取定的。实际施工中品种、规格、型号、数量与定额不一致，除章节另有说明外，均不做调整。

2.5 安装工程预算定额的应用

2.5.1 材料与设备的划分

1. 材料与设备的划分方式

安装工程包括两个工作内容：一是安装设备，二是将材料加工制作成配件、构件与元件并装配成所需产品。安装设备只计算安装工作所需费用，若将材料加工、制作成产品时，不但要计算加工和安装费，还要计算材料的价值。所以要弄清什么是设备，什么是材料，才能正确理解定额并执行定额。

对于安装工程的材料与设备的界线划分，国家目前未做正式规定。为了调整安装工程材料价差和方便造价计算工作，将设备与材料的划分原则叙述如下。

①凡是经过加工制造，由多种材料和部件按各自用途组成独特结构，具有功能、容量及能量传递或转换性能的机器、容器和其他机械、成套装置等均为设备。设备分为需要安装与不需要安装的设备、定型设备和非标准设备。

②为完成建筑、安装工程所需的经过工业加工的原料和在工艺生产过程中不起单元工艺生产作用的设备本体以外的零配件、附件、成品、半成品等，均为材料。

2. 材料与设备的划分举例

(1) 电气工程设备与材料划分举例

①各种电力变压器、互感器、调压器、感应移相器、电抗器、高压断路器、高压熔断器、稳压器、电源调整器、高压隔离开关、装置式空气开关、电力电容器、蓄电池、磁力启动器、交直流报警器、成套供应的箱、盘、柜、屏及其随设备带来的母线和支持瓷瓶，均为设备。

②各种电缆、电线、管材、型钢、桥架、梯架、槽盒、立柱、托臂、灯具及其开关、插座、按钮等均为材料。

③小型开关、保险器、杆上避雷器、各种避雷针、各种绝缘子、金具、电线杆、铁塔、各种支架等均为材料。

④各种装在墙上的小型照明配电箱、0.5 kW 照明变压器、电扇、铁壳开关、电铃等小型电器均为材料。

(2) 通风工程设备与材料划分举例

①空气加热器、冷却器、各类风机、除尘设备、各种空调机、风机盘管、过滤器、净化工作台、风淋室等均为材料。

②各种风管及其附件和施工现场加工制作的调节阀、风口、消声器及其他部件、构件等均为材料。

(3) 管道工程设备与材料划分举例

①公称直径 300 mm 以上的阀门和电动阀门为设备。

②各种管道、公称直径 300 mm 以内的阀门、管件、配件及金属结构件等均为材料。

③各种栓类、低压器具、卫生器具、供暖器具、现场自制的钢板水箱，及民用燃气管道和附件、器具、灶具等均为材料。

2.5.2 计价材料和未计价材料的区别

1. 计价材料和未计价材料

安装工程定额将材料分为计价材料和未计价材料。与建筑工程定额相比，这是安装定额的特点之一。在定额制定中，将消耗的辅助或次要材料价值，计入定额基价中称为计价材料；而对于构成工程实体的主要材料，只规定了它的名称、规格、品种和消耗数量，而未计算其材料价值，称为未计价材料。

在套用定额时应弄清楚定额所列未计价材料的名称、规格、型号以及所规定的数量。在编施工图预算时，未计价材料价值按当地材料市场价格或结算指导价计算；计价材料按定额计算出材料费后，根据当地材料价格波幅或造价部门测算公布的综合调差系数，进行计价材料价差调整。

全国各地材料价格差异较大，如果主材也进入统一基价，势必增加材料价差调整难度。所以主材采取"量""价"分离原则，主材价值不进入基价，按各地单价直接计算，减少价差调整难度，也真实反映了各地区工程实际造价。

2. 未计价材料的计算

未计价材料的价值是根据本地区定额，按地区材料预算单价（即材料预算价格）计算后汇总在工料分析表中。计算公式为

某项未计价材料数量＝工程量×某项未计价材料定额消耗量

未计价材料定额消耗量通常列在相应定额项目表中。而未计价材料费用的计算公式为

某项未计价材料费＝工程量×某项未计价材料定额消耗量×材料预算价格

【知识拓展】

在编制施工图预算时，若用定额预算材料单价来计算未计价材料费，必然产生价差，这时必须根据市场材料价格，按单项材料调差法，逐一调整未计价材料价差。若直接用市场材料价来计算未计价材料费，就可反映当时工程造价，不必调整材料价差。计价材料按定额计算出材料费后，根据当地材料价格波幅或造价部门测算公布的综合调差系数，进行计价材料价差调整。

设备安装只计算安装费，其购置费另外计算。值得注意的是安装工程定额第九册《通风空调工程》中第八章"通风空调设备安装"，将离心式通风机、轴流式通风机、整体式空调机、窗式空调机作为计价材料。又如民用暖气、卫生、照明设备、蒸汽锅炉及辅机、非生产用水泵、安全变压器等本身虽是设备，但不列入设备费，而列入建筑工程费用内。

2.5.3 定额中的系数

在编制预算过程中，某些费用要根据定额规定的系数来计算。这些费用在定额表中不便列出，而是以某项费用为基数乘以一个规定的系数来计算。定额中的系数可分为章节系数、子目系数和综合系数。

1. 章节系数

有些子目（分项工程项目）需要经过调整，方能符合定额要求。其方法是在原子目基础上乘以一个系数即可。该系数通常放在各章说明中，称为章节系数。

2. 子目系数

子目系数是费用计算中最基本的系数，又是综合系数的计算基础，子目系数由于工程类别不同，各自的要求亦不同，列在各册说明中。如高层建筑工程增加系数、单层房屋工程超高增加系数以及施工操作超高增加系数等。计取方法可按地方规定执行。

3. 综合系数

综合系数列入各册说明或总说明内，通常出现在计费程序表中。

安装工程预算中，用系数来计算的主要有：脚手架措施费，系统调整费，设置于管道间、管廊、管道井内的管道、阀门、支架，主体结构为现场浇筑采用钢模施工的工程，高层建筑增加费，超高增加费，安装与生产同时进行降效增加费，有害身体健康的环境中施工降效增加费等。

> **技术提示**
>
> 在以上费用系数中，有一些系数，例如脚手架搭拆费及超高增加费系数，在各册定额中规定的系数都不同，当一项工程需要套用几册定额时，就应分别按各册定额规定的系数计算，这就会给计费工作带来麻烦。为了便于编制预算，各省、直辖市和自治区定额主管部门，可通过测算制定统一系数或采用其他简化办法计算。因此，按系数计取费用时，应首先按各省规定的系数执行，本省没有特殊规定时，可按全国统一预算定额中规定的系数执行。

2.5.4 安装工程预算定额的查阅方法

预算定额表的查阅，就是指定额的使用方法，即熟练套用定额，其步骤如下。

①确定工程名称，要与定额中各章、节工程名称相一致。

②根据分项工程名称、规格，从定额项目表中确定定额编号。

③按照所查定额编号，找出相应工程项目单位产品的人工费、材料费、机械台班费和未计价材料数量。

> **技术提示**
>
> 在查阅定额时，应注意除了定额可直接套用外，定额的使用中，还存在定额的换算问题。安装工程中如出现换算定额时，一般有定额的人工、材料、机械台班及其费用的换算，多数情况下，采用乘以一个系数的办法解决。但各地区可根据具体情况酌情处理。

④将套用的单位产品的人工费、材料费、机械台班费、未计价材料数量和定额编号，按照施工图预算表的格式及要求，填写清楚。

【知识拓展】

至于定额中查阅不到的项目，业主和施工方可根据工艺和图纸的要求编制补充定额，双方必须经当地造价部门批准后方可执行。

对于定额的正确使用，一定要注意以下几点。

①合同文本约定及对应的定额人、材、机确定。
②定额使用范围。
③定额项目调整系数。
④使用时定额依据的标准、规范。
⑤定额项目包括和不包括的内容。
⑥综合系数的确定。
⑦各册、章定额间的相互补充关系。
⑧各省、市相应年度工程结算资料汇编。

2.5.5 各册定额间的联系

编制一个单位工程的施工图预算，要涉及建筑工程定额、安装工程定额的套用，而安装工程又会涉及水、电、暖、通风空调、刷油防腐等多册定额的套用。在套用定额时，一定要按各册定额规定的计算规则进行计算，并按规则应用。

定额各册（地方定额为篇）的联系和交叉性如下。

1. 第二册（篇）《电气设备安装工程》没有的项目应执行其他册（篇）定额

①金属支架除锈、刷油、防腐执行第十一册（篇）《刷油、防腐蚀、绝热工程》中第一章、第二章、第三章定额的有关子目。

②火灾自动报警系统中的探测器、报警控制器、联动控制器、报警联动一体机、重复显示器、警报装置、远程控制器、火灾事故广播、消防通讯、报警备用电源安装等执行第七册（篇）《消防及安全防范设备安装工程》中第一章定额的有关子目。水灭火系统、气体灭火系统和泡沫灭火系统分别执行第七册（篇）第二章、第三章、第四章的相应子目。自动报警系统装置、水灭火系统控制装置、火灾事故广播、消防通讯等系统调试可套用第七册（篇）第五章定额的相应子目。

> **技术提示**
>
> 设备安装用的地脚螺栓按土建预埋考虑，不包括二次灌浆。

2. 第二册（篇）《电气设备安装工程》与其他册（篇）定额的分界

(1) 与第一册（篇）《机械设备》定额的分界

①各种电梯的机械设备部分主要指：轿厢、配重、厅门、导向轨道、牵引电机、钢绳、滑轮、各种机械底座和支架等，均执行第一册（篇）有关子目。而电气设备安装主要指：线槽、配管配

线、电缆敷设、电机检查接线、照明装置、风扇和控制信号装置的安装和调试，均执行第二册（篇）《电气设备安装工程》定额。

②起重运输设备的轨道、设备本体安装、各种金属加工机床等的安装均执行第一册（篇）《机械设备安装工程》定额有关子目。而其中的电气盘箱、开关控制设备、配管配线、照明装置以及电气调试执行第二册（篇）定额相应子目。

③电机安装执行第一册（篇）定额有关子目，电机检查接线则执行第二册（篇）定额相应子目。

（2）与第六册（篇）《工艺管道》定额的分界

大型水冷变压器的水冷系统，以冷却器进出口的第一个法兰盘划界。法兰盘开始的一次阀门以及供水总管与回水管的安装执行第六册（篇）《工业管道工程》定额有关子目。而工业管道中的电控阀、电磁阀等执行第六册（篇）定额，至于其电机检查接线、调试等项目，分别执行第二册、第七册以及第十册定额相应子目。

（3）与第十二册《通讯设备及线路工程》定额的分界

①变电所和电控室的电气设备、照明器具安装执行本定额；从通信用的电源盘开始，执行第十二册定额有关项目。

②载波通信用的阻波器、滤波器、耦合电容器等，凡安装在变电所范围内的设备，执行本定额。

③通信设备的接地工程执行本定额。

（4）与第十册《自动化控制仪表安装工程》定额的分界

①自动化控制装置工程中的电气盘箱及其他电气设备安装均执行本定额；自动化控制装置的专用盘箱安装执行第十册。

②自动化控制装置的电缆敷设执行本定额，但其人工费乘以系数1.05。

③自动化控制装置的电气配管执行本定额，但其人工费乘以系数1.07。

④自动化控制装置的接地工程执行本定额。

⑤电气调试中的新技术项目调试用的仪表使用费按第十册的规定执行。

（5）蓄电池安装

本册和第十二册《通讯设备及线路工程》均编有蓄电池安装定额，在使用定额时，按工程专业划分，通信工程的蓄电池执行第十二册，电气工程的蓄电池执行本定额。

（6）电气盘箱安装

《电气设备安装工程》册、《通讯设备及线路工程》册、《自动化控制仪表安装工程》册均编有电源盘箱安装定额，因盘内装的设备规格、容量、回路数以及自动化程度各不相同，因此，一律按其规定的适用范围执行，不得任意选用。

3. 注意定额各册（篇）之间的关系

在编制单位工程施工图预算中，除需要使用本专业定额及有关资料外，还涉及其他专业定额的套用。而具体应用中，有时不同册（篇）定额所规定的费用等计算有所不同，那么应该如何解决呢？原则上按各定额册（篇）规定的计算规则计算工程量及有关费用，并且套用相应定额子目。

【知识拓展】

如果定额各册（篇）规定不一样，此时要分清工程主次，采用"以主代次"的原则计算有关费用。

例如，主体工程使用的是第二册（篇）《电气设备安装工程》定额，而电气工程中支架的除锈、刷油等工程量需要套用第十一册（篇）《刷油、防腐蚀、绝热工程》中的相应子目，所以只能按第二册（篇）定额规定计算有关费用。

【重点串联】

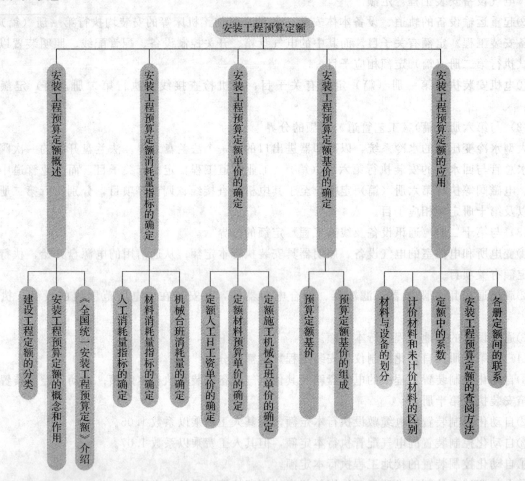

拓展与实训

职业能力训练

一、填空题

1. 建设工程预算定额中的基本定额是按_____编制的定额，如_____、_____、_____。
2. 建设工程定额按适用范围可分为全国统一定额、_____、_____、_____、_____等。
3. 在安装施工过程中，完成一个单位产品所必需的材料消耗量包括_____、_____。
4. 预算定额基价由_____、_____、_____等组成。
5. 预算定额材料费是指_____的费用之和。
6. 若有一照明线路选用 6 mm² 铜芯绝缘导线，则穿管时套用_____相应子目。
7. 电气安装工程中，10 kV 以下架空线路执行_____定额，10 kV 以上输电线路执行_____定额。

二、判断题

1. 预算定额是编制概算定额和概算指标的基础资料。（　　）
2. 未计价材料是指在预算编制时不需要计算费用的材料。（　　）
3. 预算定额中材料的数量是指工程中材料的净用量和合理损耗量之和。（　　）
4. 在产品生产中消耗不能无限地降低。（　　）

三、单项选择题

1. 《全国统一安装预算定额》共有（　　）。
   A. 3 册　　　B. 9 册　　　C. 12 册　　　D. 11 册
2. "统一定额"的适用条件是（　　）。
   A. 特殊施工条件下　　　B. 一般施工条件下
   C. 正常施工条件下　　　D. 非正常施工条件下

四、多项选择题

1. 下面属于定额特性的有（　　）。
   A. 一次性　　　B. 群众性　　　C. 相对稳定性
   D. 针对性　　　E. 固定性
2. 定额按生产要素可分为（　　）。
   A. 建筑工程定额　　　B. 劳动定额　　　C. 施工定额
   D. 材料消耗定额　　　E. 机械台班使用定额
3. 预算定额的人工消耗量包括（　　）。
   A. 基本用工　　　B. 超运距用工　　　C. 其他用工
   D. 人工幅度差　　　E. 辅助用工
4. 其他用工包括（　　）。
   A. 材料超运距用工　　　B. 辅助工作用工　　　C. 加工用工
   D. 工序用工　　　E. 人工幅度差
5. 预算定额中材料的预算价格由（　　）组成。
   A. 材料原价　　　B. 供销部门手续费　　　C. 包装费
   D. 运杂费　　　E. 采购保管费

五、名词解释

1. 定额
2. 预算定额
3. 基本用工
4. 人工幅度差
5. 材料预算单价

六、简答题

1. 建设工程预算定额中的基本定额是什么定额？
2. 建设工程项目完成全过程中一般使用哪些定额来计算造价？
3. 什么是安装工程预算定额？
4. 安装工程预算定额册由哪些部分组成？
5. 安装工程预算定额的作用有哪些？
6. 什么是预算定额的人工消耗量指标？

7. 预算定额的人工消耗量指标中的人工幅度差指的是什么？
8. 预算定额材料消耗量表达式怎样写？材料损耗量一般用什么表示？
9. 安装工程预算定额中设备指的是什么？
10. 什么是预算定额施工机械台班消耗量指标？
11. 预算定额人工工日单价怎样计算？用表达式来表示。
12. 什么是安装工程预算定额材料预算单价？
13. 预算定额材料原价是怎样确定的？
14. 什么是预算定额的施工机械台班单价？请写出表达式。
15. 什么是预算定额基价？它由哪些费用组成？
16. 什么是安装工程预算定额的未计价材料？它的价值怎样计算？
17. 什么是预算定额计价材料？它的价值是怎样计算的？
18. 安装工程预算定额为什么将材料划分成计价材料与未计价材料？
19. 什么是定额机械台班费？怎样用表达式表达？
20. 安装工程预算定额中常用的系数有哪些？它们之间的关系是什么？

工程模拟训练

某公共卫生间给排水工程，给水管道采用镀锌钢管（螺纹连接），工程量为 11.66 m，试查阅本地区预算定额，确定定额编号，算出预算价格。

链接执考

[2009 年二级建筑师试题（单选题）]

1. 下列定额中，属于企业定额性质的是（　　）。
   A. 施工定额　　　B. 预算定额　　　C. 概算定额　　　D. 概算指标
2. 某施工机械的台班产量为 500 m³，与之配合的工人小组有 4 人，则人工定额为（　　）。
   A. 0.2 工日/m³　　　　　　　　B. 0.8 工日/m³
   C. 0.2 工日/100 m³　　　　　　D. 0.8 工日/100 m³

[2010 年二级建筑师试题（单选题）]

3. 若施工作业所能依据的定额齐全，则在编制施工作业计划时宜采用的定额是（　　）。
   A. 概算指标　　　B. 概算定额　　　C. 预算定额　　　D. 施工定额
4. 某施工工序的人工产量定额为 4.56 m³，则该工序的人工时间定额为（　　）。
   A. 0.22 工日/m³　　B. 0.22 工日　　C. 1.76 工日/m³　　D. 4.56 工日/m³

[2011 年二级建筑师试题（单选题）]

5. 关于施工定额的说法，正确的是（　　）。
   A. 施工定额是以分项工程为对象编制的定额
   B. 施工定额由劳动定额、材料消耗定额、施工机械台班消耗定额组成
   C. 施工定额广泛适用于施工企业项目管理，具有一定的社会性
   D. 施工定额由行业建设行政主管部门组织有一定水平的专家编制

模块 3 安装工程费用构成及预算编制方法

【模块概述】

本模块主要介绍建筑安装工程费用组成、安装工程造价计算程序以及施工图预算编制方法三部分。目前,我国计价形式主要有定额计价和清单计价两种,针对上述两种计价形式,第一部分介绍了两种不同计价的费用组成,第二部分介绍了两种计价形式的计算程序,第三部分介绍了两种形式用于施工图预算的编制方法。

本模块的三部分内容是安装工程造价的基本理论知识,通过本模块的学习,使读者能够了解我国现行工程造价计价模式的基本原理、程序和方法,为以后各个章节中具体安装工程预算的学习奠定了理论基础,因此,需要读者熟练掌握本模块所学知识。

【知识目标】

1. 安装工程费用组成;
2. 定装工程定额计价的计算程序;
3. 定装工程清单计价的计算程序;
4. 安装工程施工图预算编制;
5. 安装工程工程量清单编制。

【技能目标】

1. 熟悉安装工程费用组成;
2. 掌握安装工程定额计价程序;
3. 掌握安装工程清单计价程序;
4. 掌握安装工程施工图预算编制方法;
5. 掌握安装工程清单编制方法。

【课时建议】

6课时

工程导入

某公共卫生间给排水工程的人工费为 7 158 元，材料费为 9 905 元，主材费为 16 216 元，机械费为 130 元，请问，它们的总和是否就是该室内给排水工程安装的总费用？如果不是，那么，安装工程的费用由哪些部分组成？怎样计算？

3.1 安装工程的费用构成

3.1.1 安装工程定额模式下的费用构成

根据住房城乡建设部颁布的"关于印发《建筑安装工程费用项目组成》的通知"（建标［2013］44号），建筑安装工程费按费用构成要素划分为：人工费、材料（包含工程设备，下同）费、施工机具使用费、企业管理费、利润、规费和税金。安装工程定额模式下的费用构成如图3.1所示。

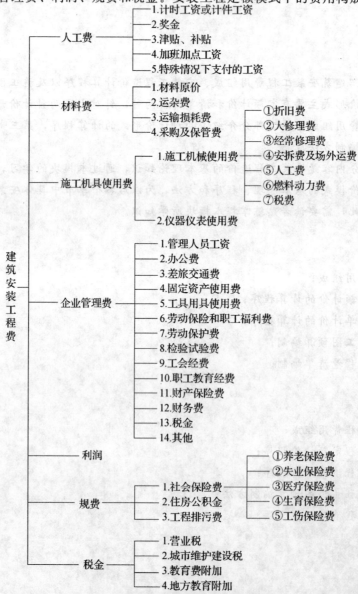

图 3.1 安装工程定额模式下的费用构成

1. 人工费

人工费是指按工资总额构成规定，支付给从事建筑安装工程施工的生产工人和附属生产单位工人的各项费用。人工费主要包括以下费用。

(1) 计时工资或计件工资

计时工资或计件工资是指按计时工资标准和工作时间或对已做工作按计件单价支付给个人的劳动报酬。

(2) 奖金

奖金是指支付给个人的超额劳动和增收节支的劳动报酬，如节约奖、劳动竞赛奖等。

(3) 津贴、补贴

津贴、补贴是指为了补偿职工特殊或额外的劳动消耗和因其他特殊原因支付给个人的津贴，以及为了保证职工工资水平不受物价影响支付给个人的物价补贴。如流动施工津贴、特殊地区施工津贴、高温（寒）作业临时津贴、高空津贴等。

(4) 加班加点工资

加班加点工资是指按规定支付的在法定节假日工作的加班工资和在法定日工作时间外延时工作的加点工资。

(5) 特殊情况下支付的工资

特殊情况下支付的工资是指根据国家法律、法规和政策规定，因病、工伤、产假、计划生育假、婚丧假、事假、探亲假、定期休假、停工学习、执行国家或社会义务等原因按计时工资标准或计时工资标准的一定比例支付的工资。

2. 材料费

材料费是指施工过程中耗费的原材料、辅助材料、构配件、零件、半成品或成品、工程设备的费用。材料费主要包括材料原价、运杂费、运输损耗费和采购及保管费。

(1) 材料原价

材料原价是指材料、工程设备的出厂价格或商家供应价格。

(2) 运杂费

运杂费是指材料、工程设备自来源地运至工地仓库或指定堆放地点所发生的全部费用。

(3) 运输损耗费

运输损耗费是指材料在运输装卸过程中不可避免的损耗。

(4) 采购及保管费

采购及保管费是指为组织采购、供应和保管材料、工程设备的过程中所需要的各项费用，包括采购费、仓储费、工地保管费和仓储损耗。

> **技术提示**
> 原材料费中的检验试验费列入企业管理费。

材料费计算公式为

$$材料费 = \sum(材料消耗量 \times 材料单价)$$

$$材料单价 = (材料原价 + 运杂费) \times (1 + 运输损耗率) \times (1 + 采购保管费率)$$

工程设备是指构成或计划构成永久工程一部分的机电设备、金属结构设备、仪器装置及其他类似的设备和装置。计算公式为

$$工程设备费 = \sum(工程设备量 \times 工程设备单价)$$

$$工程设备单价 = (设备原价 + 运杂费) \times (1 + 采购保管费率)$$

3. 施工机具使用费

施工机具使用费是指施工作业所发生的施工机械、仪器仪表使用费或其租赁费。

(1) 施工机械使用费

施工机械使用费以施工机械台班耗用量乘以施工机械台班单价表示，施工机械台班单价由下列7项费用组成。

① 折旧费。指施工机械在规定的使用年限内，陆续收回其原值的费用。

② 大修理费。指施工机械按规定的大修理间隔台班进行必要的大修理，以恢复其正常功能所需的费用。

③ 经常修理费。指施工机械除大修理以外的各级保养和临时故障排除所需的费用。包括为保障机械正常运转所需替换设备与随机配备工具附具的摊销和维护费用，机械运转中日常保养所需润滑与擦拭的材料费用及机械停滞期间的维护和保养费用等。

④ 安拆费及场外运费。安拆费是指施工机械（大型机械除外）在现场进行安装与拆卸所需的人工、材料、机械和试运转费用以及机械辅助设施的折旧、搭设、拆除等费用；场外运费指施工机械整体或分体自停放地点运至施工现场或由一施工地点运至另一施工地点的运输、装卸、辅助材料及架线等费用。

⑤ 人工费。指支付给机上司机（司炉）和其他操作人员的费用。

⑥ 燃料动力费。指施工机械在运转作业中所消耗的各种燃料及水、电等。

⑦ 税费。指施工机械按照国家规定应缴纳的车船使用税、保险费及年检费等。

施工机械使用费公式为

施工机械使用费 $= \Sigma$（施工机械台班消耗量 × 机械台班单价）

机械台班单价 = 台班折旧费 + 台班大修费 + 台班经常修理费 + 台班安拆费及场外运费 + 台班人工费 + 台班燃料动力费 + 台班车船税费

> **技术提示**
>
> 施工企业可以参考工程造价管理机构发布的台班单价，自主确定施工机械使用费的报价，如租赁施工机械，公式为
>
> 施工机械使用费 $= \sum$（施工机械台班消耗量 × 机械台班租赁单价）

(2) 仪器仪表使用费

仪器仪表使用费是指工程施工所需使用的仪器仪表的摊销及维修费用。具体计算公式为

仪器仪表使用费 = 工程使用的仪器仪表摊销费 + 维修费

4. 企业管理费

企业管理费是指建筑安装企业组织施工生产和经营管理所需的费用。企业管理费主要包括以下费用。

(1) 管理人员工资

管理人员工资是指按规定支付给管理人员的计时工资、奖金、津贴补贴、加班加点工资及特殊情况下支付的工资等。

(2) 办公费

办公费是指企业管理办公用的文具、纸张、账表、印刷、邮电、书报、办公软件、现场监控、会议、水电和集体取暖降温（包括现场临时宿舍取暖降温）等费用。

(3) 差旅交通费

差旅交通费是指职工因公出差、调动工作的差旅费、住勤补助费，市内交通费和误餐补助费，职工探亲路费，劳动力招募费，职工退休、退职一次性路费，工伤人员就医路费，工地转移费以及

管理部门使用的交通工具的油料、燃料等费用。

（4）固定资产使用费

固定资产使用费是指管理和试验部门及附属生产单位使用的属于固定资产的房屋、设备、仪器等的折旧、大修、维修或租赁费。

（5）工具用具使用费

工具用具使用费是指企业施工生产和管理使用的不属于固定资产的工具、器具、家具、交通工具和检验、试验、测绘、消防用具等的购置、维修和摊销费。

（6）劳动保险和职工福利费

劳动保险和职工福利费是指由企业支付的职工退职金、按规定支付给离休干部的经费、集体福利费、夏季防暑降温补贴、冬季取暖补贴、上下班交通补贴等。

（7）劳动保护费

劳动保护费是企业按规定发放的劳动保护用品的支出。如工作服、手套、防暑降温饮料以及在有碍身体健康的环境中施工的保健费用等。

（8）检验试验费

检验试验费是指施工企业按照有关标准规定，对建筑以及材料、构件和建筑安装物进行一般鉴定、检查所发生的费用，包括自设试验室进行试验所耗用的材料等费用。不包括新结构、新材料的试验费，对构件做破坏性试验及其他特殊要求检验试验的费用和建设单位委托检测机构进行检测的费用，对此类检测发生的费用，由建设单位在工程建设其他费用中列支。但对施工企业提供的具有合格证明的材料进行检测不合格的，该检测费用由施工企业支付。

（9）工会经费

工会经费是指企业按《工会法》规定的按全部职工工资总额比例计提的工会经费。

（10）职工教育经费

职工教育经费是指按职工工资总额的规定比例计提，企业为职工进行专业技术和职业技能培训，专业技术人员继续教育、职工职业技能鉴定、职业资格认定以及根据需要对职工进行各类文化教育所发生的费用。

（11）财产保险费

财产保险费是指施工管理用财产、车辆等的保险费用。

（12）财务费

财务费是指企业为施工生产筹集资金或提供预付款担保、履约担保、职工工资支付担保等所发生的各种费用。

（13）税金

税金是指企业按规定缴纳的房产税、车船使用税、土地使用税和印花税等。

（14）其他

其他费用包括技术转让费、技术开发费、投标费、业务招待费、绿化费、广告费、公证费、法律顾问费、审计费、咨询费和保险费等。

5．利润

利润是指施工企业完成所承包工程获得的盈利。

6．规费

规费是指按国家法律、法规规定，由省级政府和省级有关权力部门规定必须缴纳或计取的费用。规费主要包括社会保险费、住房公积金和工程排污费。

（1）社会保险费

①养老保险费。是指企业按照规定标准为职工缴纳的基本养老保险费。

②失业保险费。是指企业按照规定标准为职工缴纳的失业保险费。

③医疗保险费。是指企业按照规定标准为职工缴纳的基本医疗保险费。

④生育保险费。是指企业按照规定标准为职工缴纳的生育保险费。

⑤工伤保险费。是指企业按照规定标准为职工缴纳的工伤保险费。

（2）住房公积金

住房公积金是指企业按规定标准为职工缴纳的住房公积金。

社会保险费和住房公积金应以定额人工费为计算基础，根据工程所在地省、自治区、直辖市或行业建设主管部门规定费率计算。

$$社会保险费和住房公积金 = \sum（工程定额人工费 \times 社会保险费和住房公积金费率）$$

（3）工程排污费

工程排污费是指按规定缴纳的施工现场工程排污费。

工程排污费等其他应列而未列入的规费应按工程所在地环境保护等部门规定的标准缴纳，按实计取列入。其他应列而未列入的规费，按实际发生计取。

7. 税金

税金是指国家税法规定的应计入建筑安装工程造价内的营业税、城市维护建设税、教育费附加以及地方教育附加。

3.1.2 安装工程清单模式下的费用构成

安装工程在工程量清单模式下的费用组成包括：分部分项工程费、措施项目费、其他项目费、规费和税金，具体形式如图3.2所示。

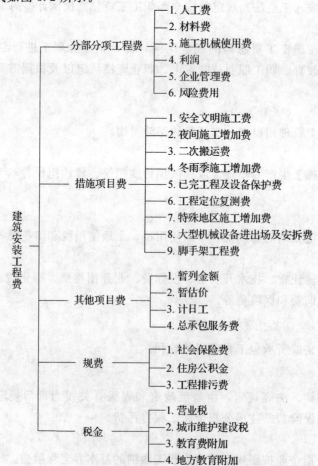

图3.2 安装工程清单模式下的费用组成

1. 分部分项工程费

分部分项工程费是指各专业工程的分部分项工程应予列支的各项费用。

专业工程是指按现行国家计量规范划分的房屋建筑与装饰工程、仿古建筑工程、通用安装工程、市政工程、园林绿化工程、矿山工程、构筑物工程、城市轨道交通工程、爆破工程等各类工程。

分部分项工程指按现行国家计量规范对各专业工程划分的项目。例如，通用安装工程分为机械设备安装工程，热力设备安装工程，静置设备与工艺金属结构制作安装工程，电气设备安装工程，建筑智能化工程，自动化控制仪表安装工程，通风空调工程，工业管道工程，消防工程，给排水、采暖、燃气工程，通信设备及线路工程，刷油、防腐蚀、绝热工程等分部工程。分项工程是分部工程的组成部分，是按不同施工方法、材料、工序等分部工程划分为若干个分项或项目的工程。例如工业管道分为低压管道、中压管道、高压管道、低压管件、中压管件、高压管件等分项工程。

分部分项工程费包括人工费、材料费、施工机械使用费、利润、企业管理费和风险费。

2. 措施项目费

措施项目费是指为完成建设工程施工，发生于该工程施工前和施工过程中的技术、生活、安全、环境保护等方面的费用。

(1) 安全文明施工费

①环境保护费。是指施工现场为达到环保部门要求所需要的各项费用。

②文明施工费。是指施工现场文明施工所需要的各项费用。

③安全施工费。是指施工现场安全施工所需要的各项费用。

④临时设施费。是指施工企业为进行建设工程施工所必须搭设的生活和生产用的临时建筑物、构筑物和其他临时设施费用。包括临时设施的搭设、维修、拆除、清理费或摊销费等。

安全文明施工费计算公式为

$$安全文明施工费 = 计算基数 \times 安全文明施工费费率$$

(2) 夜间施工增加费

夜间施工增加费是指因夜间施工所发生的夜班补助费、夜间施工降效、夜间施工照明设备摊销及照明用电等费用。其内容由以下项目组成：

①夜间固定照明灯具和临时可移动照明灯具的位置、拆除的费用。

②夜间施工时施工现场交通标志、安全标牌、警示灯的位置、移动、拆除的费用。

③夜间照明设备摊销及照明用电、施工人员夜班补助、夜间施工劳动效率降低等费用。

夜间施工增加费计算公式为

$$夜间施工增加费 = 计算基数 \times 夜间施工增加费费率$$

(3) 二次搬运费

二次搬运费是指因施工场地条件限制而发生的材料、构配件、半成品等一次运输不能到达堆放地点，必须进行二次或多次搬运所发生的费用。

$$二次搬运费 = 计算基数 \times 二次搬运费费率$$

$$二次搬运费费率 = \frac{年平均二次搬运费开支额}{全年建安产值 \times 直接工程费占总造价的比例}$$

(4) 冬雨季施工增加费

冬雨季施工增加费是指在冬季或雨季施工需增加的临时设施、防滑、排除雨雪，人工及施工机械效率降低等费用。冬、雨季施工增加费由以下各项组成。

①冬雨季施工时增加的临时设施（防寒保温、防雨设施）的搭设、拆除的费用。

②冬雨季施工时,对砌体、混凝土等采用的特殊加温、保温盒养护措施的费用。

③冬雨季施工时,对施工现场的防滑处理、对影响施工的雨雪的清除费用。

④冬雨季施工时增加的临时设施的摊销、施工人员的劳动保护用品、冬雨季施工劳动效率降低等费用。

冬雨季施工增加费计算公式为

$$冬雨季施工增加费 = 计算基数 \times 冬雨季施工增加费费率$$

$$冬雨季施工增加费费率 = \frac{年平均冬雨季施工增加费开支额}{全年建安产值 \times 直接工程费占总造价的比例}$$

(5) 已完工程及设备保护费

已完工程及设备保护费是指竣工验收前,对已完工程及设备采取的必要保护措施所发生的费用。

已完工程及设备保护费计算公式为

$$已完工程及设备保护费 = 计算基数 \times 已完工程及设备保护费费率$$

(6) 工程定位复测费

工程定位复测费是指工程施工过程中进行全部施工测量放线和复测工作的费用。

(7) 特殊地区施工增加费

特殊地区施工增加费是指工程在沙漠或其边缘地区、高海拔、高寒、原始森林等特殊地区施工增加的费用。

(8) 大型机械设备进出场及安拆费

大型机械设备进出场及安拆费是指机械整体或分体自停放场地运至施工现场或由一个施工地点运至另一个施工地点,所发生的机械进出场运输、转移费用及机械在施工现场进行安装、拆卸所需的人工费、材料费、机械费、试运转费和安装所需的辅助设施的费用。该项费用由安拆费和进出场费组成。

①安拆费包括施工机械、设备在现场进行安拆所需人工、材料、机械和试运转费用以及机械辅助设施的折旧、搭设、拆除等费用。

②进出场费包括施工机械、设备整体或分体自停放地点运至施工现场或由一施工地点运至另一场地所发生的运输、装卸、辅助材料等费用。

大型机械设备进出场及安拆费计算公式为

$$大型机械设备进出场及安拆费 = \frac{一次进出场及安拆费 \times 年平均安拆次数}{年工作台班}$$

【知识拓展】

机械安拆费及场外运费根据施工机械不同分为计入台班单价、单独计算和不计算三种类型。

①工地间移动较为频繁的小型机械及部分中型机械,其安拆费及场外运费应计入机械台班单价(即直接工程费中的机械费)。

②有一定难度的特、大型(包括少数中型)机械,其安拆费及场外运费应单独计算(即本项内容)。

③不需安装、拆卸且自身又能开行的机械和固定在车间不需安装、拆装及运输的机械,其安拆费及场外运费不计算。

④自升式塔式起重机安装、拆卸费用的超高起点及其增加费,各地区(部门)可根据具体情况确定。

（9）脚手架工程费

脚手架工程费是指施工需要的各种脚手架搭、拆、运输费用以及脚手架购置费的摊销（或租赁）费用。

3．其他项目费

（1）暂列金额

暂列金额是指招标人暂定并包含在合同中的一笔款项。工程建设自身的特性决定了工程的设计需要根据工程进展不断地进行优化和调整，业主需求可能会随工程建设进展出现变化，工程建设过程可能会存在一些不能预见、不能确定的因素，消化这些因素必然会影响合同价格的调整，暂列金额正是因这类不可避免的价格调整而设立，以便达到合理确定和有效控制工程造价的目标。

（2）暂估价

暂估价是指招标人在工程量清单中提供的用于支付必然发生但暂时不能确定价格的材料、工程设备的单价以及专业工程的金额，包括材料暂估单价、工程设备暂估单价和专业工程暂估价。

①招标人提供的材料、工程设备暂估价应只是暂估单价，投标人应将材料暂估单价、工程设备暂估单价计入工程量清单综合单价报价中。

②专业工程的暂估价一般应是综合暂估价，应当包括除规费和税金以外的管理费、利润等费用。

（3）计日工

计日工对完成零星工作所消耗的人工工时、材料数量、施工机械台班进行计量，并按照计日工表中填报的适用项目的单价进行计价支付。计日工适用的所谓零星工作一般是指合同约定之外的或者因变更而产生的、工程量清单中没有相应项目的额外工作，尤其是那些难以事先商定价格的额外工作。

（4）总承包服务费

总承包服务费是指总承包人为配合协调发包人进行的专业工程发包，对发包人自行采购的材料、工程设备等进行保管以及施工现场管理、竣工资料汇总整理等服务所需的费用。招标人应预计该项费用并按投标人的投标报价向投标人支付该项费用。

（5）规费

规费是指按国家法律、法规规定，由省级政府和省级有关权力部门规定必须缴纳或计取的费用。包括社会保险费、住房公积金、工程排污费和其他应列而未列入的规费，具体内容同3.1.1所述。

（6）税金

税金是指国家税法规定的应计入建筑安装工程造价内的营业税、城市维护建设税、教育费附加以及地方教育附加。

3.2　安装工程造价的计算程序

3.2.1　安装工程定额计价的计算程序

安装工程定额计价采用工料单价法，工料单价法是根据地区预算定额中的预算单价乘以各分项工程的工程量汇总得出人工费、材料费、机械费等，再根据各地区定额中规定的计算基数为基础，计算出其他的费用项目，汇总后即可得到单位工程的预算价格，其计算程序有以下几种。

1. 以直接费为计算基础（表3.1）

表3.1 以直接费为基数的计算程序

序号	费用项目	计算方法
1	直接工程费	按预算表
2	措施费	按规定标准计算
3	小计	1+2
4	间接费	3×相应费率
5	利润	(3+4)×相应利润率
6	税金	(3+4+5)×相应税率
7	工程造价	3+4+5+6

注：根据2013年住房城乡建设部颁布的"关于印发《建筑安装工程费用项目组成》的通知"（建标[2013]44号），取消直接工程费和直接费名称，具体内容根据现行的地区定额进行调整

2. 以人工费和机械费为计算基础（表3.2）

表3.2 以人工费和机械费为基数的计算程序

序号	费用项目	计算方法
1	施工图预算子目计价合计	$\sum$（工程量×编制期预算基价）
2	其中：人工费+机械费	$\sum$（工程量×编制期预算基价中人工费和机械费）
3	措施费	$\sum$施工措施项目计价
4	其中：人工费+机械费	$\sum$施工措施项目计价中人工费和机械费
5	小计	1+3
6	人工费和机械费小计	2+4
7	企业管理费	6×相应费率
8	利润	6×相应利润率
9	规费	(5+7+8)×费率
10	税金	(5+7+8+9)×相应税率
11	工程造价	5+7+8+9+10

3. 以人工费为计算基础（表3.3）

表3.3 以人工费为基数计算程序

序号	费用项目	计算方法
1	施工图预算子目计价合计	$\sum$（工程量×编制期预算基价）
2	其中：人工费	$\sum$（工程量×编制期预算基价中人工费）
3	施工措施费	$\sum$施工措施项目计价
4	其中：人工费	$\sum$施工措施项目计价中人工费
5	小计	1+3
6	人工费小计	2+4
7	企业管理费	6×相应费率
8	利润	6×相应利润率
9	规费	(5+7+8)×费率
10	税金	(5+7+8+9)×相应税率
11	工程造价	5+7+8+9+10

3.2.2 安装工程清单计价的计算程序

安装工程清单计价采用综合单价法，综合单价法是以分部分项工程量乘以综合单价，得出分部分项工程费用，再计算出措施项目费、其他项目费、规费、税金等，汇总得出单位工程造价。各部分计算方法为

$$分部分项工程费 = \sum 分部分项工程量 \times 相应分部分项综合单价$$

$$措施项目费 = \sum 各措施项目费$$

$$其他项目费 = 暂列金额 + 暂估价 + 计日工 + 总承包服务费$$

$$安装工程报价 = 分部分项工程费 + 措施项目费 + 其他项目费 + 规费 + 税金$$

安装工程工程量清单计价的基本原理可以描述为：按照工程量清单计价规范规定，在各相应专业工程计量规范规定的工程量清单项目设置和工程量计算规则的基础上，针对具体工程的施工图纸和施工组织设计计算出各个清单项目的工程量，根据规定的方法计算出综合单价，并汇总各清单合价得出工程总价。

1. 综合单价计价程序

综合单价是指完成一个规定清单项目所需的人工费、材料和工程设备费、施工机具使用费和企业管理费、利润以及一定范围内的风险费用。风险费用是隐含于已标价工程量清单综合单价中，用于化解发承包双方在工程合同中约定内容和范围内的市场价格波动风险的费用。

由于各分部分项工程中的人工、材料、机械含量的比例不同，各分项工程可根据其材料费占人工费、材料费、机械费合计的比例（以"C"代表该项比值）在以下三种计算程序中选择一种计算其综合单价。

① 当 C 大于 C_0（C_0 为本地区原费用定额中测算所选典型工程材料费占人工费、材料费和机械费合计的比例）时，可采用以直接工程费为基数计算该分项的其他费用（表 3.4）。

表 3.4 以直接工程费为基数的计价程序

序号	费用名称	计算式
1	分项直接工程费	人工费+材料费+机械费+未计价主材费
2	分项措施项目费	按计价规定计算
3	企业管理费	(1+2)×费率
4	利润	(1+2)×利润率
5	人、材、机价差调整	
6	风险费	按招标文件要求由投标人自定
7	综合单价	1+2+3+4+5+6

② 当 C 大于 C_0 值的下限时，可采用以直接费的人工费和机械费合计为基数计算该分项的其他费用（表 3.5）。

表 3.5 以人工费和机械费为基数的计价程序

序号	费用名称	计算式
1	分项直接工程费	人工费+材料费+机械费+未计价主材费
2	其中：人工费和机械费	
3	分项措施项目费	按计价规定计算
4	其中：人工费+机械费	
5	企业管理费	(2+4)×费率
6	利润	(2+4)×利润率
7	人、材、机价差调整	
8	风险费	按招标文件要求由投标人自定
9	综合单价	1+3+5+6+7+8

③如该分项的直接费仅为人工费,无材料费和机械费,可采用以人工费为基数计算该分项的其他项目费用(表3.6)。

表3.6 以人工费为基数的计价程序

序号	费用名称	计算式
1	分项直接工程费	人工费+材料费+机械费+未计价主材费
2	其中:人工费	
3	分项措施项目费	按计价规定计算
4	其中:人工费	
5	企业管理费	(2+4)×费率
6	利润	(2+4)×利润率
7	人、材、机价差调整	
8	风险费	按招标文件要求由投标人自定
9	综合单价	1+3+5+6+7+8

2. 工程量清单计价程序

工程量清单计价活动涵盖施工招标、合同管理以及竣工交付全过程,主要包括编制招标工程量清单、招标控制价、投标报价,确定合同价;进行工程计量与价款支付、合同价款的调整、工程结算和工程计价纠纷处理等活动。工程量清单计价程序见表3.7。

表3.7 工程量清单计价程序

工程名称:_____

序号	内 容	计算方法
1	分部分项工程费	∑(分部分项工程量清单×综合单价)
2	措施项目费	∑(措施项目清单×综合单价)
3	其他项目费	(1)+(2)+(3)+(4)
(1)	其中:暂列金额	按招标文件提供金额计列
(2)	其中:专业工程暂估价	按招标文件提供金额计列
(3)	其中:计日工	投标人自主报价
(4)	其中:总承包服务费	投标人自主报价
4	规费	按规定标准计算
5	税金(扣除不列入计税范围的工程设备金额)	(1+2+3+4)×相应税率

工程造价=1+2+3+4+5

【知识拓展】

清单计价模式与定额计价模式的比较见表3.8。

表3.8 清单计价模式与定额计价模式比较

	比较内容	清单计价模式	定额计价模式
1	编制单位	招标方编制清单 投标方按清单报价	施工方或设计方 编施工图预算书
2	编制时间	招标方招标前 投标方报价时	施工前

续表 3.8

比较内容		清单计价模式	定额计价模式
3	编制内容	招标方编制清单 投标方编制报价书	施工图预算书
4	编制依据	GB 50500—2013、44 号令、图纸、工程特点、市场及风险、措施、施工工艺、管理水平、各自利益	图纸、预算定额、费用定额、调差及相关文件
5	表现形式	综合单价	工程总价
6	费用组成	分部分项工程费、措施项目费、其他项目费、规费、税金	人工费、材料费、施工机具使用费、企业管理费、利润、规费、税金
7	价差调整	按工程承包双方约定的价格直接计算,除招标文件规定外,不存在价差调整的问题	按工程承发包双方约定的价格与定额价对比,调整价差
8	单价计取	承包方根据市场价及自己的成本库测算比较后自主报价	人、材、机按定额单价或指导价计取
9	造价计算	工程造价 = ∑ 分项清单量×综合单价	工程造价按规定的计算程序和规定费率计算

3.3 安装工程预算编制方法

3.3.1 安装工程施工图预算编制方法

1. 安装工程施工图预算编制依据

安装工程施工图预算编制必须遵循以下依据。

①国家、行业和地方政府有关工程建设和造价管理的法律、法规和规定。

②经过批准和会审的施工图设计文件,包括设计说明书、标准图、图纸会审纪要、设计变更通知单及经建设主管部门批准的设计概算文件。

③施工现场勘查地质、水文、地貌、交通、环境及标高测量资料等。

④预算定额(或单位估价表)、地区材料市场与预算价格等相关信息以及颁布的材料预算价格、工程价格信息、材料调价通知、取费调价通知等;工程量清单计价规范。

⑤当采用新结构、新材料、新工艺、新设备而定额缺项时,按规定编制的补充预算定额,也是编制施工图预算的依据。

⑥合理的施工组织设计和施工方案等文件。

⑦工程量清单、招标文件、工程合同或协议书。它明确了施工单位承包的工程范围,应承担的责任、权利和义务。

⑧项目有关的设备、材料供应合同、价格及相关说明书。

⑨项目的技术复杂程度,以及新技术、专利使用情况等。

⑩项目所在地区有关的气候、水文、地质地貌等的自然条件。

⑪项目所在地区有关的经济、人文等社会条件。

⑫预算工作手册、常用的各种数据、计算公式、材料换算表、常用标准图集及各种必备的工具书。

2. 安装工程施工图预算编制方法

安装工程施工图预算的主要编制方法有单价法和实物量法。单价法分为定额单价法和工程量清单单价法，在单价法中，使用较多的是定额单价法。定额单价法是用事先编制好的分项工程的单位估价表来编制施工图预算的方法。实物量法是依据施工图纸和预算定额的项目划分及工程量计算规则，先计算出分部分项工程量，然后套用预算定额来编制施工图预算的方法。

(1) 定额单价法

定额单价法又称工料单价法或预算单价法，是指分部分项工程的单价为直接工程费单价，将分部分项工程量乘以对应分部分项工程单价后的合计作为单位直接工程费，直接工程费汇总后，再根据规定的计算方法计取措施费、间接费、利润和税金，将上述费用汇总后得到该单位工程的施工图预算造价。定额单价法中的单价一般采用地区统一单位估价表中的各分项工程供料单价。定额单价法计算公式为

$$安装工程预算造价 = \sum (分项工程量 \times 分项工程工料单价) +$$
$$措施费 + 企业管理费 + 规费 + 利润 + 税金$$

定额单价法编制施工图预算流程图如图 3.3 所示。

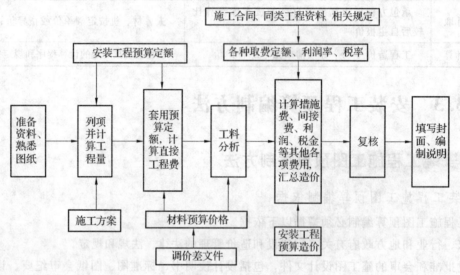

图 3.3　定额单价法编制施工图预算流程图

① 搜集基本资料。

预算编制中，基本资料是重要依据。其主要内容包括以下 5 个方面。

a. 施工图、设计文件、设计变更、图纸会审记录、有关的标准图集。

b. 现行预算定额、单位估价表、价目表、间接费定额、预算费用定额、当地有关文件和执行规定。

c. 设备和材料预算价格、市场价格资料、现行运输费用标准。

d. 预算手册、材料手册、有关设备产品说明、常用计算公式及数据。

e. 施工现场调查资料、其他有关资料等。

② 熟悉施工图。

看图计量是编制预算的基本工作，只有看懂和熟悉图纸后，才能对工程内容、结构特征、技术要求有清晰的概念，才能在编制时做到项目全、计量准、速度快。因此，在动手计算之前，应该用一定的时间阅读图纸，特别是对于一些工艺装置很复杂的工业工程，如果在没有弄清图纸时就急于下手计算，常常会徒劳无益，浪费时间，欲速则不达。阅读图纸应首先了解以下内容。

a. 对照图纸目录，检查图纸是否齐全。

b. 采用哪些标准图集，手头是否已经具备。

c. 对设计说明或附注要仔细阅读。因为有些分章图纸中不再表示的项目或设计要求，往往在说

明和附注中可以找到，如果不注意则容易漏项。

d. 设计上有无特殊的施工质量要求，事先列出需要另编补充定额的项目。

e. 平面坐标和竖向位置标高的控制点。

③了解施工组织设计和施工现场情况。

全面分析各分部分项工程，充分了解施工组织设计和施工方案，如工程进度、施工方法、人员使用、材料消耗、施工机械、技术措施等内容，注意影响费用的关键因素；核实施工现场情况，包括工程所在地地质、地形、地貌等情况及工程实体情况、当地气象资料、当地食品供应地点和运距等情况；了解工程布置、地形条件、施工条件、料场开采条件、场内外交通运输条件等。

④分项计算工程量。

工程量是计算直接费的基础，而直接费则是确定工程造价的基数。因此，按照有关计算规则，依据施工图确定计算工程量，是预算编制的中心环节。预算编制中，工程量计算的工作量较大，耗时较多，也容易出现差错。所以必须按定额分清项目，写出算式，注明来源，列出表格，以便核查，防止重项和漏项。通过仔细复核，做到计算准确。

工程量应严格按照图纸尺寸和现行定额规定的工程量计算规则进行计算，分项子目的工程量应遵循一定的顺序逐项计算，避免漏算和重算。

a. 根据工程内容和定额项目，列出需计算工程量的分部分项工程。

b. 根据一定的计算顺序和计算规则，列出分部分项工程量的计算式。

c. 根据施工图纸上的设计尺寸及有关数据，代入计算式进行数值计算。

d. 对计算结果的计量单位进行调整，使之与定额中相应的分部分项工程的计量单位保持一致。

工程量以自然计量单位（台、套、组、个……）或物理计量单位（m、m^2、m^3、kg……）表示。预算定额中通常还采用扩大计量单位，即定额单位，如10套、10个、10 m或100 m、10 m^2或100 m^2、10 m^3或100 m^3、100 kg等。"规则一致、单位一致"是正确计算工程量的前提条件。

e. 计算时要防止重复计算和漏算。在比较复杂的工程或工作经验不足时，最容易发生的是漏项、漏算或重项、重算。因此，在动手之前应先看懂图纸，弄清各页图纸之间的关系及细部说明。一般也可依照施工次序，由上而下，由外而内，由左而右，事先草列分部分项名称，再进行计算。在计算中发现有新的项目，要随时补充进去，防止遗忘。也可以采用分页图纸逐张清算的办法，以便先减少一部分图纸数量，集中精力计算比较复杂的部分。工程量计算通常采用计算表格进行，工程量计算书见表3.9。

表3.9 工程量计算书

工程名称：_____　　　　　　　　　　　　第　页　共　页

序号	工程名称	部位	计算式	单位	工程量	备注

⑤定额套价，计算定额直接工程费。

根据划分定额项目的具体内容，列出定额计价工程预算项目及其对应的工程量，查出预算定额内相应项目的定额编号、主材耗量、基价及其组成（其中包含人工费和机械费基价），从而计算出各项目的定额直接费。主材费的计算单价为定额耗量与现行预算价格的乘积，安装工程在预算表内直接计算。最后，对单位工程的主材费、定额直接费及其人工费、机械费进行汇总，得出该工程的套价费用。直接工程费的计算要做到项目、规格、型号、工作内容、施工方法、质量要求、计量单位、定额基价等全部一致。直接工程费计算通常采用计算表格进行，工程预算书（以人工费和机械费为基数计算为例）见表3.10。

表 3.10 工程预算表

工程名称：_____　　　　　　　　　　　　　　　　　　　　　　第　页　共　页

定额编号	工程名称	工程量		预算价格		价格分析							
						未计价材料费		人工费		材料费		机械费	
		单位	数量	单价	合价	单价	合价	单价	合价	单价	合价	单价	合价

计算直接工程费时需要注意以下几个问题。

a. 分项工程的名称、规格、计量单位与预算单价或单位估价表中所列内容完全一致时，可以直接套用预算单价。

b. 分项工程的主要材料品种与预算单价或单位估价表中规定材料不一致时，不能够直接套用预算单价，需要按实际使用材料价格换算预算单价。换算类型通常有系数换算和材料换算等。换算的基本思路是：根据选定的预算定额基价，按规定换入增加的费用，减去扣除的费用。其表达式为

$$换算价 = 基价 + 换入费用 - 换出费用 =$$
$$基价 + (采用材料单价 - 定额材料单价) \times 材料消耗量$$

或
$$换算价 = 基价 \times 换算系数$$

c. 分项工程施工工艺条件与预算单价或单位估价表不一致而造成人工、机械的数量增减时，一般是调量不调价。

【例题 3.1】 电气工程户内干包式铝芯电力电缆终端头制作、安装，1 kV以下线芯截面 35 mm² 以下的，套用定额子目，计量单位为个，定额基价79.91元，其中人工费12.77元、材料费67.14元、机械费无。定额规定当设计为铜芯电缆头时，按同截面电缆头定额乘以系数1.2。求调整后的定额基价。

解 本例系数1.2用于整个定额基价，因此调整后定额基价为
$$(79.91 \times 1.2) 元/个 = 95.89 元/个$$

【例题 3.2】 当上例中设计为双屏蔽电缆头制作、安装时，定额规定按同截面电缆头定额仅人工乘以系数1.05。求调整后的定额基价。

解 本例系数1.05，仅调整人工费，调整后定额基价为
$$\{79.91 + [12.77 \times (1.05 - 1)]\} 元/个 = 80.55 元/个$$

⑥工料分析与编制供料分析表。

在施工图预算编制中，必须对单位工程用工、用料的定额耗量进行分析计算，并对消耗的构件、配件列出清单。工料分析是按照各分项工程，依据定额或单位估价表，首先从定额项目表中分别将分项工程消耗的每项材料和人工的定额消耗量查出；再分别乘以该工程项目的工程量，得到分项工程工料消耗量，最后将各分项工程工料消耗量加以汇总，得出安装工程人工、材料的消耗数量。即

人工消耗量＝某工种定额用工量×某分项工程量

材料消耗量＝某种材料定额用量×某分项工程量

分部分项工程工料分析表见表 3.11。

表 3.11 分部分项工程工料分析表

项目名称：＿＿＿＿＿＿＿＿ 第 页 共 页

序号	定额编号	分部（项）工程名称	单位	工程量	人工（工日）	主要材料			其他材料费
						材料1	材料2	…	

⑦计算主材费并调整直接工程费。

安装工程的某些主要材料和设备的价格档次较多，预算定额单价中很多项目是未计算包括其主要材料或设备价格的，即未计价主材费，因此对于这些未计价主材或设备费在预算书中需要补充列入。计算完成后将主材费的价差加入直接工程费中，计算公式为

未计价主材费 ＝ 未计价材料消耗量×未计价材料预算价格

未计价主材的预算价格的确定方式如下。

a. 查阅建设工程造价动态信息确定。

b. 查阅现行各地区建设工程材料预算价格确定。

c. 调查当时当地市场供应价格确定。

【例题 3.3】试确定上例中的未计价主材电缆的费用。

解 电缆的种类、价格档次较多，有普通电缆和铠装电缆的差异，有聚氯乙烯或橡皮的绝缘、护套等，所以预算定额单价未计价电缆主材费，在预算书中需要补充列入。查预算定额电缆敷设 100 m 的消耗量为 101 m；查该地区 2014 年第二季度建设工程造价动态信息，铜芯聚氯乙烯绝缘聚氯乙烯护套电缆 VV－3×70＋2×35 的信息价为 79 351 元/km。因此电缆主材费为

(85×101/100×79 351/1 000) 元＝6 812 元

⑧计算各项预算费用。

根据规定的税率、费率和相应的计取基础，分别计算措施费、企业管理费、利润、规费和税金。将上述费用累计后与直接工程费进行汇总，求出单位工程预算造价。与此同时，计算工程的技术经济指标，如单方造价等。

⑨复核。

对项目填列、工程量计算公式、计算结果、套用单价、取费费率、数字计算结果、数据精度等进行全面复核，及时发现差错并修改，以保证预算的准确性。

⑩填写封面、编制说明，进行整理装订。

工程预算费用经复核无误后，可进行填写封面，封面应写明工程编号、工程名称、预算总造价和单方造价等。同时，应编写"编制说明"，作为预算书的首页内容。最后，将封面、编制说明、预算费用汇总表、材料汇总表、工程预算分析表，按顺序编排并装订成册，即完成了安装工程施工图预算的编制工作。

（2）实物法

用实物法编制安装工程施工图预算，就是根据施工图计算的各分项工程分别乘以地区定额中人工、材料、施工机械台班的定额消耗量，然后乘以当时当地人工工日单价、各种材料单价、施工机械台班单价，求出相应的人工费、材料费、机械使用费，再加上措施费，就可求出该工程的直接费、间接费、利润、税金等费用，计取方法与预算单价法相同。

实物法编制施工图预算的公式为

$$\text{安装工程直接工程费} = \text{人工费} + \text{材料费} + \text{机械费} =$$
$$\text{综合工日消耗量} \times \text{综合工日单价} +$$
$$\sum(\text{各种材料消耗量} \times \text{相应材料单价}) +$$
$$\sum(\text{各种机械消耗量} \times \text{相应机械台班单价})$$

实物法编制施工图预算流程图如图 3.4 所示。

①准备资料、熟悉施工图纸。

实物法准备资料时，除准备定额单价法的这种编制资料外，终点应全面收集工程造价管理机构发布的工程造价信息及各种市场价格信息，如人工、材料、机械当时当地的实际价格，应包括不同品种、不同规格的材料预算价格，不同工种、不同等级的人工工资单价，不同种类、不同规格的机械台班单价等。要求获得的各种实际价格应全面、系统、真实和可靠。

②列项并计算工程量。

本步骤与定额单价法相同。

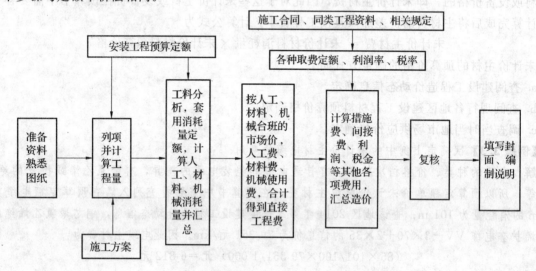

图 3.4　实物法编制施工图预算流程图

③套用消耗量定额，计算人工、材料、机械台班消耗量。

根据预算人工定额所列各类人工工日的数量，乘以各分项工程的工程量，计算出各分项工程所需各类人工工日的数量，统计汇总后确定安装工程所需的各类人工工日消耗量。同理，根据预算材料定额、预算机械台班定额分别确定出工程各类材料消耗量和各类施工机械台班数量。

④计算并汇总人工费、材料费和机械使用费，得到直接工程费。

根据当时当地工程造价管理部门定期公布的或企业根据市场价格确定的人工工资单价、材料预算价格、施工机械台班单价分别乘以人工、材料、机械消耗量，汇总即得到安装工程人工费、材料费和施工机械使用费，再次汇总即得到直接工程费。

⑤计算其他各项费用，汇总造价。

本步骤与定额单价法相同。

⑥复核、填写封面、编制说明。

检查人工、材料、机械台班的消耗量计算是否准确，是否有误算、漏算、重算或多算；套用的定额是否正确；检查采用的实际价格是否合理。其他内容可参考定额单价法。

3.3.2　安装工程工程量清单编制方法

工程量清单是建设工程招标的主要文件，应由具有编制招标文件能力的招标人或受其委托具有相应资质的中介机构进行编制,是招标人对招标的目的、要求和意愿的一种主要表达方式。

1. 工程量清单编制依据

工程量清单编制依据主要有以下几点。

①《建设工程工程量清单计价规范》(GB 50500—2013)(以下简称《计价规范》)、《通用安装工程工程量计算规范》(GB 50856—2013)等。

②国家或省级、行业建设主管部门颁发的计价定额和办法。

③建设工程设计文件及相关资料。

④与建设工程有关的标准、规范、技术资料。

⑤拟定的招标文件。

⑥施工现场情况、地勘水文资料、工程特点及常规施工方案。

⑦其他相关资料。

2. 清单工程量编制方法

《计价规范》规定,全部使用国有资产投资或国有资产投资为主的工程建设项目,必须采用工程量清单计价。

工程量清单计价的基本过程可以总结为:招标人在统一的工程量清单计算规则的基础上,按照统一的工程量清单计价表格、统一的工程量清单项目设置规则,根据具体工程的施工图纸编制工程量清单,计算出各个清单项目的工程量,编制工程量清单;投标人根据各种渠道所获得的工程造价信息和经验数据,结合企业定额计算编制工程投标报价。所以其编制过程分为两个阶段:工程量清单编制和工程量清单计价过程。

(1) 工程量清单编制

工程量清单是表示建设工程的分部分项工程项目、措施项目、其他项目、规费和税金的名称和相应数量等的明细清单,是由招标人或其委托的工程造价咨询机构按照《计价规范》附录中统一的项目编码、项目名称、项目特征、计量单位和工程量计算规则,结合施工设计文件、施工现场情况、工程特点、常规施工方案和招投标文件中有关要求等进行编制,包括分部分项工程清单、措施项目清单、其他项目清单、规费项目清单、税金项目清单。它是由招投标提供的一种技术文件,是招标文件的组成部分,一经中标签订合同,即成为合同的组成部分。工程量清单的描述对象是拟建工程,其内容涉及清单项目的性质、数量等,并以表格为主要表现形式。

①分部分项工程量清单编制。

分部分项工程项目清单必须载明项目编码、项目名称、项目特征、计量单位和工程量。分部分项工程项目清单必须根据各专业工程计量规范规定项目编码、项目名称、项目特征、计量单位和工程量计算规则进行编制。在分部分项工程量清单的编制过程中,由招标人负责前六项内容填写金额部分在编制招标控制价或投标报价时填写。

a. 项目编码。

项目编码是分部分项工程和措施项目清单名称的阿拉伯数字标识。分部分项工程量清单项目编码以五级编码设置,用12位阿拉伯数字表示。一、二、三、四级编码为全国统一,即1~9位应按计价规范附录的规定设置;第五级即10~12位为清单项目编码,应根据拟建工程项目清单项目名称设置,不得重号,这三位清单项目编码由招标人针对招标工程项目具体编制,并应自001起顺序编制。

各级编码代表的含义(图3.5)如下。

第一级表示专业工程代码(分2位)。

第二级表示附录分类顺序码(分2位)。

第三级表示分部工程顺序码(分2位)。

第四级表示分项工程项目名称顺序码(分3位)。

第五级表示工程量清单项目名称顺序码（分3位）。

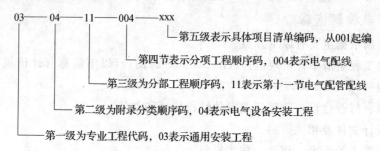

图3.5 各级编码的含义

分部分项工程量清单的项目编码，应根据拟建工程的工程量清单项目名称设置，当同一标段（或合同段）的一份工程量清单中含有多个单位工程，且工程量清单是以单位工程为编制对象时，在编制工程量清单时应特别注意对项目编码10～12位的设置不得有重码的规定。例如一个标段（或合同段）的工程量清单中含有3个单位工程，每个单位工程中都有项目特征相同的电梯，在工程量清单中又需反映3个不同单位工程的电梯工程量时，则第一个单位工程的电梯的项目编码应为030107001，第二个单位工程的电梯的项目编码应为030107002，第三个单位工程的电梯的项目编码应为030107003，并分别列出各单位工程电梯的工程量。

b. 项目名称。

与现行的"预算定额"项目一样，每一个分部分项工程量清单项目都有一个项目名称，该名称由《计价规范》统一规定。分部分项工程清单项目名称的设置，原则上按形成的工程实体设置，实体是由多个项目综合而成的，在清单编制项目名称的设置时，可按《计价规范》附录中的项目名称为主体，考虑该项目的规格、型号、材质等特殊要求，结合拟建工程的实际情况而命名。在《计价规范》附录中清单项目的表现形式，由主体项目和辅助项目构成（主体项目即《计价规范》中的项目名称，辅助项目即《计价规范》中的工程内容）。《计价规范》对各清单项目可能发生的辅助项目均做了提示，列在"工程内容"一栏内，供工程量清单编制人根据拟建工程实际情况有选择地对项目名称描述时参考和投标人确定报价时参考。如果发生了在《计价规范》附录中没有列出的工程内容，在清单项目设置中应予以补充。项目名称如有缺项，招标人可按相应的原则进行补充，并报当地工程造价管理部门备案。

在分部分项工程量清单中所列出的项目，应是在单位工程的施工过程中以其本身构成该单位工程实体的分项工程，但应注意以下几点。

（a）当在拟建工程的施工图纸中有体现，且在专业工程计量规范附录中也有对应的项目时，则根据附录中的规定直接列项，计算工程量，确定其项目编码。

（b）当在拟建工程的施工图纸中有体现，但在专业工程计量规范附录中也有相对应的项目，并且在附录项目的"项目特征"或"工程内容"中也没有提示时，则必须编制针对这些分项工程的补充项目，在清单中单独列项并在清单的编制说明中注明。

c. 项目特征。

项目特征是构成分部分项工程项目、措施项目自身价值的本质特征。项目特征是对项目的准确描述，是确定一个清单项目综合单价不可缺少的重要依据，是区分清单项目的依据，是履行合同义务的基础。

项目特征应按照附录中规定的有关项目特征的要求，结合拟建工程项目的实际、技术规范、标准图集、施工图纸，按照工程结构、使用材质及规格或安装位置等予以详细而准确的表述和说明，要能满足确定综合单价的需要。例如：031001001 给排水、采暖、燃气管道，其"项目特征"为：安装部位，介质，规格、压力等级，连接形式，压力试验及吹、洗设计要求，警示带形式。

对不能满足项目特征描述要求的部分，仍应用文字描述。具体描述要求如下。

（a）必须描述的内容：涉及可准确计量的内容，如管道直径；涉及材质要求的内容，如油漆的品种、管材的材质等；涉及安装方式的内容，如管道工程中的钢管连接方式；涉及安装位置必须描述：如室外、室内。

（b）可不描述的内容：对计量计价没有实质影响的内容；应由投标人根据施工方案确定的内容；应由投标人根据当地材料和施工要求确定的内容；应由施工措施解决的内容。

（c）可不详细描述的内容：无法准确描述的内容，可考虑其描述为"综合"；施工图纸、标准图集标注明确的，若采用标准图集或施工图纸能够全部或部分满足项目特征描述的要求，项目特征描述可直接采用详见××图集或××图号的方式；清单编制人在项目特征描述中应注明由投标人自定的；配电箱内装元件可不详细描述，可描述为详见电气系统图；防雷接地可不详细描述，可描述为详见设计说明。

d. 计量单位。

计量单位指根据清单项目的形体特征和变化规律，以及能确切反映项目的工、料消耗量等要求选定计量单位。计量单位采用基本单位，按照《计价规范》附录中各项目规定的单位确定。当附录中有两个或两个以上计量单位的，应结合拟建工程项目的实际选择其中一个确定。除各专业另有特殊规定外均按以下单位计量。

以质量计算的项目——t 或 kg。

以体积计算的项目——m^3。

以面积计算的项目——m^2。

以长度计算的项目——m。

以自然计量单位计算的项目——个、套、组、台、块、根……

没有具体数量的项目——宗、项、系统……

各专业有特殊计量单位的，另外加以说明，当计量单位有两个或两个以上时，应根据所编工程量清单项目的特征要求，选择最适宜表现该项目特征并方便计量的单位。

e. 工程量的计算。

除另有说明外，所有清单项目的工程量应以实体工程量为准，并以完成后的净值计算；投标人报价时，应在单价中考虑施工中的各种损耗和需要增加的工程量。工程量计算规则应按照《计价规范》附录中给定的规则计算。对补充项的工程量计算规则必须符合下述原则：一是其计算规则要具有可计算性，二是计算结果要具有唯一性。

工程量的计算是一项繁杂而细致的工作，为了快速准确地计算并尽量避免漏算或重算，必须依据一定的计算原则及方法。

（a）计算口径一致。根据施工图纸列出的工程量清单项目，必须与专业工程计算规范中相应清单项目的口径相一致。

（b）按工程量计算规则计算。工程量计算规则是综合确定各项消耗指标的基本依据，也是具体工程测算和分析资料的基准。

（c）按图纸计算。工程量按每一分项工程，根据设计图纸进行计算，计算时采用的原始数据必须以施工图纸所表示的尺寸或施工图纸能读出的尺寸为准进行计算，不得任意增减。

（d）按一定顺序计算。计算分部分项工程量时，可以按照定额编目顺序或按照施工图专业顺序依次进行计算。对于计算同一张图纸的分项工程量时，一般可采用以下几种顺序：按顺时针或逆时针顺序计算；按先横后纵的顺序计算；按轴线编号顺序计算；按先后顺序计算；按定额分部分项顺序计算。

②措施项目清单。

措施项目是指为完成工程项目施工，发生于该工程施工准备和施工过程中的技术、生活、安全、环境保护等方面的项目。

措施项目清单的编制需考虑多种因素，除工程本身的因素外，还涉及水文、气象、环境安全等因素。措施项目清单应根据拟建工程的实际情况列项，若出现《计价规范》中未列的项目，可根据工程实际情况补充。项目清单的设置要考虑拟建工程的施工组织设计，施工技术方案，相关的施工规范与施工验收规范，招标文件中提出的某些必须通过一定的技术措施才能实现的要求，设计文件中一些不足以写进技术方案的、但要通过一定的技术措施才能实现的内容。

有一些措施项目费用的发生与使用时间、施工方法或者两个以上的工序相关并大多与实际完成的实体工程量的大小关系不大，如安全文明施工、冬雨季施工、已完工程及设备保护等，对于这些措施项目可列入"总价措施项目清单与计价表"。但是有些非实体项目则是可以计算工程量的项目，如脚手架工程、超高施工增加、大型机械设备进出场及安拆等，与完成的工程实体具有直接关系，并且是可以精确计量的项目，用分部分项工程量清单的方式采用综合单价，更有利于措施费的确定和调整。

③其他项目清单。

其他项目清单是应招标人的特殊要求而发生的与拟建工程有关的其他费用项目和相应数量的清单。工程建设标准的高低、工程的复杂程度、工程的工期长短、工程的组成内容、发包人对工程管理要求等都直接影响到其具体内容。其他项目清单包括暂列金额，暂估价（包括材料暂估价、工程设备暂估价、专业工程暂估价），计日工，总承包服务费。其他项目清单应按照格式要求编制，当出现未包含在表格中的内容的项目时，可根据实际情况补充。

a. 暂列金额。

暂列金额是指招标人暂定并包括在合同中的一笔款项。用于工程合同签订时尚未确定或者不可预见的所需材料、工程设备、服务的采购，施工中可能发生的工程变更、合同约定调整因素出现时的合同价款调整以及发生的索赔、现场签证确认等的费用。此项费用由招标人填写其项目名称、计量单位、暂定金额等，若不能详列，也可只列暂定金额总额。由于暂列金额由招标人支配，实际发生后才得以支付，因此，在确定暂列金额时应根据施工图纸的深度、暂估价设定的水平、合同价款约定调整的因素以及工程实际情况合理确定。暂列金额根据工程特点，按有关计价规定估算。

b. 暂估价。

暂估价是招标人在招标文件中提供的用于支付必然要发生但暂时不能确定价格的材料、工程设备的单价以及专业工程的金额。一般而言，为了方便合同管理和计价，需要纳入分部分项工程量项目综合单价中的暂估价，最好只限于材料费，以方便投标与组价。以"项"为计量单位给出的专业工程暂估价一般应是综合暂估价，即应当包括除规费、税金以外的管理费、利润等。

暂估价中的材料、工程设备暂估单价应根据工程造价信息或参照市场价格估算，列出明细表材料；专业工程暂估价应不分专业，按有关计价规定估算，列出明细表。

c. 计日工。

计日工是为了解决现场发生的零星工作或项目的计价而设立的。计日工为额外工作的计价提供方便快捷的途径。计日工对完成零星工作所消耗的人工工时、材料数量、机械台班进行计量，并按照计日工表中填报的适用项目的单价进行计价支付。编制计日工表格时，一定要给出暂定数量，并且需要根据经验，尽可能估算一个比较贴近实际的数量，且尽可能把项目列全，以消除因此而产生的争议。

d. 总承包服务费。

总承包服务费是为了解决招标人在法律法规允许的条件下，进行专业工程发包以及自行采购供应材料、设备时，要求总承包人对发包的专业工程提供协调和配合服务，对供应的材料、设备提供收、发和保管服务以及对施工现场进行统一管理，对竣工资料进行统一汇总整理等发生并向承包人支付的费用。招标人应当按照投标人的投标报价支付该项费用。

④规费项目清单编制。

根据省级政府或省级有关权利部门规定必须缴纳的，应计入建筑安装工程造价的费用。《计价规范》提供了以下3项作为列项参考，不足部分可根据省级政府或省级有关权利部门的规定列项。

a. 工程排污费。

b. 社会保险费，包括养老保险费、失业保险费、医疗保险费、生育保险费、工伤保险费。

c. 住房公积金。

⑤税金项目清单。

《计价规范》提供了4项作为列项参考，不足部分可根据税务部门的规定列项。主要包括：营业税、城市维护建设税、教育费附加、地方教育附加。

⑥工程量清单总说明的编制。

工程量清单编制总说明包括以下内容。

a. 工程概况。工程概况中要对建设规模、工程特征、计划工期、施工现场实际情况、自然地理条件、环境保护要求等做出描述。其中，建设规模是指建筑面积；工程特征应说明基础及结构类型、建筑层数、高度、门窗类型及各部位装饰、装修做法；计划工期是指按工期定额计算的施工天数；施工现场实际情况是指施工场地的地表状况；自然地理条件，是指建筑场地所处地理位置的气候及交通运输条件；环境保护要求，是针对施工噪声及材料运输可能对周围环境造成的影响和污染所提出的防护要求。

b. 工程招标及分包范围。招标范围是指单位工程的招标范围，如安装工程招标范围为"全部安装工程"，工程分包是指特殊工程项目的分包，如招标人自行采购安装电梯等。

c. 工程量清单编制依据。包括建设工程工程量清单计价规范、设计文件、招标文件、施工现场情况、工程特点及常规施工方案等。

d. 工程质量、材料、施工等的特殊要求。工程质量的要求，是指招标人拟建工程的质量应达到合格或优良标准；对材料的要求，是指招标人根据工程的重要性、使用功能及装饰装修标准提出，诸如对水泥的品牌、钢材的生产厂家、花岗石的出产地、品牌等的要求；施工要求，一般是指建设项目中对单项工程的施工顺序等的要求。

e. 其他需要说明的事项。

(2) 工程量清单计价

工程量清单计价适用于编制招标控制价、招标标底、投标价、合同价款的约定、工程量计量与价款支付、索赔与现场签证、工程价款调整、竣工结算和工程计价争议处理等。采用工程量清单计价，建设工程造价由分部分项工程费、措施项目费、其他项目费、规费和税金组成。工程量清单计价采用综合单价计价。综合单价是有别于现行定额工料单价计价的一种单价计价方式，包括完成规定计量单位合格产品所需的人工费、材料及设备费、机械使用费、企业管理费、利润，并考虑一定范围内的风险金，即包括除规费、税金以外的全部费用。综合单价适用于分部分项工程量清单及措施项目清单。

①招标控制价的编制。

国有资金投资的工程应实行工程量清单招标，招标人应编制招标控制价。招标控制价超过批准的额概算时，招标人应报原概算审批部门审核。投标人的投标报价高于招标控制价的，其投标应予以拒绝。招标控制价应在招标文件中公布，不应上调或下浮，同时将招标控制价的明细表报工程所在地工程造价管理机构备查。

招标控制价的编制内容包括分部分项工程费、措施项目费、其他项目费、规费和税金，各个部分有不同的计价方式。

a. 分部分项工程费的编制。

（a）分部分项工程费应根据招标文件中的分部分项工程量清单及有关要求，按《建设工程工程量清单计价规范》（GB 50500—2013）有关规定确定综合单价计价。

（b）工程量依据招标文件中提供的分部分项工程量清单确定。

（c）招标文件提供了暂估单价的材料，应按暂估的单价计入综合单价。

（d）为使招标控制价与投标报价所包含的内容一致，综合单价中应包括招标文件中要求投标人所承担的风险内容及其范围所产生的风险费用。

b. 措施项目费的编制。

（a）措施项目费中的安全文明施工费应当按照国家或省级、行业建设主管部门的规定标准计价，该部分不得作为竞争性费用。

（b）措施项目应按招标文件中提供的措施项目清单确定，措施项目分为以"量"计算和以"项"计算两种。对于可精确计量的措施项目，以"量"计算即按其工程量用与分部分项工程工程量清单单价相同的方式确定综合单价；对于不可精确计量的措施项目，则以"项"为单位，采用费率法按有关规定综合取定，采用费率法时需确定某项费用的计费基数及其费率，结果应是包括规费、税金以外的全部费用。计算公式为

$$\text{以"项"计算的措施项目清单费} = \text{措施项目计费基数} \times \text{费率}$$

c. 其他项目费的编制。

（a）暂列金额。暂列金额可根据工程的复杂程度、设计深度、工程环境条件进行估算，一般以分部分项工程费的10%～15%为参考。

（b）暂估价。暂估价中的材料单价应按照工程造价管理机构发布的工程造价信息中的材料单价计算，工程造价信息未发布的材料单价，其单价参考市场价格估算；暂估价中的专业工程暂估价应分不同专业，按有关计价规定估算。

（c）计日工。在编制招标控制价时，对计日工中的人工单价和施工机械台班单价按省级、行业建设主管部门或其授权的工程造价管理机构公布的单价计算；材料应按工程造价管理机构发布的工程造价信息中的材料单价计算，工程造价信息未发布单价的材料，其价格由市场调查确定。

（d）总承包服务费。总承包服务费应按照省级或行业建设主管部门的规定计算，在计算时一般按照以下标准。

招标人仅要求对分包的专业工程进行总承包管理和协调时，按分包的专业工程估算造价的1.5%计算。

招标人要求对分包的专业工程进行总承包管理和协调，并同时要求提供配合服务时，根据招标文件中列出的配合服务内容和提出的要求，按分包的专业工程估算造价的3%～5%计算。

招标人自行供应材料的，按招标人供应材料价值的1%计算。

d. 规费和税金的编制。

规费和税金必须按国家或省级、行业建设主管部门的规定计算。税金计算式为

$$\text{税金} = (\text{分部分项工程量清单费} + \text{措施项目清单费} + \text{其他项目清单费} + \text{规费}) \times \text{综合税率}$$

② 投标报价的编制。

投标报价由投标人自主确定，但不得低于成本。投标人应按招标人提供的工程量清单填报价格。填写的项目编码、项目名称、项目特征、计量单位、工程量必须与招标人提供的一致。投标报价计价过程如下。

a. 分部分项工程清单与计价编制。

承包人投标价中的分部分项工程费应按招标文件中分部分项工程量清单项目的特征描述确定综合单价计算，综合单价是分部分项工程工程量清单与计价编制过程中的主要内容。综合单价中除包括完成分部分项工程项目所需人、材、机、企业管理费和利润外，还包括招标文件中要求投标人应承担的风险费用。分部分项工程费报价最重要依据之一是该项目的特征描述，投标人应依据招标文件中分部分项工程量清单项目的综合单价，当出现招标文件中分部分项工程量清单项目的特征描述与设计图纸不符时，应以工程量清单项目的特征描述为准；当施工中施工图纸或设计变更与工程量清单项目的特征描述不一致时，发、承包双方应按实际施工的项目特征，依据合同约定重新确定综合单价。分部分项工程综合单价确定的步骤和方法如下。

（a）确定计算基础。计算基础主要包括消耗量指标和生产要素单价。应根据本企业的实际消耗量水平，并结合拟定的施工方案确定完成清单项目需要消耗的各种人工、材料、机械台班的数量。计算时应采用企业定额，在没有企业定额或企业定额缺项时，可参照与本企业实际水平相近的国家、地区、行业定额，并通过调整来确定清单项目的人工、材料、机械台班单位用量。各种人工、材料、机械台班的单价，则应根据询价的结果和市场行情综合确定。

（b）分析每一清单项目的工程内容。在招标文件提供的工程量清单中，招标人已对项目特征进行了准确、详细的描述，投标人根据这一描述，再结合施工现场情况和拟定的施工方案确定完成各清单项目实际应发生的工程内容。

（c）计算工程内容的工程数量与清单单位的含量。每一项工程内容都应根据所选定额的工程量计算规则计算其工程数量，当定额的工程量计算规则与清单的工程量计算规则相一致时，可直接以工程量清单中的工程量作为工程内容的工程数量。当采用清单单位含量计算人工费、材料费、施工机具使用费时，还需要计算每一计量单位的清单项目所分摊的工程内容的工程数量，即清单单位含量。

（d）分部分项工程人工、材料、机械费用的计算。以完成每一计量的清单项目所需的人工、材料、机械用量为基础计算，即

$$每一计量单位清单项目某种资源的使用量 = 该种资源的定额单位用量 \times 相应定额条目的清单单位含量$$

再根据预先确定的各种生产要素的单位价格，计算出每一计量单位清单项目的分部分项工程的人工费、材料费和施工机具使用费。

$$人工费 = 完成单位清单项目所需人工的工日数量 \times 人工工日单价$$

$$材料费 = \sum 完成单位清单项目所需各种材料、半成品的数量 \times 各种材料、半成品单价$$

$$机械使用费 = \sum 完成单位清单项目所需各种机械的台班数量 \times 各种机械的台班单价$$

（e）计算综合单价。管理费和利润按计价规定取费。

将五项费用汇总，并考虑合理的风险费用后，即可得到分部分项工程量清单综合单价。

得出分部分项工程综合单价后，与分项工程工程量相乘后进行汇总，得出分部分项工程费，具体公式为

$$分部分项工程费 = \sum (分部分项工程量 \times 分部分项工程综合单价)$$

b. 措施项目费。

措施项目清单的金额，投标人投标时应根据拟建工程的实际情况，结合自身编制的投标施工组织设计（或施工方案）确定措施项目，参照《计价规范》规定的综合单价组成自主确定，并可对招标人提供的措施项目进行调整，但应通过评标委员会的评审。措施项目费的计算包括以下内容：

（a）措施项目清单费的计价方式应根据招标文件的规定，凡可以精确计量的措施清单项目如模

板、脚手架搭拆费用，采用综合单价方式报价，不宜计算工程量的项目，如大型机械进出场费等，采用以"项"为计量单位的方式报价。

(b) 措施项目清单费的确定原则是由投标人自主确定，但其中安全文明施工费应按国家或省级、行业建设主管部门的规定确定。

(c) 投标时，编制人没有计算或少计算费用，视为此费用已包括在其他费用内，额外的费用除招标文件和合同约定外，不予支付。

措施项目费计算公式为

$$措施项目费 = \sum (措施项目工程量 \times 措施项目综合单价)$$

c. 其他项目费。

其他项目清单的金额，按照下列内容列项和计算。

(a) 暂列金额按招标人在其他项目清单中列出金额填写；只有按照合同程序实际发生后，暂列金额才能成为中标人的应得金额，纳入合同结算借款中。扣除实际发生价款后的余款仍属于招标人所有。

(b) 暂估价中的材料暂估价按招标人在其他项目清单中列出的单价计入投标人相应清单的综合单价，其他项目费合计中不包含，只是列项；专业工程暂估价按招标人在其他项目清单中列出的进入填写，按项列支。价格中包含除规费、税金外的所有费用，并计入其他项目费合计中。

(c) 计日工按招标人在其他项目清单中列出的项目和数量，由投标人自主确定综合单价计算总价，并入其他项目总额中。

(d) 总承包服务费根据招标文件中列出的分包专业工程内容和供应材料、设备情况，按照招标人提出协调、配合与服务要求和施工现场管理需要由投标人自主确定。招标人一定要在招标文件中说明总包的范围，以减少后期不必要的纠纷。

其他项目费计算公式为

$$其他项目费 = 暂列金额 + 专业工程暂估价 + 计日工费 + 总承包服务费$$

d. 规费。

规费作为政府和有关权利部门规定必须缴纳的费用，政府和有关权利部门可根据形势发展的需要，对其项目进行调整。投标报价时必须按照国家或省级、行业建设主管部门的有关规定计算规费。

e. 税金。

税金包括营业税、城市维护建设税及教育费附加。如国家税法发生变化增加了税种，应对税金项目清单进行补充。

f. 安装工程报价。

$$安装工程造价 = 分部分项工程费 + 措施项目费 + 其他项目费 + 规费 + 税金$$

③ 工程量清单计价的步骤。

a. 熟悉工程量清单。工程量清单是计算工程造价最重要的依据，在计价时必须全面了解每一个清单项目的特征描述，熟悉其所包括的工程内容，以便在计价时不漏项，不重复计算。

b. 研究招标文件。工程招标文件的有关条款、要求和合同条件，是工程计价的重要依据。在招标文件中对有关承包发包工程范围、内容、期限、工程材料、设备采购供应办法等都有具体规定，只有按规定计价，才能保证计价的有效性。因此，投标人应根据招标文件的要求，对照图纸，对招标文件提供的工程量清单进行复查或复核，其内容主要包括以下3个方面。

(a) 分专业对施工图进行工程量审核。招标文件中对投标人审核工程量清单提出了要求，如投标人发现由招标人提供的工程量清单有误，招标人可对清单进行修改。如果投标人不予审核，则不能发现招标人清单编制中存在问题，也就不能充分利用招标给予投标人澄清问题的机会，由此产生的后果则由投标人自行负责。

(b) 根据图纸说明和各种选用规范对工程量清单项目进行审查。主要是指根据规范和技术要求，审查清单项目是否漏项，如电气设备中有许多调试工作（母线系统调试、低压供电系统调试等），是否在工程量清单中被漏项。

(c) 根据技术要求和招标文件的具体要求，对工程需要增加的内容进行审查。认真研究招标文件是投标人争取中标的第一要素。招标项目的特殊要求，都会在招标文件中反映出来，投标人应仔细研究工程量清单要求增加的内容、技术要求，与招标文件是否一致，只有通过审查和澄清才能统一起来。

c. 熟悉施工图纸。全面、系统地阅读图纸，是准确计算工程造价的重要工作。阅读图纸时应注意以下几点。

(a) 按设计要求，收集图纸选用的标准图、大样图。

(b) 认真阅读设计说明，掌握安装构件的部位和尺寸，安装施工要求及特点。

(c) 了解本专业施工与其他专业施工工序之间的关系。

(d) 对图纸中的错、漏算以及表示不清楚的地方予以记录，以便在招标答疑会上询问解决。

d. 了解施工组织设计。施工组织设计或施工方案是施工单位的技术部门针对具体工程编制的施工作业的指导性文件，其中对施工技术措施、安全措施、施工机械配置、是否增加辅助项目等，都应在工程计价的过程中予以注意。施工组织设计所涉及的费用主要属于施工项目费。

e. 熟悉加工订货的有关情况。明确建设、施工单位双方在加工订货方面的分工。对需要进行委托加工订货的设备、材料、零件等，提出委托加工计划，并落实加工单位加工产品的价格。

f. 明确主材和设备的来源情况。主材和设备的型号、规格、重量、材质、品牌等对工程计价影响很大，因此，主材和设备的范围及有关内容需要招标人予以明确，必要时注明产地和厂家。

g. 计算工程量。清单计价的工程量计算主要有两部分内容：一是核算工程量清单所提供清单项目工程量是否准确；二是计算每一个清单主体项目所组合的辅助项目工程量，以便计算综合单价。清单计价时，辅助项目随主体项目计算，将不同工程内容发生的辅助项目组合在一起，计算出主体项目的综合单价。

h. 明确措施项目清单内容。措施项目清单的内容必须结合项目的施工方案或施工组织设计的具体情况填写，因此在确定措施项目清单内容时，一定要根据自己的施工方案或施工组织设计加以修改。

i. 计算综合单价。将工程量清单主体项目及其组合的辅助项目汇总，填入分部分项工程综合单价计算表。如采用消耗量定额分析综合单价的，则应按照定额的计量单位，选套相应定额，计算出各项的管理费和利润，汇总为清单项目费合价，计算出综合单价。投标人可以使用企业定额；或者使用建设行政主管部门颁发的计价定额，也可以在统一的计价定额基础上根据本企业的技术水平调整消耗量来计价。

j. 计算措施项目费、其他项目费、规费、税金等。

k. 将分部分项工程项目费、措施项目费、其他项目费和规费、税金汇总、合并，计算出工程造价。

3. 工程量清单计价格式

工程量清单计价一般需要采用统一格式，应包括封面，总说明，招标控制价、投标报价汇总表，分部分项工程和单价措施项目清单与计价表，措施项目清单与计价表，其他项目清单表，规费、税金项目清单与计价表等内容。

(1) 封面

招标工程量清单、招标控制价、投标总价封面如图3.6～3.8所示。

```
_____工程

        招标工程量清单

   招标人：_____
              （单位盖章）

   造价咨询人：_____
                （单位盖章）

           年   月   日
```

图 3.6　招标工程量清单封面

```
_____工程

         招标控制价

   招标人：_____
              （单位盖章）

   造价咨询人：_____
                （单位盖章）

           年   月   日
```

图 3.7　招标控制价封面

```
_____工程

         投 标 总 价

   招标人：_____
              （单位盖章）

           年   月   日
```

图 3.8　投标总价封面

（2）扉页

招标工程量清单、招标控制价、投标总价扉页如图 3.9～3.11 所示。

_____工程

招标工程量清单

招标人：_____　　　　　　招标咨询人：_____
　　　　　（单位盖章）　　　　　　　　　　　　　　（单位资质专用章）

法定代表人　　　　　　　　　　　　　　　　法定代表人
或其授权人：_____　　　　或其授权人：_____
　　　　　（签字或盖章）　　　　　　　　　　　　　（签字或盖章）

编制人：_____　　　　　　复核人：_____
　　　（造价人员签字盖专用章）　　　　　　　　（造价工程师签字盖专用章）

编制时间：　年　月　日　　　　　　　　　　复核时间：　年　月　日

图 3.9　招标工程量清单扉页

_____工程

招标控制价

招标控制价（小写）_____
　　　　　　（大写）_____

招标人：_____　　　　　　招标咨询人：_____
　　　　　（单位盖章）　　　　　　　　　　　　　　（单位资质专用章）

法定代表人　　　　　　　　　　　　　　　　法定代表人
或其授权人：_____　　　　或其授权人：_____
　　　　　（签字或盖章）　　　　　　　　　　　　　（签字或盖章）

编制人：_____　　　　　　复核人：_____
　　　（造价人员签字盖专用章）　　　　　　　　（造价工程师签字盖专用章）

编制时间：　年　月　日　　　　　　　　　　复核时间：　年　月　日

图 3.10　招标控制价扉页

```
                    投 标 总 价

招标人：_____
工程名称：_____
投标总价（小写）：_____
       （大写）：_____
投标人：_____
                      （单位盖章）

法定代表人
或其授权人：_____

编制人：_____
                 （造价人员签字盖专用章）

时间：   年   月   日
```

图 3.11 投标总价扉页

（3）总说明

总说明格式如图 3.12 所示。

工程名称：   第 页 共 页

```
┌────────────────────────────────────────────────┐
│                                                │
│                                                │
│                                                │
│                                                │
│                                                │
└────────────────────────────────────────────────┘
```

图 3.12 工程计价总说明

（4）汇总表

①建设工程项目招标控制价/投标报价汇总表，见表 3.12。

表 3.12 建设项目招标控制价/投标控制价汇总表

工程名称：   第 页 共 页

序号	单项工程名称	金额/元	其中/元		
			暂估价	安全文明施工费	规费
	合 计				

②单项工程招标控制价/投标报价汇总表，见表 3.13。

表 3.13　单项工程招标控制价/投标报价汇总表

工程名称：　　　　　　　　　　　　　　　　　　　　　　　　　　　第　页　共　页

序号	单项工程名称	金额/元	其中/元		
			暂估价	安全文明施工费	规费
	合　计				

③单位工程招标控制价/投标报价汇总表，见表 3.14。

表 3.14　单位工程招标控制价/投标报价汇总表

工程名称：　　　　　　　　　　　　　　　　　　　　　　　　　　　第　页　共　页

序号	单位工程名称	金额/元	其中：暂估价/元
1	分部分项工程		
1.1			
1.2			
1.3			
2	措施项目		
2.1	其中：安全文明施工费		
3	其他项目		
3.1	其中：暂列金额		
3.2	其中：专业工程暂估价		
3.3	其中：计日工		
3.4	其中：总承包服务费		
4	规费		
6	税金		
招标控制价合计＝1＋2＋3＋4＋5＋6＋7			

注：本表适用于单位工程招标控制价或投标报价的汇总，如无单位工程划分，单项工程也使用本表汇总

（5）分部分项工程和措施项目计价表

①分部分项工程和单价措施项目清单与计价表，见表 3.15。

表 3.15　分部分项工程量和单价措施项目清单与计价表

工程名称：　　　　　　　　　　标段：　　　　　　　　　　　　　　第　页　共　页

序号	项目编码	项目名称	项目特征描述	计量单位	工程量	金额/元		
						综合单价	合价	其中
								暂估价
			本页小计					
			合　计					

②综合单价分析表，见表3.16。

表 3.16 综合单价分析表

工程名称：　　　　　　　　　标段：　　　　　　　　　第 页 共 页

项目编码		项目名称		计量单位		工程量	

清单综合单价组成明细

定额编号	定额项目名称	定额单位	数量	单价				合价			
				人工费	材料费	机械费	管理费和利润	人工费	材料费	机械费	管理费和利润
人工单价											
元/工日			未计价材料费								
清单项目综合单价											

材料费明细	主要材料名称、规格、型号	单位	数量	单价/元	合价/元	暂估单价/元	暂估合价/元
		m					
	其他材料费						
	材料费小计						

③综合单价调整表，见表3.17。

表 3.17 综合单价调整表

序号	项目编码	项目名称	已标价清单单价/元					调整后综合单价/元				
			综合单价	其中				综合单价	其中			
				人工费	材料费	机械费	管理费和利润		人工费	材料费	机械费	管理费和利润

造价工程师（签章）：　　　发包人代表（签章）：　　　造价人员（签章）：　　　承包人代表（签章）：

　　　　　　　　　　　　　日期：　　　　　　　　　　　　　　　　　　　日期：

（6）总价措施项目清单与计价表

总价措施项目清单与计价表见表3.18。

表 3.18 总价措施项目清单与计价表

工程名称：　　　　　　　　　　标段：　　　　　　　　　　第　页　共　页

序号	项目编码	项目名称	计算基础	费率/%	金额/元	调整费率/%	调整后金额/元	备注
		安全文明施工费						
		夜间施工增加费						
		二次搬运						
		冬雨季施工增加费						
		已完工程及设备保护费						
		合　　计						

注：1. "计算基础"中安全文明施工费可为"定额基价"、"定额人工费"或"定额人工费＋机械费"，其他项目可为"定额人工费"或"定额人工费＋定额机械费"

2. 按施工方案计算的措施费，若无"计算基础"和"费率"的数值，也可只填"金额"数值，但应在备注栏说明施工方案出处或计算方法

(7) 其他项目清单表

①其他项目清单与计价汇总表，见表 3.19。

表 3.19 其他项目清单与计价汇总表

工程名称：　　　　　　　　　　标段：　　　　　　　　　　第　页　共　页

序号	项目名称	金额/元	结算金额/元	备注
1	暂列金额			明细详见表 3.20
2	暂估价			
2.1	材料（工程设备）暂估价		—	明细详见表 3.21
2.2	专业工程暂估价			明细详见表 3.22
3	计日工			明细详见表 3.23
4	总承包服务费			明细详见表 3.24
5	索赔与现场签证			
	合　　计			

注：材料暂估单价进入清单项目综合单价，此处不汇总

②暂列金额明细表，见表 3.20。

表 3.20 暂列金额明细表

工程名称：　　　　　　　　　　标段：　　　　　　　　　　第　页　共　页

序号	项目名称	计量单位	暂定金额/元	备注
1				
2				
3				
4				
5				
	合　　计			—

注：此表由招标人填写，如不能详列，也可只列暂定金额总额，投标人应将上述暂列金额计入投标总价中

③材料（工程设备）暂估单价及调整表，见表3.21。

表3.21 材料（工程设备）暂估单价及调整表

工程名称：　　　　　　　　　　　标段：　　　　　　　　　　　第 页 共 页

序号	材料（工程设备）名称、规格、型号	计量单位	数量		暂估/元		确认/元		差额±/元		备注
			暂估	确认	单价	合价	单价	合价	单价	合价	
	合　计										

注：此表由招标人填写，并在备注栏说明暂估价的材料、工程设备拟用在那些清单项目上，投标人应将上述材料、工程设备暂估单价计入工程量清单综合单价报价中

④专业工程暂估价及结算价表，见表3.22。

表3.22 专业工程暂估价及结算价表

工程名称：　　　　　　　　　　　标段：　　　　　　　　　　　第 页 共 页

序号	工程名称	工程内容	暂估金额/元	结算金额/元	差额±/元	备注
1						
2						
3						
4						
	合　计					

注：此表由招标人填写，投标人应将上述专业工程按估价计入投标总价中

⑤计日工表，见表3.23。

表3.23 计日工表

工程名称：　　　　　　　　　　　标段：　　　　　　　　　　　第 页 共 页

序号	项目名称	单位	暂定数量	实际数量	综合单价/元	合价/元	
						暂定	实际
一	人工						
1							
2							
⋮							
	人工小计						
二	材料						
1							
2							
⋮							
	材料小计						
三	施工机械						
1							
2							
⋮							
	施工机械小计						
四、企业管理费和利润							
	总　计						

注：此表项目名称、数量由招标人填写，编制招标控制价时，单价由招标人按有关规定确定；投标时，单价由投标人自主报价，按暂定数量计算合价计入投标报价中。结算时，按发承包双方确认的实际数量计算合计

⑥总承包服务费计价表,见表3.24。

表3.24 总承包服务费计价表

工程名称:　　　　　　　　　　　标段:　　　　　　　　　　　第 页共 页

序号	项目名称	项目价值/元	服务内容	计算基础	费率/%	金额/元
1	发包人发包专业工程					
2	发包人提供材料					
	合　　计		—	—		—

注:此表项目名称、服务内容由招标人填写,编制招标控制价,费率及金额由招标人按有关计价规定确定;投标时,费率及金额由投标人自主报价,计入投标总价中

(8)规费、税金项目计价表,见表3.25。

表3.25 规费、税金项目计价表

工程名称:　　　　　　　　　　　标段:　　　　　　　　　　　第 页共 页

序号	项目名称	计算基础	计算基数	计算费率/%	金额/元
1	规费	定额人工费			
1.1	社会保险费	定额人工费			
(1)	养老保险费	定额人工费			
(2)	失业保险费	定额人工费			
(3)	医疗保险费	定额人工费			
(4)	工伤保险费	定额人工费			
(5)	生育保险费	定额人工费			
1.2	住房公积金	定额人工费			
1.3	工程排污费	按工程所在地环境保护部门收取标准,按时计入			
2	税金	分部分项工程费+措施项目费+其他项目费+规费-按规定不计税的工程设备金额			
	合　　计				

编制人(造价人员):　　　　　　　复核人(造价工程师):

【重点串联】

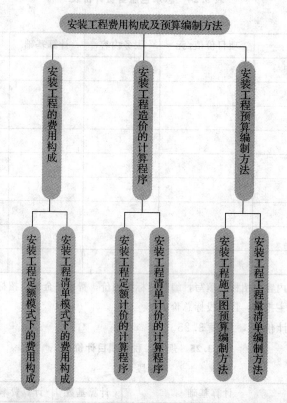

拓展与实训

职业能力训练

一、填空题

1. 工程量清单组成中，包括_____、_____、_____、_____、_____。
2. 分部分项工程量清单项目编码以五级编码设置，用 12 位阿拉伯数字表示。一级编码表示_____、二级编码表示_____、三级编码表示_____、四级编码表示_____。
3. 安装工程费用中税金包括_____、_____、_____、_____。

二、单项选择题

1. 下列不属于安装工程费用内容的是（　　）。
   A. 人工费　　　　　B. 规费　　　　　C. 基本预备费　　　　　D. 税金
2. 根据费用种类的划分标准，下述费用中不属于措施项目的是（　　）。
   A. 夜间施工增加费　　　　　　　　　B. 材料及产品质量检测费
   C. 安全文明施工费　　　　　　　　　D. 脚手架搭拆费
3. 工程量清单计价方式中综合单价内，不应包括（　　）。
   A. 企业管理费　　　B. 利润　　　　　C. 规费　　　　　D. 风险费

三、简答题

1. 安装工程定额计价步骤是什么？
2. 简述工程量清单计价的程序。
3. 按生产要素划分，安装工程费用组成是什么？

工程模拟训练

××给水工程量计算表，见表 3.26，分别利用定额计价和清单计价，计算该给水工程工程造价。

表 3.26 工程量计算表

工程名称：××给水工程　　　　　　　　　　　　　　　　　　　　　　　　第　页　共　页

序号	分项工程名称	计算式	单位	工程量
1	室内给水系统安装 镀锌钢管（螺纹连接）			
	DN40	[1.6+0.4+(1+1+3)]×6	m	42
	DN32	3×6	m	18
	DN25	3×6	m	18
	DN20	3×6	m	18
	DN15	[3+(3.15+1.65)+3.45+(2.8−1)+(2.8−0.3)+(1−0.3)×2+(1.6+2)]×30	m	617
2	管道支架制作安装			
	DN40 支架	(2.42 kg/m×0.375 m+0.62 kg/m×0.19 m)×6	kg	6.2
3	管道消毒冲洗			
	DN50 以下	42+18+18+18+617	m	713
4	阀门安装			
	DN40 螺纹闸阀	1×6	个	6
5	水龙头安装			
	DN15 水龙头	1×30	个	30

链接执考

[2008 年全国注册工程造价师职业资格考试试题（单选题）]

1. 在预算定额的编制阶段，以下选项中不属于确定编制细则阶段内容的是（　　）。

　A. 统一编制表格及编制方法

　B. 统一计算口径、计量单位和小数点位数

　C. 统一项目划分和工程量计算规则

　D. 统一名称、专业用语和符号代码

[2011 年全国注册工程造价师职业资格考试试题（单选题）]

2. 关于招标控制价及其编制的说法，正确的是（　　）。

　A. 综合单价中包括应由招标人承担的风险费用

　B. 招标人供应的材料，总承包服务费应按材料价值的 1.5% 计算

　C. 措施项目费应按招标文件中提供的措施项目清单确定

　D. 招标文件提供暂估价的主要材料，其主材费用应计入其他项目清单费用

[2012年全国注册工程造价师职业资格考试试题（多选题）]

3. 关于工程量清单计价的说法，正确的是（　　）。

A. 清单项目综合单价是指直接工程费单价

B. 清单计价是一种自上而下的分布组合计算法

C. 单位工程报价包含除规费、税金外的其他建筑安装费构成内容

D. 清单计价仅适用于单价合同

[2012年全国注册工程造价师职业资格考试试题（多选题）]

4. 关于分部分项工程量清单编制的说法，正确的是（　　）。

A. 施工工程量大于计算规则计算出的工程量的部分，由投标人在综合单价中考虑

B. 在清单项目"工程内容"中包含的工作内容必须进行项目特征的描述

C. 计价规范中就某一清单项目给出两个及以上计量单位时应选择最方便计算单位

D. 同一标段的工程量清单中含有多个项目特征相同的单位工程时，可采用相同的项目编码

模块 4

建筑给排水工程计量与计价

【模块概述】

建筑给排水工程计量与计价是安装工程计量与计价的重要组成部分,主要研究建筑给排水内部管道安装、支架制作安装、管道附件安装、卫生器具制作安装等的工程量计算规则及计价方法。本模块以计量规则和计价方法为主线,结合工程实例,应用最新的定额和规范,进行了定额计价模式和清单计价模式两种造价文件的编制。

【知识目标】

1. 建筑给排水工程分类、组成;
2. 建筑给排水工程常用材料和设备;
3. 建筑给排水工程施工图识读;
4. 建筑给排水工程定额内容及注意事项;
5. 建筑给排水工程清单内容及注意事项;
6. 建筑给排水工程工程量计算规则;
7. 建筑给排水工程计价。

【技能目标】

1. 熟悉建筑给排水工程基础知识;
2. 掌握建筑给排水工程施工图识读方法;
3. 熟悉建筑给排水工程定额和清单的内容和注意事项;
4. 能根据工程量计算规则计量;
5. 掌握建筑给排水施工图预算计价;
6. 掌握建筑给排水工程量清单计价。

【课时建议】

12 课时

> **工程导入**
>
> 某公共卫生间给排水工程，主体建筑三层，砖混结构。通过阅读图纸，你能说出建筑给排水系统由哪些部分组成？各部分有什么特点和作用？编制预算时，会用到本地区现行预算定额、《建设工程工程量清单计价规范》（GB 50500—2013）、《通用安装工程工程量计算规范》（GB 50856—2013），你知道这些定额和规范的适用范围和特点吗？

4.1 建筑给排水工程基础知识

建筑给水排水工程是给水排水工程的一个分支，也是建筑安装工程的一个分支。主要是研究建筑内部的给水、排水问题。

建筑内部给水系统的任务是将市政给水管网或自备水源的水引入室内，经配水管送至室内用水设备，并满足各用水点对水量、水压和水质要求的冷水供应系统。建筑内部排水系统的任务是将生活、生产中使用过的污（废）水及屋面雨（雪）水收集并排放到室外。

4.1.1 建筑给排水系统的分类和组成

1. 建筑给水系统的分类和组成

（1）建筑给水系统分类

建筑内部给水系统按其用途可划分为生活给水系统、生产给水系统和消防给水系统。

①生活给水系统。生活给水系统是为人们的日常生活提供饮用、洗涤、沐浴等用水的系统。生活给水系统除了要满足用水设施对水量和水压的要求外，还要满足国家规定的水质标准。

②生产给水系统。生产给水系统是提供生产设备的冷却、原料和产品的洗涤、锅炉用水及各类产品制造过程中的所需的生产用水。生产用水对水质、水量、水压以及安全方面的要求应当根据生产性质和要求确定。

③消防给水系统。消防给水系统是供消防灭火设备用水的系统。消防给水对水质没有特殊要求，但必须保证足够的水量和水压。

> **技术提示**
>
> 上述三类给水系统可以单独设置，也可以根据实际条件和需要组合成合理的共用系统，如生活、消防系统；生产、消防系统；生活、生产、消防系统等。

（2）建筑给水系统的组成

建筑给水系统由以下几部分组成，如图4.1所示。

（1）引入管

自室外给水管网将水引入室内的管段。

【知识拓展】

对一幢单独建筑物而言，引入管是室外给水管网与室内管网之间的联络管段，也称进户管。对于一个工厂、一个建筑群体、一个学校区，引入管指总进水管。

（2）给水管道

给水管道是指室内给水干管、立管、支管等组成的管道系统。

①干管是指从室内总阀门或水表将水自引入管沿水平方向或竖直方向输送到各个立管的管段。
②立管是垂直于建筑物各楼层的管道,它将水自干管沿竖直方向输送到各个用水楼层的横支管。
③支管是同层内的配水管道,将立管送来的水送至各用水点的管段。

（3）水表节点

水表节点是指安装在引入管上的水表及其前后设置的阀门和泄水装置的总称,如图 4.2、4.3 所示。水表用于计量建筑物的用水量,闸门用以关闭管网,以便修理和拆换水表;泄水装置为检修时放空管网、检测水表精度及测定进户点压力值。

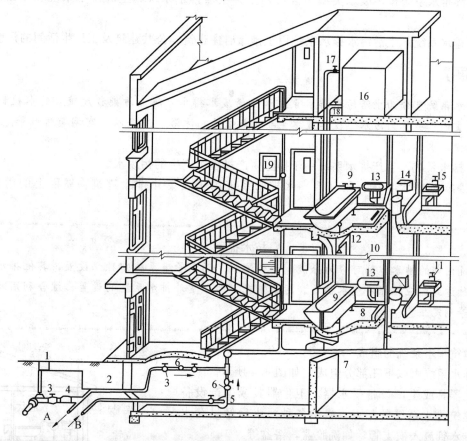

图 4.1 建筑给水系统
1—阀门井；2—引入管；3—闸阀；4—水表；5—水泵；6—止回阀；7—干管；
8—支管；9—浴盆；10—立管；11—水龙头；12—淋浴器；13—洗脸盆；14—大便器；
15—洗涤盆；16—水箱；17—进水管；18—出水管；19—消火栓；A—进入贮水池；B—来自贮水池

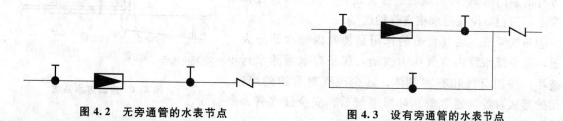

　　图 4.2 无旁通管的水表节点　　　　　　　**图 4.3 设有旁通管的水表节点**

（4）给水附件

给水附件指管道上的各种阀门、仪表、水龙头等。

（5）升压和贮水设备

升压设备是为给水系统提供水压的设备,如水泵。贮水设备是给水系统中贮存水量的装置,如贮水池和水箱,它们在系统中用于调节流量、贮存生活用水、消防用水和事故备用水,水箱还具有稳定水压和容纳管道中的水因热胀冷缩体积发生变化时的膨胀水量的功能。

(6) 给水局部处理设施

当有些建筑对给水水质要求很高，超出生活饮用水水质标准或其他原因造成水质不能满足要求时，就需要设置一些设备、构筑物进行给水深度处理。

2．建筑排水系统的分类和组成

(1) 建筑排水系统的分类

建筑内部排水系统按污废水类型不同可划分为生活排水系统、生产排水系统和屋面雨水排水系统。

①生活排水系统。生活污水排水系统用于排除居住建筑、公共建筑及工厂生活间的污废水。

【知识拓展】

生活排水系统可分为生活污水排水系统和生活废水排水系统。污染程度较轻的水被称为废水，污染程度较重的水被称为污水。生活废水主要是指盥洗、沐浴、洗涤以及空调凝结水等。生活污水主要是指粪便污水。

②生产排水系统。生产排水系统用于排除生产过程中产生的污废水。

③雨（雪）水排水系统。雨（雪）水排水系统用于收集并排除建筑物屋面上的雨水、雪融化水。

> **技术提示**
>
> 建筑内部的排水体制可分为分流制和合流制。雨水管道系统需独立设置，其他排水系统采用何种方式，应根据污废水性质、污染情况、结合室外排水系统的设置、综合利用及水处理要求等确定。

(2) 建筑排水系统的组成

建筑排水系统由以下几部分组成，如图 4.4 所示。

①卫生器具或生产设备受水器。卫生器具或生产设备受水器是建筑排水系统的起点，接纳各种污水后经过存水弯和器具排水管流入横支管，如洗脸盆、浴盆等。

②排水管道。排水管道包括器具排水管（连接卫生器具和横支管之间的一端管段）、排水横支管、立管、埋地干管和排出管。

③清通设备。清通设备包括检查口、清扫口、检查井及带有清通门的90°弯头或三通接头设备。检查口设在排水立管上，清扫口设在排水横支管的起端。

④通气管道。通气管道的作用是使室内排水管与大气相通，减少排水管内空气压力波动，保护存水弯的水封不被破坏，排出臭气和有害气体，减少废气对管道的腐蚀。常用的形式有器具通气管、环形通气管、安全通气管、专用通气管、结合通气管等。

⑤污水提升设备。当污水不能自流排出室外时，需设置污水提升设备，常用的抽升设备是水泵，如污水潜水泵。

⑥局部水处理构筑物。建筑内部污水未经处理不允许直接排入城市水体时，必须经过局部处理。局部水处理构筑物包括化粪池、隔油池、降温池等。

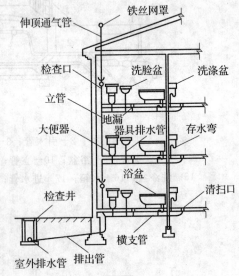

图 4.4 建筑排水系统

4.1.2 建筑给排水系统常用材料及设备

1. 建筑给排水常用管材

(1) 建筑给水常用管材

建筑给水管材常用的有塑料管、复合管、金属管。金属管包括钢管、不锈钢管、给水铸铁管、铜管等。给水管道的材料应根据水质要求和建筑物的性质选用。

①塑料管。塑料管具有化学性能稳定、耐蚀性能好、质量轻、内壁光滑、成型方便、加工容易、使用寿命长等优点，但是强度较低，耐热性差。

我国用于建筑给水塑料管有：硬聚氯乙烯管（UPVC）、三型聚丙烯管（PPR）、聚乙烯管（PE）、聚丙烯管（PP）、交联聚乙烯管（PEX）、聚丁烯（PB）、氯化聚氯乙烯 PVC－C、丙烯腈－丁二烯－苯乙烯共聚物（ABS）等。

②复合管。复合管是金属与塑料的复合型管材，由工作层、支承层、保护层组成。它兼有金属管材强度大，刚性好和非金属管材耐腐蚀的优点。常用的复合管有钢塑复合管和铝塑复合管两种。

钢塑复合管有衬塑和涂塑两类。它兼有钢管强度高和塑料管耐腐蚀、保持水质的优点。

铝塑复合管的支撑层是铝合金。他具有质量轻、耐压强度好、耐化学腐蚀、耐热、接口少、安装方便、可挠曲、美观等优点。多用作建筑给水系统分支管。

③钢管。钢管有焊接钢管和无缝钢管两种。焊接钢管又分为镀锌钢管和非镀锌钢管。镀锌焊接钢管镀锌的目的是防锈、防腐、防止水质恶化、防止被污染，延长管道的使用寿命。镀锌钢管表面采用热浸镀锌工艺生产。镀锌钢管长期工作，会导致镀锌层脱落、钢体锈蚀、污染水质、管道内壁结垢、过水断面缩小、滋生细菌等。

> **技术提示**
>
> 目前，冷浸镀锌钢管已被淘汰，热浸镀锌钢管也被限制场合使用，但热浸镀锌钢管价格低廉、性能优越、防火性能好，因此，还将在消防给水系统，尤其是自动喷水灭火系统中应用。

④不锈钢管。不锈钢管是以铁和碳为基础的铁－碳合金，并加入金属元素，其中主要是铬和镍两种，由特殊焊接工艺加工而成。薄壁不锈钢管内壁光滑、安全卫生、亮洁美观、耐腐蚀性好、无毒无害、坚固耐用、使用寿命长，已大量应用于建筑给水和直饮水管道。

⑤给水铸铁管。给水铸铁管具有耐腐蚀、寿命长的有点，但管壁厚、质脆、强度较钢管差，多用于 DN 大于或等于 75 mm 的给水管道中，尤其适用于埋地敷设。近年来在大型高层建筑中，将球墨铸铁管设计为总立管，应用于室内给水系统。

⑥铜管。铜管具有高强度、高可塑性、经久耐用、豪华气派、水质卫生、水利条件好、热胀冷缩系数小、抗高温环境等优点，但价格较高，多用于较高等级的建筑中。

> **技术提示**
>
> 在工程设计中，生活给水管道应优先选用塑料管、铝塑复合管、不锈钢管等；生活直饮水管道可选用不锈钢管、铜管；消防给水管常采用热浸镀锌钢管；埋地给水管道可采用塑料管、有衬里的球墨铸铁管和经可靠防腐处理的钢管等。

(2) 建筑排水常用管材

建筑排水管材常用的有塑料管、铸铁管、钢管等。

①塑料管。目前在建筑内使用的排水塑料管是硬聚氯乙烯管（UPVC 管）。它的优点是质量轻、

不结垢、不腐蚀、管壁光滑、容易切割、安装方便、投资低、节约金属。缺点是强度低、耐温性差、立管产生噪音、暴露于阳光下的管道易老化、防火性能差。UPVC管根据结构形式不同，可分为：实壁塑料管、螺旋消声管、芯层发泡管、径向加筋管、双壁波纹管等。

②铸铁管。排水铸铁管较给水铸铁管壁薄，不能承受高压，常用于生活污水管、埋地管等。它优点是强度高、刚性大、噪音低、寿命长、阻燃防火、无二次污染、可再生循环利用等。缺点是自身重量大、质脆、长度小。

刚性接头（以石棉水泥、青铅等为填料）排水铸铁管的抗震性能差，不能适应高层建筑各种因素引起的变形，不适用于有抗震要求的建筑。

柔性接口排水铸铁管，又称机制排水铸铁管，按接口方式分：法兰承插式接口、卡箍式接口，适用于高层建筑和地震区建筑的内部排水。

③钢管。钢管主要用于洗脸盆、小便器、浴盆等卫生器具与横支管间的连接短管，也可用在车间内振动较大的管段来代替铸铁管。

2. 管道支架

管道的支承结构叫支架，支架是管道系统的重要组成部分。管道支架的作用是支撑管道，限制管道变形和位移，承受从管道传来的内压力、外荷载及温度变形的弹性力，并通过支架将这些里传递到支撑结构或地基上。

管道支架按支架对管道的制约作用不同分为固定支架和活动支架。按支架自身构造情况的不同分为托架和吊架。

3. 管道附件

管道附件包括配水附件和控制附件。

（1）配水附件

配水附件主要包括各种水嘴，如配水水嘴、盥洗水嘴、混合水嘴、小便器水嘴、电子自动水嘴等。

（2）控制附件

控制附件主要包括以下各种阀门。

①截止阀、闸阀、球阀用于开启或关闭管道的介质流动，截止阀还具有调节流量的作用。

②止回阀用于自动防止管道内的介质倒流。

③节流阀用于调节管道介质流量。

④蝶阀用于开启或关闭管道内的介质，必要时也可作调节用。

⑤安全阀用于锅炉、容器设备及管道上，当介质压力超过规定数值时，能自动泄放排除过剩介质压力，以保证生产运行安全。

⑥减压阀用于降低管道及设备内介质压力。

⑦浮球阀是控制水位而自动开启或关闭的阀门。

4. 卫生器具

卫生器具是室内排水系统的重要组成部分，是用来满足日常生活中各种卫生要求、收集和排除生活及生产中产生的污、废水的设备。卫生器具按其作用可以分为以下几类：

（1）便溺用卫生器具

便溺用卫生器具用来收集排除粪便污水，包括大便器、小便器、大便槽、小便槽等。

（2）盥洗、沐浴用卫生器具

盥洗、沐浴用卫生器具常见的有洗脸盆、浴缸、淋浴器、淋浴间、净身盆、盥洗槽等。

(3) 洗涤用卫生器具

如洗涤盆、污水盆等。

(4) 其他类卫生器具

如医疗、科学研究实验室等特殊需要的卫生器。

4.1.3 建筑给排水系统的安装要求

1. 管道连接方式

管道连接方式包括螺纹连接、法兰连接、焊接、承插连接、热熔连接、粘接、卡套式连接等。

钢管的连接方法有螺纹连接、焊接和法兰连接等。铸铁管多用承插连接。塑料管的连接方法有热熔连接、粘接、螺纹连接等。不锈钢管的连接方法有焊接、螺纹连接、法兰连接、卡套压接等。铜管的连接方法有螺纹卡套压接、焊接等。钢塑复合管一般用螺纹连接。铝塑复合管一般用卡套式连接。

> **技术提示**
>
> 镀锌钢管不能用焊接，因为镀锌钢管焊接时锌层被破坏会加速锈蚀。法兰连接常用于较大管径的管道上，将法兰盘焊接或用螺纹连接在管端，再用螺栓连接。

2. 管道的敷设与安装

建筑内部给水管道的敷设有明装和暗装两种形式。明装时，管道沿墙、梁、柱、天花板、地板等处平行敷设。明装管道施工方便，出现问题易于查找，但不美观。暗装时，给水管道敷设于吊顶、技术层、管沟和竖井内。暗装管道美观，但是维修不方便。

建筑内部排水管道布置应首先保证排水通畅和室内良好的生活环境。排水横支管一般在本层地面上或楼板下明设，有特殊要求或为了美观时可做吊顶，隐蔽在吊顶内。排水出户管一般按坡度埋设于地下。

建筑内部给水管道的安装一般顺序是：引入管→水平干管→立管→横支管→支管。建筑内部排水管道的安装一般顺序是：出户管→干管→立管→通气管→支管→卫生器具，也可以随土建施工的顺序进行排水管道的分层安装。

3. 管道防腐

为防止金属管道锈蚀，在敷设前金属管道应进行防腐处理。管道防腐包括表面清理和喷刷涂料。表面清理分为除油、除锈和酸洗三种，施工中可以根据具体情况选择合理的处理方法。喷刷的涂料分为底漆和面漆两类。例如：室内给水钢管、铸铁管等明装金属管道表面除锈后，刷防锈漆（如红丹防锈漆等）两遍，然后刷面漆（如银粉）1~2遍。

4. 水压试验

管道安装完毕后，应按设计要求对管道系统进行水压试验，以便检查管道是否有渗漏。室内给水管道试验压力为工作压力的1.5倍，但不得小于0.6 MPa。

5. 管道冲洗消毒

生活给水系统管道试压合格后，应将管道系统内存水放空。在交付使用前必须对管道进行冲洗和消毒，满足饮用水卫生要求。

【知识拓展】

管道冲洗方法应根据对管道的使用要求、管道内表面污染程度确定。冲洗顺序应先室外，后室内；先地下，后地上；室内部分的冲洗应按干管、立管、支管的顺序进行。饮用水管道在使用前用每升水中含20～30 mg游离氯的水灌满管道进行消毒，水在管道中停留24 h以上。消毒完成后再用饮用水冲洗，并经有关部门取样检验，符合国家《生活饮用水卫生标准》后方可使用。

6. 灌水试验和通球试验

室内隐蔽或埋地的排水管道安装完毕后，必须做灌水试验，看是否有渗漏，如果隐蔽后出现渗漏处理较麻烦。灌水高度应不低于底层卫生器具的上边缘或底层地面的高度。

室内排水水平干管或主立管安装完毕后应做通球试验，通球试验是检查管道是否有堵塞，如果有大的堵塞物通球就无法通过。

4.2 建筑给排水工程施工图识读

建筑给水排水施工图是房屋设备施工图的一个重要组成部分，它主要反映一幢建筑物内给水排水管道的走向和建筑设备（如卫生器具）的布置情况。室内给水方式、排水体制、管道敷设形式及安装要求、所用材料及设备的规格型号、给水排水设施在房屋中的位置及与建筑结构的关系、给水升压设备和污水局部处理构筑物以及施工操作要求等均可在图纸上表达出来，是重要的技术文件。

4.2.1 图纸组成

建筑内部给排水系统施工图一般由图纸目录、主要设备材料表、设计说明、图例、平面图、系统图、施工详图等组成。

1. 设计说明

用工程绘图无法表达清楚的技术内容，可在图纸中用文字写出设计说明。说明中交待的有关事项，往往对整套给排水工程图的识读和施工都有着重要影响。给排水设计说明的主要内容有：

①工程概况。
②系统的形式及敷设方式。
③选用的管材及连接方法。
④用水设备和卫生器具的类型及安装方式。
⑤管路及设备的防腐、保温方法。
⑥施工验收应达到的质量要求，施工安装应注意事项等。
⑦其他要说明的问题。

2. 图例符号

常用建筑给排水图例见表4.1。

表 4.1 建筑给排水常用图例

名 称	图 例	名 称	图 例
生活给水管	—— J ——	检查口	
生活污水管	—— SW ——	清扫口	
通气管	—— T ——	地漏	
雨水管	—— Y ——	浴盆	
水表		洗脸盆	
截止阀		蹲式大便器	
闸阀		坐式大便器	
止回阀		洗涤池	
蝶阀		立式小便器	
自闭冲洗阀		室外水表井	
雨水口		矩形化粪池	
存水弯		圆形化粪池	
消火栓		阀门井（检查井）	

3. 主要材料设备表

工程中选用的主要材料及设备，应列表注明。表中应列出材料的类别、规格、数量，设备的品种、规格和主要尺寸。

4. 平面图

建筑给排水平面图主要表示建筑物各层的给排水管道及设备的平面位置。平面图一般应分层按直接正投影法绘制。底层及地下室必绘；顶层若有水箱等设备，也须单独给出；建筑物中间各层，如卫生设备或用水设备的种类、数量和位置均相同，可绘一张标准层平面图，否则，应逐层绘制。平面图中应突出管线和设备，即用粗线表示管线，其余均为细线。平面图的比例一般与建筑图一致，常用的比例尺为 1∶100，1∶50。

由平面图可知：

①建筑的平面布置情况，给水排水点的位置。

②给水排水设备、卫生器具的类型、平面位置、污水构筑物位置和尺寸。

③引入管、干管、立管、支管的平面位置，走向、规格、编号、连接方式等。

④管道附件（阀门、水表、水龙头、地漏、消火栓、报警阀等）的类型和位置。

5. 系统图

建筑给排水系统图，也称给排水轴测图，主要表示各楼层管道设备的空间关系。系统图一般应按给水、排水、热水供应、消防等各系统单独绘制，以便于安装施工和造价计算使用。其绘制比例应与平面图一致。系统图中对用水设备及卫生器具的种类、数量和位置完全相同的支管、立管可不重复完全绘出，但应用文字标明。当系统图立管、支管在轴测方向重复交叉影响视图时，可标号断开移至空白处绘制。

给排水系统图应表达如下内容：引入管、干管、立管、支管、排出管的空间走向及管径、坡度等；各种给排水设备连接情况、标高、连接方式。

6. 详图

凡平面图、系统图中局部构造因受图面比例影响而表达不完善或无法表达的，为使施工概预算及施工不出现失误，必须绘制施工详图。详图中应尽量详细注明尺寸，不应以比例代尺寸。

4.2.2 识图方法

阅读主要图纸之前，应当首先看设计说明和设备材料表，熟悉图例符号，然后以系统图为线索深入阅读平面图和系统图及详图。阅读时，应将三种图相互对照来看。先对系统图有大致了解，看给水系统图时，可由建筑的给水引入管开始，沿水流方向经干管、立管、支管到用水设备；看排水系统图时，可由排水设备开始，沿排水方向经支管、横管、立管、干管到排出管。

1. 平面图的识读

建筑给排水平面图主要表示建筑物内给排水管道及卫生器具和用水设备的平面位置。平面图是给排水施工的主要图纸。图上的线条是示意性的，管道配件（如活接头、补心、管箍等）等不画出来，在识图时必须熟悉给排水管道的施工工艺。识读平面图的步骤如下。

①查明卫生器具、用水设备和升压设备的类型、数量、安装位置及定位尺寸。

卫生器具和设备通常是用图例画出来的，只说明器具和设备的类型，不能表示各部分的尺寸及构造，了解相关内容应结合详图、标准图集及相关技术资料。

②弄清给水引入管和污水排出管的平面位置、走向、定位尺寸、与室外给排水管网的连接形式、管径及坡度等。

给水引入管和污水排出管通常都注明系统编号，如 $\frac{J}{1}$、$\frac{W}{1}$。

③查明给排水干管、立管、支管的平面位置与走向、管径尺寸及立管的编号。从平面图上可清楚地查明管道是明装还是暗装，以确定施工方法。

④消防给水管道要查明消火栓的布置、口径大小及消防箱的形式与位置。

⑤在给水管道上设置水表时，必须查明水表的型号、安装位置、表前后阀门的设置情况。

⑥对于室内排水管道，还要查明清通设备的布置情况，清扫口的型号和位置。

2. 系统图的识读

给排水管道系统图主要表明管道系统的立体走向。在给水系统图上，卫生器具不画出来，只需画出水龙头、冲洗水箱等符号；用水设备如锅炉、热交换器、水箱等则画出示意性立体图，并以文字说明。在排水系统图上，也只画出相应的卫生器具的存水弯或器具排水管。在识读系统图时，应掌握的主要内容和注意事项如下。

①查明给水管道的走向，干管的布置方式，管径尺寸及其变化情况，阀门的设置，引入管、干管及各支管的标高。

②查明排水管的走向，管路分支情况，管径尺寸与横管坡度，管道各部标高，存水弯的形式，清通设备的设置情况，弯头及三通的选用等。识读管道系统图时，应结合平面图及说明，了解和确定管材及配件。

③系统图上对各楼层标高都有注明，看图时可据此分清各层管路。管道支架在图中一般不表示，由施工人员按有关规程和习惯作法自定。

3. 详图的识读

室内给排水详图包括节点图、大样图、标准图，主要是管道节点、水表、消火栓、水加热器、卫生器具、套管、开水炉、排水设备、管道支架的安装图及卫生间大样图等，图中注明了详细尺寸，可供安装时直接使用。

4.3 建筑给排水工程定额模式下的计量与计价

4.3.1 定额内容及注意事项

定额模式下的施工图预算编制应使用各地区现行的安装工程预算定额和相应的材料价格。本部分内容主要套用2012年《××市安装工程预算基价》第八册《给排水、采暖、燃气工程》。

1. 定额内容

本册定额包括给排水采暖管道安装，管道支架制作安装，管道附件安装，卫生器具制作安装，供暖器具安装，燃气管道、附件、器具安装，人防设备安装等共7章885个基价子目，给排水部分主要涉及第一章至第四章内容，见表4.2。

表 4.2 给排水工程量计算定额内容

章目	各章内容	适用范围
第一章 给排水采暖管道安装	室外管道：镀锌钢管（螺纹连接），焊接钢管（螺纹连接），钢管（焊接），铸铁管，直埋式预制保温管 室内管道：镀锌钢管（螺纹连接），焊接钢管（螺纹连接），钢管（焊接），钢管（沟槽连接），铝塑复合管，低压不锈钢管，铜管，塑料管，铸铁管，聚乙烯管（热熔连接），硬聚氯乙烯（粘接连接），镀锌薄钢板套管制作，金属软管管道消毒冲洗	室内外生活用给水、排水、雨水、采暖热源管道、套管安装
第二章 管道支架制作安装	管道支架制作安装	室内外给排水、采暖、燃气管道支架的制作、安装
第三章 管道附件安装	阀门，减压器组成、安装，疏水器组成、安装，法兰，水表组成安装，补偿器，浮标液面计组成、安装，水塔及水池浮漂水位标尺制作、安装，排水管阻火圈，橡胶软接头	室内外生活用给排水、采暖、燃气管道中的各类阀门、法兰、计量表、补偿器、PVC排水管、消声器和伸缩节、水位标尺的安装
第四章 卫生器具制作安装	浴盆，净身盆，洗脸盆，洗手盆，洗涤盆，化验盆，淋浴器，大便器，小便器，水箱制作，大、小便池冲洗水箱制作，水箱安装，小便槽自动冲洗水箱安装，大便槽自动冲洗水箱安装，排水栓，水龙头，地漏，地面扫除口，小便槽冲洗管制作安装，电热水器，电开水炉，蒸汽间断式加热器，容积式热交换器，蒸汽-水加热器，冷热水混合器，消毒器、消毒锅，饮水器，感应式冲水器	各种卫生器具的制作安装

本册定额适用于新建、改建工程中的生活用给水、排水、燃气、采暖热源管道以及附件配件安装、小型容器制作安装。

2. 与相关册定额之间的关系

①对于工业管道、生产和生活共用的管道、锅炉房和泵类配管以及高层建筑物内加压泵间的管道应使用第六册《工业管道工程》定额相应项目。

②刷油、防腐蚀、保温部分使用第十一册《刷油、防腐蚀、绝热工程》定额的相关项目。

③埋地管道的土石方工程及砌筑工程执行建筑工程预算定额。

④有关各类泵、风机等传动设备安装执行第一册《机械设备安装工程》定额的有关项目。

⑤锅炉安装执行第十三册《热力设备安装工程》定额的有关项目。

⑥压力表、温度计执行第十册《自动化控制仪表安装工程》定额的有关项目。

3. 定额系数增加费的规定

①脚手架措施费。给排水工程脚手架搭拆费按直接工程费中人工费的5%计取，其中人工费25%。

②设置于管道间、管廊、管道井内的管道、阀门、法兰、支架，人工乘以1.3。

③主体结构为现场浇注采用钢模施工的工程：内浇外注的人工乘以1.05，内浇外砌的人工乘以1.03。

④高层建筑增加费。高层建筑是指6层以外的多层建筑或是自室外设计正负零至檐口高度在20 m以外（不包括屋顶水箱间、电梯间、屋顶平台出入口等）的建筑物。高层建筑增加费是指暖气、给排水、生活用燃气安装工程及其保温、刷油等由于在高层建筑施工所增加的费用。内容包括人工降效增加的费用，材料、工具垂直运输增加的机械台班费用，施工用水加压泵的台班费用，人工上、下所乘坐的升降设备台班费用及上、下通讯联络费用。

高层建筑增加费的计取：是用包括6层或20 m以内（不包括地下室）的全部人工费为计算基数，乘以表4.3中的系数（其中人工费占25%）。

表4.3 高层建筑增加费系数

层 数	9层以内（30 m）	12层以内（40 m）	15层以内（50 m）	18层以内（60 m）	21层以内（70 m）
以人工费为计算基数	4%	5%	6%	8%	10%
层 数	24层以内（80 m）	27层以内（90 m）	30层以内（100 m）	33层以内（110 m）	36层以内（120 m）
以人工费为计算基数	12%	13%	15%	17%	19%

注：120 m以外可参照此表相应递增。

⑤超高增加费。定额中操作高度均以3.6 m为界限，若超过3.6 m时其超过部分按人工费乘以系数1.15计取超高增加费，全部为人工费。

⑥安装与生产同时进行降效增加费按直接工程费中人工费的10%计取，全部为人工费。

⑦在有害身体健康的环境中施工降效增加费按直接工程费中人工费的10%计取，全部为人工费。

4.3.2 定额项目工程量计算方法

1. 列项

根据施工图包括的分部分项内容，按所选预算基价中的分项工程子目划分排列分项工程项目。例如：

①管道安装。

②管道冲洗、消毒。

③套管制作安装。
④管道支架制作安装。
⑤阀门、水表安装。
⑥卫生器具安装。

2．计算工程量

列项后，应根据工程量计算规则逐项计算工程量，填写"工程量计算书"。工程量计算时，应注意以下几点。

①在计算工程量时，应以一定的顺序计算，必要时可在适当部位进行编号，避免重复计算和漏算。一般应先地下后地上、先干线后支线的顺序。无论按什么顺序计算，都应做到按地下、地上、管廊间、地沟与架空敷设方式分列工程量，为以后计算刷油、保温、挖土方等工程量打下基础。

②在丈量或计算管道工程量时，要注意有些平面图所绘制的位置并不是实际安装位置，只是习惯画法，管道长度应按实际安装位置确定。

③定额子目中已包括的项目不得重复列项，而未包括的项目也不得漏算。

3．汇总工程量

工程量计算完毕后，应将同类型、同规格的项目进行合并、汇总，汇总后的工程量填入"工程量汇总表"。

4.3.3 定额项目工程量计算规则

1．给排水管道安装工程量计算规则

（1）管道界线划分

①给水管道：

a.室内外给水管道界线，以建筑物外墙皮1.5 m为界，入口处设阀门者以阀门为界。

b.室外给水管道与市政管道之间以水表井为界，无水表井者以市政管道碰头点为界，如图4.5所示。

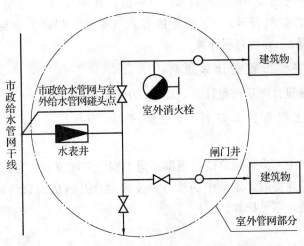

图4.5 给水管道界限划分

②排水管道：

a.室内外排水管道界线，以出户第一个排水检查井为界。

b.室外管道与市政管道以室外管道与市政管道碰头点为界，如图4.6所示。

室内外给排水管道执行安装工程第八册定额，市政给排水管网执行市政定额。

（2）注意事项

管道安装定额内容中已包括下列工作内容。

①管道及接头零件安装。

②水压试验或灌水试验。

③DN32以内钢管包括管卡及托钩制作安装。DN32以上者，以kg为计量单位，另列项计算，参见第八册第二章《管道支架制作安装》。

④钢管包括弯管制作与安装，无论是现场煨制或成品弯管均不得换算。

⑤铸铁排水管、雨水管及塑料排水管均包括管卡及托吊支架、臭气帽、雨水漏斗制作安装。

⑥穿墙及过楼板铁皮套管安装人工。

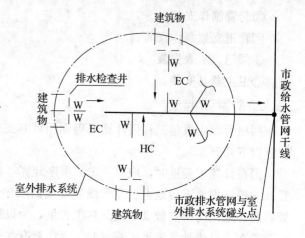

图 4.6 排水管道界限划分

管道安装定额不包括下列工作内容。

①室外管道沟土方及管道基础，应执行相应建筑工程定额。

②管道安装中不包括法兰、阀门及补偿器的制作安装。

③室内外给水、雨水铸铁管包括接头零件所需的人工，但接头零件价格另计。

④过楼板的钢套管的制作安装工料，按室外钢管（焊接）项目计算。

（3）工程量计算规则

①各种管道以施工图中所示中心线长度，以"延长米"为单位计算，不扣除阀门、管件（水表等）及各种井类所占长度。

管道长度的确定：水平敷设管道，在平面图中获得；垂直安装管道，在系统图中获得。

②钢管（沟槽连接）、直埋保温管、铜管管道安装不包括管件安装，管件工程量应根据不同管径，按设计图示数量计算，以"个"为计量单位。

③管道消毒、冲洗，依据不同的管径，按管道"延长米"计算。

管道安装计算工程量时应按不同的安装部位（室内、室外）、不同用途（给水、排水）、不同材质（焊接钢管、铸铁管、塑料管等）、不同连接方式（螺纹、焊接、承插、粘接等）、不同直径（DN15、DN20、DN25等），分别列项计算。

2. 管道支架制作安装工程量计算规则

管道支架制作安装按设计图示质量计算，以kg为计量单位。

3. 管道附件安装工程量计算规则

（1）阀门

阀门安装，一律按"个"为计量单位，根据不同类别、不同直径和接口方式选套定额。法兰阀门安装，如仅是一侧法兰连接时，定额中的法兰、带帽螺栓及钢垫圈数量减半。自动排气阀安装，定额已包括支架制作安装，不另计算。

（2）法兰盘

法兰盘安装依据不同材质、型号、规格、连接方式，按设计图示数量计算，以"副"为计量单位。每两片为一副。

（3）水表

水表组成及安装，区分不同管径、不同连接方式以"组"为单位计算。

（4）浮标液面计

浮标液面计安装依据不同型号、规格，按设计图示数量以"组"为单位计算。

(5) 水塔及水池浮标水位标尺

水塔及浮漂水位安装标尺依据不同用途、型号、规格，按设计图示数量以"套"为单位计算。

(7) 排水管阻火圈

排水管阻火圈安装，依据不同型号、规格，按设计图示数量计算，以"个"为计量单位。

(8) 橡胶软接头

橡胶软接头安装，依据不同型号、规格、连接方式，按设计图示数量计算，以"个"为计量单位。

4. 卫生器具制作安装工程量计算规则

(1) 计算规则

①浴盆、净身盆、洗脸盆、洗手盆、洗涤盆、化验盆，依据不同材质、组装形式、型号、开关，按设计图示数量计算，以"组"为计量单位。

计算范围：计算起点以给水水平管与支管交接处起，止点为排水管至存水弯交接处。如图 4.7 和图 4.8 所示。

②淋浴器、大便器、小便器依据不同材质、组装方式、型号、规格，按设计图示数量计算，以"组"为计量单位。

计算范围：淋浴器计算起点为给水（冷、热）水平支管与支管交接处，如图 4.9 所示；大便器、小便器计算起点以给水水平管与支管交接处起，止点为排水管至存水弯交界处，如图 4.10、图 4.11 和图 4.12 所示。

③水箱制作依据水箱的重量、型号、规格，按设计图示尺寸以"kg"为单位计算。水箱安装依据不同材质、类型、型号、规格，按设计图示数量以"套"为单位计算。

④大、小便池冲洗水箱制作以"kg"为单位计算；大、小便槽自动冲洗水箱安装以"套"为单位计算；小便槽冲洗管制作安装以"m"为单位计算。

⑤排水栓依据不同材质、型号、规格、是否带存水弯，按设计图示数量计算，以"组"为计量单位。

⑥水龙头、地漏、地面扫除口依据不同材质、型号、规格，按设计图示数量计算，以"个"为计量单位。

⑦热水器依据不同能源种类、规格、型号，按设计图示数量计算，以"台"为计量单位。

⑧开水炉、容积式热交换器依据不同类型、型号、规格、安装方式，按设计图示数量计算，以"台"为计量单位。

⑨蒸汽－水加热器、冷热水混合器、电消毒器、消毒锅、饮水器，依据不同类型、型号、规格，按设计图示数量计算，以"套"或"台"为计量单位。

⑩感应式冲水器依据不同安装方式（明装、暗装），以"组"为单位计算。

(2) 注意事项

①成组安装的卫生器具，定额均已按标准图计算了卫生器具与给水管、排水管连接的人工和材料用量，不得另行计算。

②计算室内给排水工程的工程量时，应先统计各种卫生器具制作安装的组数、个数、台数，弄清卫生器具成组安装与管道安装工程量的分界点。

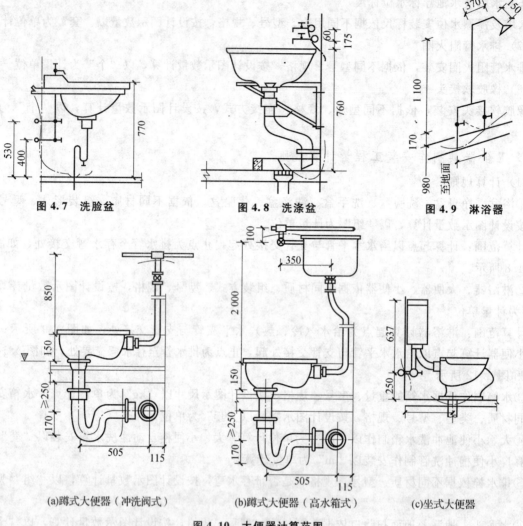

图 4.7 洗脸盆　　图 4.8 洗涤盆　　图 4.9 淋浴器

(a) 蹲式大便器（冲洗阀式）　(b) 蹲式大便器（高水箱式）　(c) 坐式大便器

图 4.10 大便器计算范围
(a) 蹲式大便器（冲洗阀式）(b) 蹲式大便器（高水箱式）(c) 坐式大便器

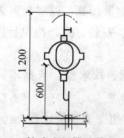
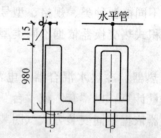

图 4.11 挂式小便器计算范围　　图 4.12 立式小便器计算范围

4.3.4 定额计价案例

本部分以某公共卫生间给排水工程为例，说明如何采用定额计价方法编制预算。

【例题 4.1】 某公共场所卫生间给排水工程，平面图及系统图如图 4.13、图 4.14 和图 4.15 所示。该建筑共三层，层高 3.9 m，卫生间设吊顶，内外墙厚均为 240 mm。给水管道采用镀锌钢管，螺纹连接。排水管道采用承插铸铁排水管，石棉水泥接口，给水立管中心至墙面 90 mm，排水立管中心至墙面 160 mm。给水支管中心至墙面 50 mm，排水支管中心至墙面距离见平面图。其他细部尺寸见图纸标注。给水系统中每根给水立管设螺纹闸阀 Z15T—10K DN50 一个，每层给水支管设螺纹截止阀 J11T—16 DN40 一个。

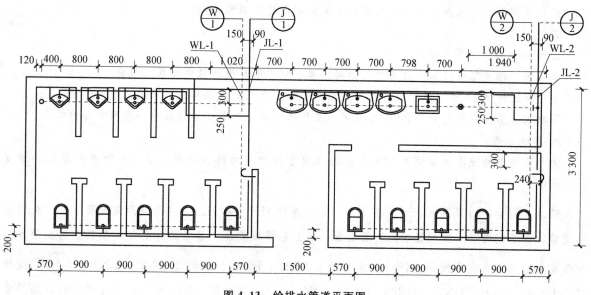

图 4.13 给排水管道平面图

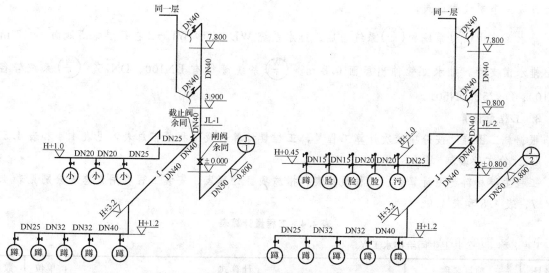

图 4.14 给水管道系统图

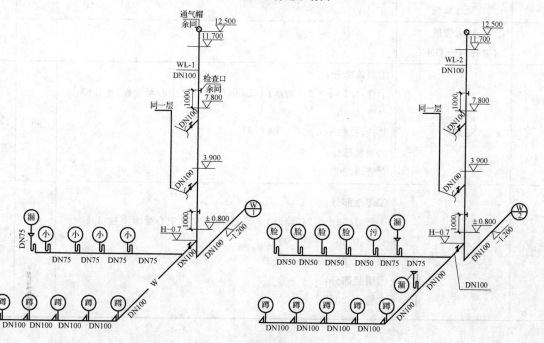

图 4.15 排水管道系统图

试计算该工程的室内给排水工程量，并编制定额施工图预算文件。

解

1. 编制依据及有关说明

①本施工图预算是按某公共场所卫生间给排水施工图及设计说明计算工程量。

②定额采用2012年《××市安装工程预算基价》第八册《给排水、采暖、燃气工程》。

③材料价格按定额附录及2014年《××工程造价信息》取定，缺项材料参照市场价格。

2. 图纸分析

由平面图与系统图可知该系统分为室内给水系统和室内排水系统，室内外管道分界为外墙皮1.5 m处。

给水系统由 ①/1 系统和 ①/2 系统组成。给水系统JL-1和JL-2在每层距离地面3.2 m处引出横支管，为了室内空间美观要求，各层支管一部分沿吊顶敷设，另一部分明装，各卫生器具给水横支管安装高度如系统图所示。①/1 系统管径有DN50、DN40、DN32、DN25、DN20。①/2 系统管径有DN50、DN40、DN32、DN25、DN20、DN15。JL-1和JL-2上各设一个螺纹闸阀，每层支管上各设一个螺纹截止阀。

排水系统由 W/1 系统和 W/2 系统组成。排水系统WL-1和WL-2在每层距离地面-0.7 m处引出排水横支管。排水立管伸出屋面0.8 m。W/1 系统管径有DN100、DN75。W/2 系统管径有DN100、DN75、DN50。

3. 工程量计算

根据施工图样，按分项依次计算工程量，工程量计算表及工程量汇总表，见表4.4和表4.5。

4. 计价文件编制

工程主要材料费用计算表、工程预算表、措施项目计算表、安装工程费用汇总表分别见表4.6、表4.7、表4.8和表4.9。

表4.4 工程量计算表

工程名称：某公共卫生间给排水工程

序号	项目名称	计算式	单位	数量
（一）	管道系统			
1	给水管道（镀锌钢管DN50）		m	11.66
（1）	①/1 系统	①埋地部分： 干管:1.50+0.24(墙厚)+0.09(给水立管中心至墙面)=1.83 立管:0.80 共计:1.83+0.80=2.63 ②明装部分： 立管:3.20	m	5.83
（2）	①/2 系统	①埋地部分： 干管:1.50+0.24(墙厚)+0.09(给水立管中心至墙面)=1.83 立管:0.80 共计:1.83+0.80=2.63 ②明装部分： 立管:3.20	m	5.83

续表 4.4

序号	项目名称	计算式	单位	数量
2	给水管道（镀锌钢管 DN40）		m	52.68
(1)	Ⓙ/1 系统	①立管 0.70+3.90+3.20=7.80 ②支管 水平(3.3-0.12×2-0.09-0.05)+(0.9+0.57-0.12-0.09)=4.18 垂直 3.2-1.2=2.00 共计：7.8+(4.18+2)×3=26.34	m	26.34
(2)	Ⓙ/2 系统	①立管 7.80 ②支管 水平(3.30-0.12×2-0.09-0.05)+(0.90+0.57-0.12-0.09)=4.18 垂直 3.2-1.2=2.00 共计：7.8+(4.18+2)×3=26.34	m	26.34
3	给水管道（镀锌钢管 DN32）		m	10.8
(1)	Ⓙ/1 系统	支管 0.90×2=1.80 共计：1.80×3=5.40	m	5.40
(2)	Ⓙ/2 系统	0.90×2=1.80 共计：1.80×3=5.40	m	5.40
4	给水管道（镀锌钢管 DN25）		m	37.41
(1)	Ⓙ/1 系统	①大便器支管 0.90 ②小便器支管 水平 0.80+0.35+1.35-0.12-0.09+0.25+0.30-0.05=2.79 垂直 3.2-1.0=2.20 共计：(0.90+2.79+2.20)×3=17.67	m	17.67
(2)	Ⓙ/2 系统	支管 水平 0.7+1.94-0.12-0.09+0.25+0.3-0.05+0.9=3.83 垂直 3.2-0.45=2.75 共计：(3.83+2.75)×3=19.74	m	19.74
5	给水管道（镀锌钢管 DN20）		m	9.30
(1)	Ⓙ/1 系统	0.80+0.80=1.60 共计：1.6×3=4.80	m	4.80
(2)	Ⓙ/2 系统	支管 0.80+0.70=1.50 共计：1.50×3=4.50	m	4.50
6	给水管道（镀锌钢管 DN15）		m	5.85
(1)	Ⓙ/2 系统	洗脸盆支管：0.70×2=1.40 污水池支管：1.0-0.45=0.55 共计：(1.40+0.55)×3=5.85	m	5.85

续表 4.4

序号	项目名称	计算式	单位	数量
7	排水管道（铸铁管 DN100）		m	70.26
(1)	W/1 系统	①干管 1.50+0.24+0.16=1.90 ②立管 12.50+1.20=13.7 ③支管 3.30-0.24-0.16-0.20+0.90×4+0.57-0.12-0.09-0.15=6.51 共计：1.90+13.70+6.51×3=35.13	m	35.13
(2)	W/2 系统	①干管 1.50+0.24+0.16=1.90 ②立管 12.50+1.20=13.70 ③支管 3.30-0.24-0.16-0.20+0.90×4+0.57-0.12-0.09-0.15=6.51 共计：1.90+13.7+6.51×3=35.13	m	35.13
8	排水管道（铸铁管 DN75）		m	19.26
(1)	W/1 系统	支管 0.40+0.80×3+0.35+1.35-0.12-0.15-0.09=4.14 共计：4.14×3=12.42	m	12.42
(2)	W/2 系统	支管 0.70+1.94-0.12-0.09-0.15=2.28 共计：2.28×3=6.84	m	6.84
9	排水管道（铸铁管 DN50）		m	8.70
(1)	W/2 系统	0.70×3+0.80=2.90 共计：2.90×3=8.70	m	8.70
(二)	管道附件			
1	螺纹闸阀 DN50	每根给水立管 1 个，共 2 个	个	2
2	螺纹截止阀 DN40	每层给水支管 2 个，共 6 个	个	6
(三)	卫生器具			
1	洗手盆	每层 4 组，共 12 组	组	12
2	普通阀冲洗蹲式大便器	每层 10 组，共 30 组	组	30
3	普通立式小便器	每层 4 组，共 12 组	组	12
4	排水栓（带存水弯）DN50	每层 1 个，共 3 个	个	3
5	水龙头 DN20	每层 1 个，共 3 个	个	3
6	地漏 DN75	每层 3 个，共 9 个	个	9

表4.5　工程量汇总表

工程名称：某公共卫生间给排水工程

序号	项目名称	单位	数量
1	镀锌钢管安装DN50	m	11.66
2	镀锌钢管安装DN40	m	52.68
3	镀锌钢管安装DN32	m	10.8
4	镀锌钢管安装DN25	m	37.41
5	镀锌钢管安装DN20	m	9.30
6	镀锌钢管安装DN15	m	5.85
7	铸铁管安装DN100	m	70.26
8	铸铁管安装DN75	m	19.26
9	铸铁管安装DN50	m	8.70
10	螺纹闸阀DN50	个	2
11	螺纹截止阀DN40	个	6
12	洗手盆	组	12
13	普通阀冲洗蹲式大便器	套	30
14	普通立式小便器	套	12
15	排水栓（带存水弯）DN50	个	3
16	水龙头DN20	个	3
17	地漏DN75	个	9

表4.6　主要材料费用计算表

工程名称：某公共卫生间给排水工程

序号	材料名称和规格	单位	数量	单价/元	金额/元
1	镀锌钢管DN50	m	11.66×1.02＝11.89	29.31	348.50
2	DN40	m	52.68×1.02＝53.73	22.15	1 190.12
3	DN32	m	10.80×1.02＝11.02	18.47	203.54
4	DN25	m	37.41×1.02＝38.16	14.48	552.56
5	DN20	m	9.30×1.02＝9.49	10.14	96.23
6	DN15	m	5.85×1.02＝5.97	7.81	46.63
7	铸铁排水管DN100	m	70.26×0.89＝62.53	49.17	3 074.60
8	DN75	m	19.26×0.93＝17.91	42.16	755.09
9	DN50	m	8.70×0.88＝7.66	33.50	256.61
10	螺纹闸阀DN50	个	2×1.01＝2.02	49.47	99.93
11	螺纹截止阀DN40	个	6×1.01＝6.06	30.50	184.83
12	洗手盆	组	12×1.01＝12.12	150	1 818
13	瓷蹲式大便器	套	30×1.01＝30.3	160	4 848
14	立式小便器	套	12×1.01＝12.12	198	2 399.76
15	排水栓DN50	组	3×1＝3	14.20	42.60
16	水龙头DN20	个	3×1.01＝3.03	13.50	40.91
17	地漏DN75	个	9×1＝9	28.75	258.75

工程名称：某公共卫生间给排水工程

表 4.7 工程预算表

年 月 日

序号	定额编号	工程及费用名称	单位	工程量 数量	造价 单价/元	造价 合价/元	未计价材料费 单价/元	未计价材料费 合价/元	总价分析 人工费 单价/元	总价分析 人工费 合价/元	材料费 单价/元	材料费 合价/元	机械费 单价/元	机械费 合价/元	管理费 单价/元	管理费 合价/元
1	8—118	镀锌钢管（埋地）螺纹连接 DN50	10 m	1.166	296.46	345.67			206.36	240.62	58.23	67.90	2.75	3.21	29.12	33.95
2	8—117	镀锌钢管 DN50	m	11.89		29.31	348.50									149.98
3	8—116	镀锌钢管螺纹连接 DN40	m	53.73	272.46	1 435.33	22.15	1 190.12	201.74	1062.77	41.26	217.36	0.99	5.22	28.47	
4	8—115	镀锌钢管螺纹连接 DN32	10 m	5.268	243.25	262.71			182.95		48.96	52.88	0.99	1.07	23.90	25.81
5	8—114	镀锌钢管螺纹连接 DN25	10 m	1.08	236.20	883.63	18.47	203.54	169.40	633.73	41.91	156.79	0.99	3.70	23.90	89.41
6	8—113	镀锌钢管螺纹连接 DN20	10 m	3.741	192.93	179.43	14.48	552.56	169.40	131.05	32.14	29.89	0.99			18.49
7	8—233	镀锌钢管 DN15	10 m	38.16	190.02	111.16	10.14	96.23	140.91	82.43	29.23	17.10	0.00		19.88	11.63
8	8—232	铸铁排水管 DN100	10 m	0.93			7.81	46.63	140.91	1871.87	473.72	3 328.36	0.00		19.88	264.11
9	8—231	铸铁排水管 DN75	m	9.49	777.73	5 464.34	49.17	3 074.60	266.42	397.45	252.40	486.12	0.00		37.59	
		铸铁排水管 DN75（水泥接口）	10 m	0.585	487.88	939.66	42.16	755.09	206.36	150.06	152.77	132.91	0.00		29.12	56.09
		铸铁排水管 DN50（水泥接口）	10 m	1.926	349.59	304.15	33.50	256.61	172.48					0.00		24.34	21.18
		铸铁排水管 DN50	m	7.66	17.91												

续表 4.7

序号	定额编号	工程及费用名称	工程量 单位	工程量 数量	造价 单价/元	造价 合价/元	未计价材料费 单价/元	未计价材料费 合价/元	人工费 单价/元	人工费 合价/元	材料费 单价/元	材料费 合价/元	机械费 单价/元	机械费 合价/元	管理费 单价/元	管理费 合价/元
10	8—324	螺纹阀 DN50	个	2	37.48	74.96			19.25	38.50	15.51	31.02	2.72	5.44		
11	8—323	螺纹闸阀 DN50	个	2.02			49.47	99.93								
		螺纹截止阀 DN40	个	6	32.87	197.22			19.25	115.50	10.90	65.40	0.00		16.32	
12	8—541	洗手盆	10 组	1.2	597.77	717.32	150	1 818	200.20	240.24	369.32	443.18			28.25	33.90
		普通阀冲洗蹲式大便器	10 套	1.2	1 418.37	1 702.05	198	2 399.76	1 330.56	1 168.91	1 065.15	1 278.18			62.58	187.74
13	8—562	瓷蹲式大便器	10 套	3	1 675.01	5 025.03	160	4 848				3 506.73			43.68	52.42
14	8—573	立式小便器	套	12.12	30.50				443.52	1 168.91						
		普通立式小便器	套	12.12					371.45		309.54					
15	8—618	排水栓 DN50	10 组	0.3	345.63	103.69	14.20	42.60	146.30	43.89	178.69	53.61			20.64	6.19
16	8—623	水龙头 DN20	10 个	0.3	25.74	7.72	13.50	40.91	21.56	6.47	1.14	0.34			3.04	0.91
		水龙头 DN20	个	3.03												
17	8—626	地漏 DN75	个	0.9	369.92	332.93	28.75	258.75	287.21	258.49	42.18	37.96			40.53	36.48
		地漏 DN75	10 个	9												13.20
	合计					34 303.67		16 216.94		7 158.03		9 905.73				1 010.05

表 4.8 措施项目计算表

工程名称：某公共卫生间给排水工程　　　　　　　　　　　　　　　　年　　月　　日

序号	项目名称	计算基数	费率/%	金额/元
1	安全文明施工措施费	人工费＋材料费＋机械费	1.2	594.13
2	其中：人工费	1	16	95.06
3	脚手架措施费	人工费	5	357.90
4	其中：人工费	3	25	89.48
5	措施费合计	1＋3	—	952.03
6	其中人工费合计	2＋4	—	184.54

注：本案例只计算了措施费中的安全文明施工措施费和脚手架措施费，措施费计算项目应以实际发生为准

表 4.9 工程费用汇总表

工程名称：某公共卫生间给排水工程　　　　　　　　　　　　　　　　年　　月　　日

序号	费用名称	计算基数	费率/%	金额/元
1	施工图预算子目计价合计	∑（工程量×编制期预算基价）＋主材费＋设备费	—	50 520.61
2	其中：人工费	∑（工程量×编制期预算基价中人工费）	—	7 158.03
3	施工措施费合计	∑施工措施项目计价	—	952.03
4	其中：人工费	∑施工措施项目计价中人工费	—	184.54
5	小计	1＋3	—	51 472.64
6	其中：人工费	2＋4	—	7 342.57
7	规费	6	44.21	3 246.15
8	利润	6	24.81	1 821.69
9	其中：施工装备费	6	11	807.68
10	税金	5＋7＋8	3.51	1 984.57
11	含税造价	5＋7＋8＋10	—	58 525.05

4.4 建筑给排水工程清单模式下的计量与计价

4.4.1 清单内容及注意事项

建筑给排水清单工程量计算规则应以《通用安装工程工程量计算规范》（GB 50856—2013）附录 K "给排水、采暖、燃气工程" 及相关内容为依据。

"附录 K　给排水、采暖、燃气工程" 包括以下内容。

K.1　给排水、采暖、燃气管道

K.2　支架及其他

K.3　管道附件

K.4　卫生器具

K.5　供暖器具

K.6　采暖、给排水设备

K.7　燃气器具及其他

K.8　医疗气体设备及附件

K.9　采暖、空调水工程系统调试

K.10　相关问题及说明

4.4.2 清单项目工程量计算方法

清单项目工程量的计算方法与定额计价基本一致，只是在清单计价模式下，需按照规范中规定的工程量计算规则进行计算。与定额工程量计算规则不同的是，除另有说明外，所有清单项目的工程量应以实体工程量为准，并以完成后的净值计算；投标人投标报价时，应在单价中考虑施工中的各种损耗和需要增加的工程量。

4.4.3 清单工程量计算规则

1. 给排水管道工程量计算规则

给排水管道工程量清单计算规则，应按表4.10的规定执行。

表4.10　给排水、采暖、燃气管道

项目编码	项目名称	项目特征	计量单位	工程量计算规则	工作内容
031001001	镀锌钢管	1. 安装部位 2. 介质 3. 规格、压力等级 4. 连接形式 5. 压力试验及吹、洗设计要求 6. 警示带形式	m	按设计图示管道中心线以长度计算	1. 管道安装 2. 管件制作、安装 3. 压力试验 4. 吹扫、冲洗 5. 警示带铺设
031001002	钢管				
031001003	不锈钢管				
031001004	铜管				
031001005	铸铁管	1. 安装部位 2. 介质 3. 材质、规格 4. 连接形式 5. 接口材料 6. 压力试验及吹、洗设计要求 7. 警示带形式	m	按设计图示管道中心线以长度计算	1. 管道安装 2. 管件安装 3. 压力试验 4. 吹扫、冲洗 5. 警示带铺设
031001006	塑料管	1. 安装部位 2. 介质 3. 材质、规格 4. 连接形式 5. 阻火圈设计要求 6. 压力试验及吹、洗设计要求 7. 警示带形式			1. 管道安装 2. 管件安装 3. 塑料卡固定 4. 阻火圈安装 5. 压力试验 6. 吹扫、冲洗 7. 警示带铺设
031001007	复合管	1. 安装部位 2. 介质 3. 材质、规格 4. 连接形式 5. 压力试验及吹、洗设计要求 6. 警示带形式			1. 管道安装 2. 管件安装 3. 塑料卡固定 4. 压力试验 5. 吹扫、冲洗 6. 警示带铺设

续表 4.10

项目编码	项目名称	项目特征	计量单位	工程量计算规则	工作内容
031001008	直埋式预制保温管	1. 埋设深度 2. 介质 3. 管道材质、规格 4. 连接形式 5. 接口保温材料 6. 压力试验及吹、洗设计要求 7. 警示带形式	m	按设计图示管道中心线以长度计算	1. 管道安装 2. 管件安装 3. 接口保温 4. 压力试验 5. 吹扫、冲洗 6. 警示带铺设
031001009	承插陶瓷缸瓦管	1. 埋设深度 2. 规格 3. 接口方式及材料 4. 压力试验及吹、洗设计要求 5. 警示带形式			1. 管道安装 2. 管件安装 3. 压力试验 4. 吹扫、冲洗 5. 警示带铺设
031001010	承插水泥管				
031001011	室外管道碰头	1. 介质 2. 碰头形式 3. 材质、规格 4. 连接形式 5. 防腐、绝热设计要求	处		1. 挖填工作坑或暖气沟拆除及修复 2. 碰头 3. 接口处防腐 4. 接口处绝热及保护层

2. 支架及其他工程量计算规则

支架及其他工程量清单计算规则，应按表 4.11 的规定执行。

表 4.11 支架及其他

项目编码	项目名称	项目特征	计量单位	工程量计算规则	工作内容
031002001	管道支架	1. 材质 2. 管架形式	1. kg 2. 套	1. 以 kg 计量，按设计图示质量计算。 2. 以"套"计量，按设计图示数量计算	1. 制作 2. 安装
031002002	设备支架	1. 材质 2. 形式			
031002003	套管	1. 名称、类型 2. 材质 3. 规格 4. 填料材质	个	按设计图示数量计算	1. 制作 2. 安装 3. 除锈、刷油

3. 管道附件工程量计算规则

管道附件工程量清单计算规则，应按表 4.12 的规定执行。

表 4.12 管道附件

项目编码	项目名称	项目特征	计量单位	工程量计算规则	工作内容
031003001	螺纹阀门	1. 类型 2. 材质 3. 规格、压力等级 4. 焊接方式	个	按设计图示数量计算	1. 安装 2. 电气接线 3. 调试
031003002	螺纹法兰阀门				
031003003	焊接法兰阀门				
031003004	带短管甲乙法兰阀	1. 材质 2. 规格、压力等级 3. 连接形式 4. 接口方式及材料	个		1. 安装 2. 电气接线 3. 调试
031003005	塑料阀门	1. 规格 2. 连接形式			1. 安装 2. 调试
031003006	减压器	1. 材质 2. 规格、压力等级 3. 连接形式 4. 附件配置	组		组装
031003007	疏水器				
031003008	除污器（过滤器）	1. 材质 2. 规格、压力等级 3. 连接形式			
031003009	补偿器	1. 类型 2. 材质 3. 规格、压力等级 4. 连接形式	个		安装
031003010	软接头（软管）	1. 材质 2. 规格 3. 连接形式	个（组）		
031003011	法兰	1. 材质 2. 规格、压力等级 3. 连接形式	副（片）		
031003012	倒流防止器	1. 材质 2. 型号、规格 3. 连接形式	套		组装
031003013	水表	1. 安装部位（室内外） 2. 型号、规格 3. 连接形式 4. 附件配置	组（个）		
031003014	热量表	1. 类型 2. 型号、规格 3. 连接形式	块		安装
031003015	塑料排水管消声器	1. 规格 2. 连接方式	个		
031003016	浮标液面计		组		
031003017	浮漂水位标尺	1. 用途 2. 规格	套		

4. 卫生器具工程量计算规则

卫生器具工程量清单计算规则，应按表4.13的规定执行。

表4.13 卫生器具

项目编码	项目名称	项目特征	计量单位	工程量计算规则	工作内容
031004001	浴缸	1. 材质 2. 规格、类型 3. 组装形式 4. 附件名称、数量	组	按设计图示数量计算	1. 器具安装 2. 附件安装
031004002	净身器				
031004003	洗脸盆				
031004004	洗涤盆				
031004005	化验盆				
031004006	大便器				
031004007	小便器				
031004008	其他成品卫生器具				
031004009	烘手机	1. 材质 2. 型号、规格	个	按设计图示数量计算	安装
031004010	淋浴器	1. 材质、规格 2. 组装形式 3. 附件名称、数量	套		1. 器具安装 2. 附件安装
031004011	淋浴间				
031004012	桑拿浴房				
031004013	大、小便槽自动冲洗水箱	1. 材质、类型 2. 规格 3. 水箱配件 4. 支架形式及做法 5. 器具及支架除锈、刷油设计要求	套		1. 制作 2. 安装 3. 支架制作、安装 4. 除锈、刷油
031004014	给、排水附（配）件	1. 材质 2. 型号、规格 3. 安装方式	个（组）		安装
031004015	小便槽冲洗管	1. 材质 2. 规格	m	按设计图示长度计算	
031004016	蒸汽—水加热器	1. 类型 2. 型号、规格 3. 安装方式	套	按设计图示数量计算	1. 制作 2. 安装
031004017	冷热水混合器				
031004018	饮水器				安装
031004019	隔油器				

4.4.4 清单计价案例

【例题4.2】某公共场所卫生间给排水工程，计算图纸和设计说明见例4.1。试根据《通用安装工程工程量计算规范》（GB 50856—2013）、《建设工程工程量清单计价规范》（GB 50500—2013），并根据例4.1计算的工程量，编制分部分项工程量清单计价表、分部分项工程量清单综合单价分析表等清单文件。

解 按照现行的规范、《××市安装工程预算基价》（2012）、主材查阅相应造价信息、并根据例4.1中计算的工程量,编制分部分项工程量清单与计价表,综合单价分析表,见表4.14和表4.15。

表4.14 分部分项工程量清单与计价表

工程名称:某公共卫生间给排水工程　　　　　标段:　　　　　　　第1页 共1页

序号	项目编码	项目名称	项目特征描述	计量单位	工程量	金额/元 综合单价	金额/元 合价	其中:暂估价
1	031001001002	镀锌钢管安装	安装部位:室内 输送介质:给水 规格:DN50 连接方式:螺纹连接	m	11.66	65.61	765.01	
2	031001001003	镀锌钢管安装	安装部位:室内 输送介质:给水 规格:DN40 连接方式:螺纹连接	m	52.68	55.80	2 939.54	
3	031001001004	镀锌钢管安装	安装部位:室内 输送介质:给水 规格:DN32 连接方式:螺纹连接	m	10.80	48.33	521.96	
4	031001001005	镀锌钢管安装	安装部位:室内 输送介质:给水 规格:DN25 连接方式:螺纹连接	m	37.41	43.55	1 629.21	
5	031001001006	镀锌钢管安装	安装部位:室内 输送介质:给水 规格:DN20 连接方式:螺纹连接	m	9.30	34.10	317.13	
6	031001001007	镀锌钢管安装	安装部位:室内 输送介质:给水 规格:DN15 连接方式:螺纹连接	m	5.85	31.43	183.87	
7	031001005001	承插铸铁管安装	安装部位:室内 输送介质:排水 规格:DN100 接口材料:石棉水泥	m	70.26	128.14	9 003.12	
8	031001005002	承插铸铁管安装	安装部位:室内 输送介质:排水 规格:DN75 接口材料:石棉水泥	m	19.26	93.11	1 793.30	

续表 4.14

序号	项目编码	项目名称	项目特征描述	计量单位	工程量	金额/元 综合单价	合价	其中:暂估价
9	031001005003	承插铸铁管安装	安装部位：室内 输送介质：排水 规格：DN50 接口材料：石棉水泥	m	8.70	68.73	597.95	
10	031003001001	螺纹阀门安装	类型：闸阀 材质：不锈钢 规格：Z45T-10、DN50 连接形式：螺纹连接	个	2	92.31	184.62	
11	031003001002	螺纹阀门安装	类型：截止阀 材质：不锈钢 规格：J11T-16、DN40 连接形式：螺纹连接	个	6	68.46	410.76	
12	031004003001	洗手盆安装	材质：陶瓷 规格、类型：台式 450 甲级 组装形式：冷水 附件名称、数量：普通冷水嘴、1 个	组	12	216.24	2 594.88	
13	031004006001	大便器安装	材质：陶瓷 规格、类型：普通阀冲洗、蹲式 组装形式：成套	套	30	340.11	10 203.30	
14	031004007001	小便器安装	材质：陶瓷 规格、类型：普通立式 组装形式：成套	套	12	349.50	4 194.00	
15	031004008001	排水栓安装	材质：不锈钢 规格、类型：带存水弯 DN50	组	3	52.39	157.17	
16	031004014001	水龙头安装	材质：铜 型号规格：DN20	个	3	16.75	50.25	
17	031004014002	地漏安装	材质：铸铁 型号规格：DN75	个	9	72.87	655.83	
			本页小计				36 201.90	
			合　　计				36 201.90	

表 4.15　综合单价分析表

工程名称：某公共卫生间给排水工程　　　　标段：　　　　　　　第 1 页　共 17 页

项目编码	031001001001	项目名称	镀锌钢管安装	计量单位	m	工程量	11.66

清单综合单价组成明细

定额编号	定额项目名称	定额单位	数量	单价				合价			
				人工费	材料费	机械费	管理费和利润	人工费	材料费	机械费	管理费和利润
8-118	室内镀锌钢管（螺纹连接）DN50	10 m	1.166	206.36	58.23	2.75	80.32	240.62	67.90	3.21	93.65
8-312	管道冲洗消毒 DN50 以内	100 m	0.1166	40.04	40.25	0	15.58	4.67	4.69	0	1.82
人工单价			小计					245.29	72.59	3.21	95.47
77 元/工日			未计价材料费					348.50			
清单项目综合单价								65.61			

材料费明细	主要材料名称、规格、型号	单位	数量	单价/元	合价/元	暂估单价/元	暂估合价/元
	镀锌钢管 DN50	m	11.6×1.02=11.89	29.31	348.50		
	其他材料费			—	72.59	—	
	材料费小计			—	421.09	—	

工程名称：某公共卫生间给排水工程　　　　标段：　　　　　　　第 2 页　共 17 页

项目编码	031001001002	项目名称	镀锌钢管安装	计量单位	m	工程量	52.68

清单综合单价组成明细

定额编号	定额项目名称	定额单位	数量	单价				合价			
				人工费	材料费	机械费	管理费和利润	人工费	材料费	机械费	管理费和利润
8-117	室内镀锌钢管（螺纹连接）DN40	10 m	5.268	201.74	41.26	0.99	78.52	1 062.77	217.36	5.22	413.64
8-312	管道冲洗消毒 DN50 以内	100 m	0.5268	40.04	40.25	0	15.58	21.09	21.20	0	8.21
人工单价			小计					1 083.86	238.56	5.22	421.85
77 元/工日			未计价材料费					1 190.12			
清单项目综合单价								55.80			

材料费明细	主要材料名称、规格、型号	单位	数量	单价/元	合价/元	暂估单价/元	暂估合价/元
	镀锌钢管 DN40	m	52.68×1.02=53.73	22.15	1 190.12		
	其他材料费			—	238.56	—	
	材料费小计			—	1 428.68	—	

续表 4.15

工程名称：某公共卫生间给排水工程　　标段：　　第3页 共17页

项目编码	031001001003	项目名称	镀锌钢管安装	计量单位	m	工程量	10.80

清单综合单价组成明细

定额编号	定额项目名称	定额单位	数量	单价				合价			
				人工费	材料费	机械费	管理费和利润	人工费	材料费	机械费	管理费和利润
8-116	室内镀锌钢管（螺纹连接）DN32	10 m	1.08	169.40	48.96	0.99	65.93	182.95	52.88	1.07	71.20
8-312	管道冲洗消毒 DN50 以内	100 m	0.108	40.04	40.25	0	15.58	4.32	4.35	0	1.68
人工单价			小计					187.27	57.23	1.07	72.88
77元/工日			未计价材料费					203.54			
清单项目综合单价								48.33			

材料费明细	主要材料名称、规格、型号	单位	数量	单价/元	合价/元	暂估单价/元	暂估合价/元
	镀锌钢管 DN32	m	10.8×1.02=11.02	18.47	203.54		
	其他材料费			—	57.23	—	
	材料费小计			—	260.77	—	

工程名称：某公共卫生间给排水工程　　标段：　　第4页 共17页

项目编码	031001001004	项目名称	镀锌钢管安装	计量单位	m	工程量	37.41

清单综合单价组成明细

定额编号	定额项目名称	定额单位	数量	单价				合价			
				人工费	材料费	机械费	管理费和利润	人工费	材料费	机械费	管理费和利润
8-115	室内镀锌钢管（螺纹连接）DN25	10 m	3.741	169.40	41.91	0.99	65.93	633.73	156.79	3.70	246.64
8-312	管道冲洗消毒 DN50 以内	100 m	0.3741	40.04	40.25	0	15.58	14.98	15.06	0	5.83
人工单价			小计					648.71	171.85	3.7	252.47
77元/工日			未计价材料费					552.56			
清单项目综合单价								43.55			

材料费明细	主要材料名称、规格、型号	单位	数量	单价/元	合价/元	暂估单价/元	暂估合价/元
	镀锌钢管 DN25	m	37.41×1.02=38.16	14.48	552.56		
	其他材料费			—	171.85	—	
	材料费小计			—	724.41	—	

续表 4.15

工程名称：某公共卫生间给排水工程　　　　标段：　　　　　　　　第5页　共17页

项目编码	031001001005	项目名称	镀锌钢管安装	计量单位	m	工程量	9.30

清单综合单价组成明细

定额编号	定额项目名称	定额单位	数量	单价				合价			
				人工费	材料费	机械费	管理费和利润	人工费	材料费	机械费	管理费和利润
8-114	室内镀锌钢管（螺纹连接）DN20	10 m	0.93	140.91	32.14	0	54.84	131.05	29.90	0	51.00
8-312	管道冲洗消毒 DN50 以内	100 m	0.093	40.04	40.25	0	15.58	3.72	3.74	0	1.45
人工单价			小计					134.77	33.64	0	52.45
77元/工日			未计价材料费					96.23			
清单项目综合单价								34.10			

材料费明细	主要材料名称、规格、型号	单位	数量	单价/元	合价/元	暂估单价/元	暂估合价/元
	镀锌钢管 DN20	m	9.3×1.02=9.49	10.14	96.23		
	其他材料费			—	33.64	—	
	材料费小计			—	129.87		

工程名称：某公共卫生间给排水工程　　　　标段：　　　　　　　　第6页　共17页

项目编码	031001001006	项目名称	镀锌钢管安装	计量单位	m	工程量	5.85

清单综合单价组成明细

定额编号	定额项目名称	定额单位	数量	单价				合价			
				人工费	材料费	机械费	管理费和利润	人工费	材料费	机械费	管理费和利润
8-113	室内镀锌钢管（螺纹连接）DN15	10 m	0.585	140.91	29.23	0	54.84	82.43	17.10	0	32.08
8-312	管道冲洗消毒 DN50 以内	100 m	0.0585	40.04	40.25	0	15.58	2.34	2.35	0	0.91
人工单价			小计					84.77	19.45	0	32.99
77元/工日			未计价材料费					46.63			
清单项目综合单价								31.43			

材料费明细	主要材料名称、规格、型号	单位	数量	单价/元	合价/元	暂估单价/元	暂估合价/元
	镀锌钢管 DN15	m	5.85×1.02=5.97	7.81	46.63		
	其他材料费			—	19.45		
	材料费小计			—	66.08		

续表 4.15

工程名称：某公共卫生间给排水工程　　　　标段：　　　　　　第 7 页　共 17 页

项目编码	031001005001	项目名称	承插铸铁排水管安装	计量单位	m	工程量	70.26

清单综合单价组成明细

定额编号	定额项目名称	定额单位	数量	单价				合价			
				人工费	材料费	机械费	管理费和利润	人工费	材料费	机械费	管理费和利润
8-233	室内铸铁管(石棉水泥接口) DN100	10 m	7.026	266.42	473.72	0	103.69	1 871.87	3 328.36	0	728.53
人工单价				小计				1 871.87	3 328.36	0	728.53
77 元/工日				未计价材料费				3 074.60			
清单项目综合单价								128.14			

材料费明细	主要材料名称、规格、型号	单位	数量	单价/元	合价/元	暂估单价/元	暂估合价/元
	铸铁管 DN100	m	70.26×0.89=62.53	49.17	3 074.60		
	其他材料费			—	3 328.36	—	
	材料费小计				6 402.96		

工程名称：某公共卫生间给排水工程　　　　标段：　　　　　　第 8 页　共 17 页

项目编码	031001005002	项目名称	承插铸铁排水管安装	计量单位	m	工程量	19.26

清单综合单价组成明细

定额编号	定额项目名称	定额单位	数量	单价				合价			
				人工费	材料费	机械费	管理费和利润	人工费	材料费	机械费	管理费和利润
8-232	室内铸铁管(石棉水泥接口) DN75	10 m	1.926	206.36	252.40	0	80.32	397.45	486.12	0	154.70
人工单价				小计				397.45	486.12	0	154.70
77 元/工日				未计价材料费				755.09			
清单项目综合单价								93.11			

材料费明细	主要材料名称、规格、型号	单位	数量	单价/元	合价/元	暂估单价/元	暂估合价/元
	铸铁管 DN75	m	19.26×0.93=17.91	42.16	755.09		
	其他材料费			—	486.12	—	
	材料费小计				1 241.21	—	

续表 4.15

工程名称：某公共卫生间给排水工程　　　　标段：　　　　　　　第 9 页 共 17 页

项目编码	031001005003	项目名称	承插铸铁排水管安装	计量单位	m	工程量	8.70

清单综合单价组成明细

定额编号	定额项目名称	定额单位	数量	单价				合价			
				人工费	材料费	机械费	管理费和利润	人工费	材料费	机械费	管理费和利润
8-231	室内铸铁管（石棉水泥接口）DN50	10 m	0.87	172.48	152.77	0	67.13	150.06	132.91	0	58.40
人工单价			小计					150.06	132.91	0	58.40
77 元/工日			未计价材料费					256.61			
			清单项目综合单价					68.73			

材料费明细	主要材料名称、规格、型号	单位	数量	单价/元	合价/元	暂估单价/元	暂估合价/元
	铸铁管 DN50	m	8.70×0.88=7.66	33.50	256.61		
	其他材料费			—	132.91	—	
	材料费小计			—	389.52	—	

工程名称：某公共卫生间给排水工程　　　　标段：　　　　　　　第 10 页 共 17 页

项目编码	031003001001	项目名称	螺纹阀门安装	计量单位	个	工程量	2

清单综合单价组成明细

定额编号	定额项目名称	定额单位	数量	单价				合价			
				人工费	材料费	机械费	管理费和利润	人工费	材料费	机械费	管理费和利润
8-324	螺纹阀门安装 DN50	个	2	19.25	15.51	0	7.50	38.50	31.02	0	15.00
人工单价			小计					38.50	31.20	0	15.00
77 元/工日			未计价材料费					99.93			
			清单项目综合单价					92.31			

材料费明细	主要材料名称、规格、型号	单位	数量	单价/元	合价/元	暂估单价/元	暂估合价/元
	螺纹闸阀 DN50	个	2×1.01=2.02	49.47	99.93		
	其他材料费			—	31.20	—	
	材料费小计			—	131.13	—	

续表 4.15

工程名称：某公共卫生间给排水工程　　　标段：　　　　　第 11 页　共 17 页

项目编码	031003001002	项目名称	螺纹阀门安装	计量单位	个	工程量	6

清单综合单价组成明细

定额编号	定额项目名称	定额单位	数量	单价				合价			
				人工费	材料费	机械费	管理费和利润	人工费	材料费	机械费	管理费和利润
8-323	螺纹阀门安装 DN40	个	6	19.25	10.90	0	7.50	115.50	65.40	0	45
人工单价			小计					115.50	65.40	0	45
77元/工日			未计价材料费					184.83			
			清单项目综合单价					68.46			

材料费明细	主要材料名称、规格、型号	单位	数量	单价/元	合价/元	暂估单价/元	暂估合价/元
	螺纹截止阀 DN40	个	6×1.01=6.06	30.50	184.83		
	其他材料费			—	65.40	—	
	材料费小计			—	250.23	—	

工程名称：某公共卫生间给排水工程　　　标段：　　　　　第 12 页　共 17 页

项目编码	031004003001	项目名称	洗手盆安装	计量单位	组	工程量	12

清单综合单价组成明细

定额编号	定额项目名称	定额单位	数量	单价				合价			
				人工费	材料费	机械费	管理费和利润	人工费	材料费	机械费	管理费和利润
8-543	洗手盆安装	十组	1.2	200.20	369.32	0	77.92	240.24	443.18	0	93.50
人工单价			小计					240.24	443.18	0	93.50
77元/工日			未计价材料费					1 818			
			清单项目综合单价					216.24			

材料费明细	主要材料名称、规格、型号	单位	数量	单价/元	合价/元	暂估单价/元	暂估合价/元
	洗手盆安装	组	12×1.01=12.12	150	1818		
	其他材料费			—	443.18	—	
	材料费小计			—	2 261.18	—	

续表 4.15

工程名称：某公共卫生间给排水工程　　　　标段：　　　　　　第 13 页　共 17 页

项目编码	031004006001	项目名称	大便器安装	计量单位	组	工程量	30

清单综合单价组成明细

定额编号	定额项目名称	定额单位	数量	单价				合价			
				人工费	材料费	机械费	管理费和利润	人工费	材料费	机械费	管理费和利润
8-562	普通阀冲洗蹲式大便器安装	十套	3	443.52	1 168.91	0	172.62	1 330.56	3 506.73	0	517.86
人工单价			小计					1 330.56	3 506.73	0	517.86
77元/工日			未计价材料费					4 848			
			清单项目综合单价					340.11			

材料费明细	主要材料名称、规格、型号	单位	数量	单价/元	合价/元	暂估单价/元	暂估合价/元
	瓷蹲式大便器	个	30×1.01=30.3	160	4 848		
	其他材料费			—	3 506.73	—	
	材料费小计			—	8 354.73	—	

工程名称：某公共卫生间给排水工程　　　　标段：　　　　　　第 14 页　共 17 页

项目编码	031004007001	项目名称	小便器安装	计量单位	组	工程量	12

清单综合单价组成明细

定额编号	定额项目名称	定额单位	数量	单价				合价			
				人工费	材料费	机械费	管理费和利润	人工费	材料费	机械费	管理费和利润
8-578	普通立式小便器安装	十套	1.2	309.54	1 065.15	0	120.48	371.45	1 278.18	0	144.58
人工单价			小计					371.45	1 278.18	0	144.58
77元/工日			未计价材料费					2 399.76			
			清单项目综合单价					349.50			

材料费明细	主要材料名称、规格、型号	单位	数量	单价/元	合价/元	暂估单价/元	暂估合价/元
	立式小便器	个	12×1.01=12.12	198	2 399.76		
	其他材料费			—	1 278.18	—	
	材料费小计			—	3 677.94	—	

续表 4.15

工程名称：某公共卫生间给排水工程　　　　标段：　　　　　　第 15 页　共 17 页

项目编码	031004008001	项目名称	排水栓安装	计量单位	组	工程量	3

清单综合单价组成明细

定额编号	定额项目名称	定额单位	数量	单价				合价			
				人工费	材料费	机械费	管理费和利润	人工费	材料费	机械费	管理费和利润
8-624	排水栓安装 DN50	十组	0.3	146.30	178.69	0	56.94	43.89	53.61	0	17.08
人工单价			小计					43.89	53.61	0	17.08
77元/工日			未计价材料费					42.60			
			清单项目综合单价					52.39			

材料费明细	主要材料名称、规格、型号	单位	数量	单价/元	合价/元	暂估单价/元	暂估合价/元
	排水栓 DN50	套	3×1=3	14.20	42.60		
	其他材料费			—	53.61	—	
	材料费小计			—	96.21	—	

工程名称：某公共卫生间给排水工程　　　　标段：　　　　　　第 16 页　共 17 页

项目编码	031004014001	项目名称	水龙头安装	计量单位	个	工程量	3

清单综合单价组成明细

定额编号	定额项目名称	定额单位	数量	单价				合价			
				人工费	材料费	机械费	管理费和利润	人工费	材料费	机械费	管理费和利润
8-629	水龙头安装 DN50	十个	0.3	21.56	1.14	0	8.39	6.47	0.34	0	2.52
人工单价			小计					6.47	0.34	0	2.52
77元/工日			未计价材料费					40.91			
			清单项目综合单价					16.75			

材料费明细	主要材料名称、规格、型号	单位	数量	单价/元	合价/元	暂估单价/元	暂估合价/元
	铜水嘴	个	3×1.01=3.03	13.50	40.91		
	其他材料费			—	0.34	—	
	材料费小计			—	41.25	—	

续表 4.15

工程名称：某公共卫生间给排水工程　　　　　标段：　　　　　　　第17页　共17页

项目编码	031004014002	项目名称	地漏安装	计量单位	个	工程量	9

清单综合单价组成明细										
定额编号	定额项目名称	定额单位	数量	单价				合价			
^	^	^	^	人工费	材料费	机械费	管理费和利润	人工费	材料费	机械费	管理费和利润
8-629	地漏安装 DN75	十个	0.9	287.21	42.18	0	111.79	258.48	37.96	0	100.61
人工单价		小计						258.48	37.96	0	100.61
77元/工日		未计价材料费						258.75			
清单项目综合单价								72.87			

材料费明细	主要材料名称、规格、型号	单位	数量	单价/元	合价/元	暂估单价/元	暂估合价/元
^	地漏 DN75	个	9×1=9	28.75	258.75		
^	其他材料费			—	37.96	—	
^	材料费小计				296.71	—	

【重点串联】

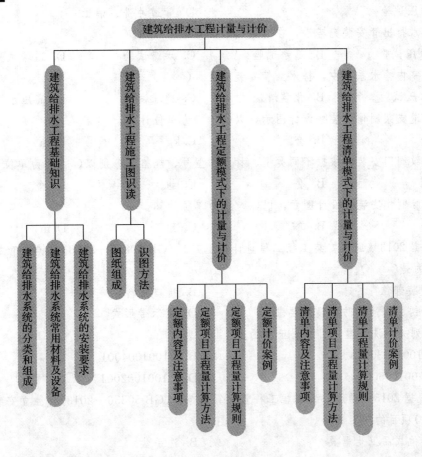

拓展与实训

职业能力训练

一、填空题

1. 给水系统室内外界限以建筑物外墙皮_____为界，入口处设阀门者以阀门为界。
2. 给排水管道安装的工程量以施工图所示管道_____长度计算，以_____为单位，不扣除_____、管件及各种井类所占长度。
3. 管道消毒、冲洗，依据不同的管径，按管道_____计算，以_____为计量单位。
4. 洗脸盆安装工程量计算起点以_____为分界线；止点以_____为分界线。
5. 2013《通用安装工程工程量计算规范》（GB 50856—2013）中，成品卫生器具项目中的附件安装，主要指给水附件包括水嘴、阀门、_____等，排水配件包括存水弯、_____、_____等以及配备的连接管。

二、单选题

1. 排水管道室内外界限以（　　）为界。
   A. 外墙皮 1.5 m 　　　　　　　　B. 出户第一个排水检查井
   C. 室外管道与市政管道碰头点 　　D. 阀门
2. 管道安装定额不包括（　　）。
   A. 管道安装 　　　　　　　　　　B. 接头零件安装
   C. 水压试验 　　　　　　　　　　D. 管道冲洗、消毒
3. 污水排出管安装完毕后，在隐蔽之前必须做（　　）。
   A. 水压试验　　B. 灌水试验　　C. 渗漏试验　　D. 通球试验
4. 在室内排水系统中，排水立管安装后应做（　　）。
   A. 水压试验　　B. 化学清洗　　C. 通球试验　　D. 高压水清洗
5. 管道支架制作安装按设计图示，以（　　）为单位计算。
   A. 个　　　　　B. 套　　　　　C. kg　　　　　D. m
6. 螺纹阀门安装，依据不同类型、材质、型号、规格，分别以（　　）为单位计算。
   A. 副　　　　　B. 套　　　　　C. 组　　　　　D. 个
7. 套管制作安装按设计图示，以（　　）为单位计算。
   A. 个　　　　　B. 套　　　　　C. 组　　　　　D. m
8. 根据2013《通用安装工程工程量计算规范》（GB 50856—2013），铸铁管的项目特征中不包括的是（　　）。
   A. 安装部位 　　　　　　　　　　B. 接口材料
   C. 除锈、刷油、防腐设计要求 　　D. 警示带形式
9. 下列关于洗手盆项目编码正确的是（　　）。
   A. 031001003001 　　　　　　　　B. 031001004001
   C. 031001005001 　　　　　　　　D. 031001002001
10. 根据2013《通用安装工程工程量计算规范》（GB 50856—2013），独立安装的水嘴应套用（　　）项目的项目编码。
    A. 其他成品卫生器具 　　　　　　B. 洗手盆
    C. 给、排水附（配）件 　　　　　D. 水龙头

三、简答题

1. 建筑给排水系统常用材料及设备有哪些?
2. 简述建筑给排水施工图的识读方法。
3. 建筑给排水室内外界限是如何划分的?
4. 简述室内给水管道安装工程量计算规则及注意事项。
5. 简述卫生器具的计算规则及计算范围。

工程模拟训练

1. 试结合例4.1,根据本地区的施工图预算计算程序和取费标准,计算该工程的含税造价。
2. 试结合例4.2,编制措施项目清单计价表,其他项目计价表等清单文件。

链接执考

[2013年度全国注册造价工程师职业资格考试安装工程技术与计量试卷:(单选题)]

1. 在计算管道工程的工程量时,室内外管道划分界限为( )。
A. 给水管道入口设阀门者以阀门为界,排水管道以建筑物外墙皮1.5 m为界
B. 给水管道以建筑物外墙皮1.5 m为界,排水管道以出户第一个排水检查井为界
C. 采暖管道以建筑物外墙皮1.5 m为界,排水管道以墙外三通为界
D. 燃气管道以地上引入室内第一个阀门为界,采暖管道入口设阀门者以阀门为界

[2012年度全国注册造价工程师职业资格考试安装工程技术与计量试卷:(单选题)]

2. 在室内排水系统的排出管施工中,隐蔽前必须做( )。
A. 水压试验 B. 气压试验 C. 渗漏试验 D. 灌水试验

[2009年度全国注册造价工程师职业资格考试安装工程技术与计量试卷:(多选题)]

3. 室内外给水管道界限划分,应以( )。
A. 引入管阀门为界   B. 水表井为界
C. 建筑物外墙皮为界   D. 建筑物外墙皮1.5 m为界

4. 室内给水管水压试验后交付使用之前,应进行的工作有( )。
A. 冲洗   B. 消毒   C. 预膜   D. 钝化

5. 室内排水系统中,排水立管安装后应做( )。
A. 通球试验   B. 高压水清洗   C. 水压试验   D. 化学清洗

模块 5

建筑采暖工程计量与计价

【模块概述】

建筑采暖工程计量与计价是安装工程计量与计价的重要组成部分，主要研究建筑采暖管道安装、阀门安装、供暖器具制作安装等的工程量计算规则及计价方法。本模块以计量规则和计价方法为主线，结合工程实例，应用最新的定额和规范，进行了定额计价模式和清单计价模式两种造价文件的编制。

【知识目标】

1. 建筑采暖工程组成及分类；
2. 建筑采暖工程常用材料和设备；
3. 建筑采暖工程施工图识读；
4. 建筑采暖工程定额内容及注意事项；
5. 建筑采暖工程清单内容及注意事项；
6. 建筑采暖工程工程量计算规则及方法；
7. 建筑采暖工程计价。

【技能目标】

1. 熟悉建筑采暖工程基础知识；
2. 掌握建筑采暖工程施工图识读方法；
3. 熟悉建筑采暖工程定额和清单的内容和注意事项；
4. 掌握采暖工程工程量计算；
5. 掌握建筑采暖工程施工图预算计价；
6. 掌握建筑采暖工程工程量清单计价。

【课时建议】

12 课时

模块 5 建筑采暖工程计量与计价

> **工程导入**
>
> 某职工宿舍楼采暖工程，主体建筑二层，砖混结构。通过阅读图纸，你能说出建筑采暖系统由哪些部分组成？各部分有什么特点和作用？编制预算时，会用到本地区现行预算定额、《建设工程工程量清单计价规范》（GB 50500—2013）、《通用安装工程工程量计算规范》（GB 50856—2013），你知道这些定额和规范的适用范围和特点吗？

5.1 建筑采暖工程基础知识

5.1.1 建筑采暖系统的分类和组成

使室内获得热量并保持一定温度，已达到适宜的生活条件或工作条件的技术，称为采暖。

1. 建筑采暖系统的分类

（1）按采暖系统的作用范围分类

①局部供暖系统。当热源、管道与散热器连成整体而不能分离时，称为局部供暖系统，如火炉供暖、电热供暖、煤气红外线辐射器等。

②单户供暖系统。单户供暖系统是仅为单户或几户小住宅而设置的一种供暖方式。

③集中供暖系统。采用锅炉或水加热器对水的集中加热，通过管道同时向多个房间供暖的系统，称为集中供暖系统。

④区域供暖系统。以集中供热的热网作为热源，用以满足一个建筑群或一个区域供暖用热需要的系统，称为区域供暖系统。

> **技术提示**
>
> 集中采暖和局部采暖的基本区别在于，前者是热源和散热设备分别设置，由热源通过管道向散热设备供给热量，典型的例子是以热水或蒸汽作热媒的采暖系统；后者则是集热源和散热体为一炉，就地产生热量，典型的例子是火炉、电炉和煤气炉等。城市分散采暖方式主要是采用煤、油、电、燃气为燃料的办公室或家庭采暖。例如：空调、电暖器、土暖器、火炉等。

城市采暖以城市热网、区域热网或较大规模的集中供暖为热源的方式，在目前以至今后一段时期内可能仍是城市住宅供暖方式的主要方式。

（2）按采暖系统使用热媒分类

①热水采暖系统。以热水做热媒的采暖系统，称为热水采暖系统。低温水供暖系统供回水的设计温度通常为70～95 ℃，由于低温水供暖系统卫生条件较好，目前被广泛用于民用建筑中。

②蒸汽采暖系统。以蒸汽做热媒的采暖系统，称为蒸汽采暖系统。按蒸汽的压力不同，可分为低压蒸汽供暖系统（蒸汽压力小于或等于70 kPa）、高压蒸汽供暖系统（蒸汽压力大于70 kPa）和真空蒸汽供暖系统（蒸汽压力低于大气压力）。

（3）按采暖系统中使用的散热器设备分类

①散热器采暖系统。以各种对流散热或辐射对流散热器作为室内散热设备的热水或蒸汽采暖系统，称为散热器采暖系统。

②热风采暖系统。以热空气作为传热媒介的采暖系统，称为热风采暖系统。一般指用暖风机、空

气加热器等散热设备将室内循环空气加热或室外空气混合后再加热,向室内供给热量的采暖系统。

(4) 按采暖系统中散热方式分类

①对流采暖系统。利用对流换热或以对流换热为主散热给室内的采暖系统,称为对流采暖系统。

②辐射采暖系统。以辐射传热为主散热给室内的采暖系统,称为辐射采暖系统。利用建筑物内部顶棚、地板、墙壁或其他表面作为辐射热面进行采暖是典型的辐射采暖系统。

2. 建筑采暖系统的组成

建筑采暖系统(以热水采暖系统为例),一般由主立管、水平干管、支立管、散热器横支管、散热器、排水装置、阀门等组成。

热水由入口经主立管、供水干管、各支立管、散热器供水支管、立管、回水干管流出系统。排水装置用于排除系统内的空气,阀门起调节和启闭的作用。

5.1.2 建筑采暖系统常用材料及设备

1. 散热器

散热器的功能是将供暖系统的热媒所携带的热量通过散热器壁面以对流、辐射方式传递给室内,补偿房间的热损失,达到供暖的目的。

散热器的种类繁多,按其制造材质可分为金属材料散热器和非金属材料散热器。金属材质散热器又可为铸铁、钢、铝、钢铝复合散热器及全铜水道散热器等;非金属材质散热器有塑料散热器、陶瓷散热器等。按其结构形式,有柱型、翼型、管型、平板型等。

(1) 铸铁散热器

铸铁散热器具有结构简单、防腐性好、使用寿命长以及热稳定好的优点;但金属耗量大,金属热强度低,运输、组装工作量大,承压能力低。常用的铸铁散热器有:四柱型、M-132型、长方翼型、圆翼型等。

①翼型散热器。翼型散热器制造工艺简单,抗腐蚀性强,价格低。翼型散热器可分为圆翼型和长翼型两种。

a. 圆翼型散热器是一根内径75 mm 的管子,外面带有许多圆形肋片的铸件。管子两端配设法兰,可将数根组成平行叠置的散热器组。圆翼形散热器按管子长度可分为1 000 mm、750 mm 两种。

b. 长翼型散热器的外表面具有许多竖向肋片,外壳内部为一扁盒状空间。长翼形散热器是根据翼片多少分为大60和小60两种,大60是14个翼片,每片长280 mm,小60是10个翼片,每片长200 mm,它们的高度均为600 mm。如图5.1 所示。

②柱型散热器。柱型散热器是呈柱状的单片散热器。外表面光滑,每片各有几个中空的立柱相互连通。柱型散热器传热性能

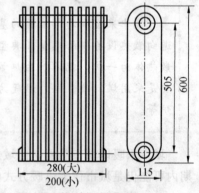

图 5.1 长翼型散热器

较好,比较美观,耐腐蚀,表面光滑,易清除灰尘,每片散热面积小,易组合成所需要的散热面积。如图5.2所示。

我国目前常用的柱型散热器主要有二柱、四柱、五柱和六柱等类型散热器。有些散热器带足,可以与不带柱脚的组对成一组落地安装,也可以全部选用不带足的在墙上挂式安装。

二柱形散热器的规格以宽度表示,例如 M-132型,其宽度为132 mm;四柱、五柱、六柱型散热器的规格以高度来表示,分带足和不带足的两种,例如四柱813型,其高度为813 mm。

常用铸铁散热器与预算有关的尺寸及散热面积见表5.1。

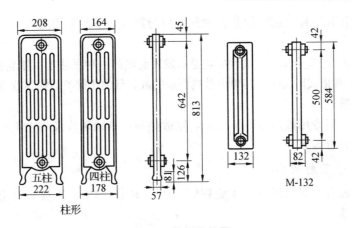

图 5.2 柱型散热器

表 5.1 常用铸铁散热器规格表

型号	单位	M132 型	4 柱 460 型	4 柱 660 型	4 柱 760 型	4 柱 1060 型
长度（L）	mm	80	60	60	60	60
宽度（B）	mm	132	143	143	143	164
中片高度（H）	mm	582	382	582	682	982
足片高度（H_z）	mm	660	460	660	760	1060
上下接管口中心距（H_1）	mm	500	300	500	600	900
散热面积	m²/片	0.24	0.13	0.20	0.235	0.44
型号	单位	长翼型散热器大 60	长翼型散热器小 60	4 柱 813 型	圆翼型散热器 D75	
长度（L）	mm	280	200	57		
宽度（B）	mm	115	115	178		
中片高度（H）	mm	600	600			
足片高度（H_z）	mm			813		
上下接管口中心距（H_1）	mm	500	500	642		
散热面积	m²/片	1.17	0.8	0.28	1.8	

(2) 钢制散热器

钢制散热器具有制造工艺简单，外形美观，金属耗量小，重量轻，运输、组装工作量少，承压能力高等特点，可应用于高层建筑采暖。常用的钢制散热器有：柱式、板式、扁管式、串片式、光排管式等。

①钢制柱式散热器。钢制柱式散热器的构造和铸铁柱型散热器相似，每片也有几个中空立柱，钢制柱型散热器传热性能好，质量轻，耐腐蚀，寿命长，但制造工艺复杂，适用于各种高层建筑，如图 5.3 所示。

②钢制板式散热器。板式散热器由冷轧钢板冲压、焊制而成。主要由面板、背板、进出水口接头、放水门固定套及上下支架组成，背板有带对流片和不带对流片两种类型。

③钢制扁管型散热器。该散热器是由数根矩形扁管叠加焊制成排管，两端与联箱连接，形成水流通路。扁管型散热器的板型有单板、双板、单板带对流片和双板带对流片 4 种结构形式。

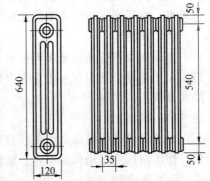

图 5.3 钢制柱式散热器

④闭式串片型散热器。闭式串片型散热器由钢管、带折边的钢片和联箱等组成。体积小，质量轻，承压能力强，但串片之间易积尘，水容量小。

(3) 铝制及钢（铜）铝复合散热器

铝制散热器采用铝及铝合金型材挤压成形，有柱翼型、管翼型、板翼型等形式，管柱与上下水道之间采用焊接或钢拉杆连接。铝制散热器的热媒应为热水,不能采用蒸汽。

(4) 塑料散热器

塑料散热器重量轻,节省金属,防腐性好,是有发展前途的一种散热器。塑料散热器的基本结构有竖式(水道竖直设置)和横式两大类。其单位散热面积的散热量约比同类型钢制散热器低20%左右。

(5) 卫生间专用散热器

目前市场上的卫生间专用散热器种类繁多,除散热外,兼顾装饰及烘干毛巾等功能。材质有钢管、不锈钢管、铝合金管等多种。

2. 供暖系统常用管材管件

供暖系统常用管材有:焊接钢管、无缝钢管、PP-R管、PE-X管、铝塑管等,要求具有良好的承压能力和耐热性。

(1) 焊接钢管

供暖系统常用焊接钢管为主要管材,焊接钢管分为镀锌钢管(白铁管)和不镀锌钢管(黑铁管)两种。其直径用公称直径DN表示,例如DN50。用于管材制造的主要是普通碳素钢Q215、Q235、Q255,该管材可以采用螺纹连接、法兰连接和焊接。

(2) PP-R管及管件

PP-R热水管具有极佳的节能保温效果,一般输水温度950℃,最高可达1 200℃,寿命长,噪声小,施工工艺简便,管材及管件均采用同一材料进行热熔焊接,施工速度快,永久密封无渗漏。规格表示为:公称外径(D_e)×壁厚(δ)。

(3) 铝塑管

用于采暖工程的铝塑管是一种新型管材,其内外层为特种高密度聚乙烯,中间层为铝合金对接氩弧焊焊接而成,各层经特种胶粘合而成的复合管,它集金属管和塑料管优点为一身,被称为跨世纪的绿色管材。

(4) PE-X管

PE-X管的耐热性非常好,单根长度较长,适用于低温水地板辐射工程等室内埋地管道施工。

3. 阀门

阀门是用于控制管道内介质输送的一种机械定型产品。按压力分为低压、中压、高压三种阀门;按输送介质分为水、蒸汽、油类、空气等几种阀门;按材质可分为铸铁、铸钢、锻钢、不锈钢、塑料阀门等;按连接形式又分为螺纹及法兰阀门等。

(1) 闸阀

闸阀的闸板按结构特征分为平行闸板和楔式闸板。闸阀密封性好,流体阻力小,操作方便,开启缓慢,在采暖工程中主要用来切断介质的流通和来调节流量,被广泛使用。

(2) 止回阀

止回阀又称逆止阀或单向阀。利用阀体本身结构和阀前、阀后介质的压力差来自动启闭的阀门。作用是使介质只作一个定方向的流动,而阻止其逆向流动。根据止回阀的结构不同,可分为升降式和旋启式两种。

(3) 减压阀

减压阀的作用是降低设备和管道内的介质压力,满足生产需要压力值,并能依靠介质本身压力值,使出口压力自动保持稳定。常用的减压阀有活塞式、薄膜式和波纹管式。

(4) 安全阀

安全阀用于防止因介质超过规定压力而引起设备和管路破坏的阀门,当设备或管路中的工作压力超过规定数值时,安全阀便自动打开,自动排除超过的压力,防止事故的发生。当压力复原后又自动关闭。安全阀按其结构形式可分为杠杆式、弹簧式和脉冲式3种。

(5) 疏水器

疏水阀能自动地、间歇地排除蒸汽管道、加热器、散热器等设备系统中的凝结水,防止蒸汽泄出，同时防止管道中水锤现象发生。根据疏水阀的动作原理，疏水阀主要有热力型、热膨胀型（恒温型）和机械型3种。

4. 供暖系统辅助设备

（1）膨胀水箱

膨胀水箱是热水供暖系统的重要附属设备之一，用于收贮受热后的膨胀水量，并解决系统定压和补水问题。在多个采暖建筑的同一供热系统中只能设一个膨胀水箱。膨胀水箱分为开式和闭式。开式膨胀水箱构造简单，管理方便，多用于低温水供暖系统。

（2）排气装置

自然循环热水供暖系统主要利用开式膨胀水箱排气，机械循环系统还需要在局部最高点设置排气装置。常用的排气装置有手动集气罐、自动排气罐、手动放气阀等。

> **技术提示**
>
> 系统的水被加热时，会分离出空气。在系统运行时，通过不严密处也会渗入空气，充水后，也会有些空气残留在系统内。系统中如果积存空气，就会形成气塞，影响水的正常循环。因此，系统中必须设置排除空气的设备。

①集气罐。集气罐可用直径为100～250 mm的钢管焊制而成。根据安装形式分为立式和卧式两种。一般应设在系统的末端最高处。

②自动排气阀。自动排气阀很多都是依靠水对浮体的浮力，通过杠杆机构动力，使排气孔自动启闭，实现自动阻力排气的功能。

③手动放气阀。手动放气阀又称手动跑风，在热水供暖系统中安装在散热器的上端，定期打开手轮，排除散热器内的空气。

（3）除污器

除污器的作用是截留过滤，并定期清除系统中的杂质和污物，以保证水质清洁，减少阻力，防止管路系统和设备堵塞。有立式直通、卧式直通和角通除污器。

（4）散热器温控阀

散热器温控阀是一种自动控制散热器散热量的设备，可根据室温与给定温度之差自动调节热媒流量的大小，安装在散热器入口管上。它主要应用于双管系统，在单管跨越式系统中也可应用。

（5）补偿器

各种热媒在管道中流动时，管道受热而膨胀，故在热力管网中应考虑对其进行补偿。采暖管道必须通过热膨胀计算确定管道的增长量。

补偿器有方形补偿器、套管补偿器和波纹管补偿器等。当地方狭小，方形补偿器无法安装时，可采用套管式补偿器或波纹管补偿器。

（6）分水器、集水器

当需要从总管接出2个以上分支环路时，考虑各环路之间的压力平衡和使用功能的要求，宜用分水器和集水器。分水器和集水器一般是为了便于连接通向各个环路的许多并联管道而设置的，也能起到一定程度的均压作用，有利于流量分配调节、维修和操作。

5.1.3 建筑采暖系统的安装要求

1. 散热器布置

①散热器安装前应按图纸要求的数量进行组对，并按规定做水压试验，试验压力应符合设计要求；若设计无要求时，应为工作压力的1.5倍，但不小于0.6 MPa。试压合格后再做防腐处理，一般铸铁散热器刷防锈漆、银粉各一遍。

②散热器与管道的连接必须安装可拆装的连接件，如活接头、法兰等。

③散热器支托架安装位置应正确，埋设平整、牢固。若安装带足散热器，在每组上部装设一个托架或钢卡，所需带足片数：14片以下为2片，15~24片为3片。

④散热器挂式安装，底部距地面通常为150 mm，顶部距窗台为100 mm。房间同一侧墙上的散热器必须在同一条直线上。

⑤散热器一般采用明装；对房间装修和卫生要求较高时才加挡板或网罩等暗装，暗装时装饰罩应有合理的气流通道、足够的通道面积，以提高散热器散热效果，并方便维修。

⑥幼儿园的散热器必须暗装或加防护罩。

2. 室内管网布置

(1) 热力入口的布置

热力入口的形式很多，所设的装置应根据热网提供的热媒情况及用户的需求来决定。对于热水采暖系统，在热力入口的供回水管上应设置阀门、温度计、压力表、除污器等，供水管和回水管之间设连通管，并设有阀门。

(2) 室内供暖管道布置

①干管布置要求。采暖干管分为保温干管和非保温干管，安装必须明确。干管应尽量直线布置，如果转角高于或低于管道的水平走向，其最高点或最低点应分别安装排气和泄水装置。供暖管道应有一定坡度，如无特殊设计要求时，应符合下列规定。

热水管道及汽、水同向流动的蒸汽和凝结水管道，坡度一般为0.003，但不得小于0.002。汽水逆向流动的蒸汽管道，坡度不得小于0.005。

干管有明装和暗装两种敷设方式。明装时，上部的干管敷设在靠近屋顶下表面的位置，但一般不应穿梁，不应遮挡门窗而影响使用。下部的干管通常设置在地面以上散热器以下的位置，明装管道过门时可局部设地沟。

暗装时，应根据干管的具体位置，可设置在顶棚、技术夹层中，或利用地下室或设在地沟内。

供暖管道在地沟或沿墙、柱敷设时，每隔一定距离应设管卡或支、吊架。热力管道的支架分为滑动支架和固定支架两类。图5.4所示为墙上安装时常采用的一种支架形式。管道支、吊、托架的安装位置应正确、牢固，与管道接触应紧密。固定在建筑结构上的管道支、吊架不得影响结构的安全。

②立管布置要求。立管应尽量布置在外墙角，此处温度低、潮湿，可防止结露；也可以沿两窗之间的墙中心线布置。立管上下均应设阀门，以便于检修。双管系统的供水立管一般置于面向的右侧。当立管与散热器相交时，立管应先弯绕过支管。

立管一般为明装，距墙表面为50 mm。暗装时可以敷设在预留的墙槽内，也可以敷设在专用的管道井中。

立管应通过弯管与干管相接，以解决管道胀缩问题，如图5.5所示。立管可设管卡固定，层高小于或等于5 m，每层须安装1个；层高大于5 m，每层不得少于2个。管卡的安装高度距地面为1.5~1.8 m，2个以上的管卡可匀称安装。

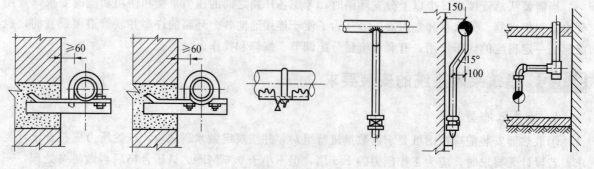

图5.4 墙上支架　　　　　　　　　　图5.5 立管与干管连接

③支管布置要求。支管应尽量设置在散热器的同侧与立管相接,支管上一般设乙字弯。安装时均有坡度,以便排出散热器中的空气和放水。

(3)管道的地沟敷设

①采用管沟敷设的管道,应符合下列要求:

a. 管沟不宜设在卫生间等卫生器具和地面下排水管道集中的区域下面。

b. 不得与电缆沟、通风道相通。

②采用半通行地沟敷设应符合下列要求:

a. 室内采暖管道宜用半通行地沟敷设。

b. 管沟净高应不低于1 m。

c. 管沟应设通风孔,间距不宜大于20 m。

d. 管沟应设人孔,其直径不应小于0.6 m,间距不宜大于30 m,沟的总长度不小于20 m时,人孔数不应少于2个。

5.2 建筑采暖工程施工图识读

5.2.1 图纸组成

采暖系统的施工图包括设计施工说明、目录、图例和设备、材料明细表、平面图、系统(轴测)图、详图等。

1. 设计、施工说明

设计施工说明是说明设计图纸无法表示的问题,如热源情况、采暖设计热负荷、设计意图及系统形式、进出口压力差,散热器的种类、形式及安装要求,管道的敷设方式、防腐保温、水压试验要求,施工中需要参照的有关专业施工图号或采用的标准图号等。

2. 图例

常用建筑采暖工程图例见表5.2。

表5.2 常用建筑采暖工程图例

符号	名称	说明	符号	名称	说明
——	供水(汽)管			疏水器	也可用
----	回(凝结)水管			自动排气阀	
∽∽	绝热管			集气罐、排气装置	
	套管补偿器			固定支架	左为多管
⊓	方形补偿器			丝堵	也可表示为:
◇	波纹管补偿器		$i=0.003$ 或 $i=0.003$	坡度及坡向	
∩	弧形补偿器		T 或	温度计	左为圆盘式温度计 右为管式温度计

续表 5.2

符号	名称	说明	符号	名称	说明
—⊠—▷—	止回阀	左为通用 右为升降式止回阀	⊘ 或 ⊘	压力表	
—⊥—▷—	截止阀		⊕	水泵	流向：自三角形底边至顶点
—▷—	闸阀		—||—	活接头	
□—15—	散热器及手动放气阀	左为平面图画法 右为系统图画法	—○|—	可曲挠接头	
□—15— □—15—	散热器及控制器	左为平面图画法 右为系统图画法	⊥ ⊥ ⊳	除污器	左为立式除污器 中为卧式除污器 右为Y型过滤器

3. 主要材料设备表

工程中选用的主要材料及设备，应列表注明。表中应列出材料的类别、规格、数量，设备的品种、规格和主要尺寸。

4. 平面图

表示出建筑物各层采暖管道与设备的平面布置。内容包括：

（1）标准层平面图。表明立管位置及立管编号，散热器的安装位置、类型、片数及安装方式。

（2）顶层平面图。除了有与标准层平面图相同的内容外，还应表明总立管、水平干管的位置、走向、立管编号及干管上阀门、固定支架的安装位置及型号；膨胀水箱、集气罐等设备的安装位置、型号及其与管道的连接情况。

（3）底层平面图。除了有标准层平面图相同的内容外，还应表明与引入口的位置、供、回管的走向、位置及采用的标准图号（或详图号），回水干管的位置，室内管沟（包括过门地沟）的位置及主要尺寸，活动盖板和管道支架的设置位置。

平面图常用的比例有 1∶50，1∶100，1∶200 等。

5. 系统图

表示采暖系统的空间布置情况、散热器与管道空间连接形式，设备、管道附件等空间关系的立体图。标有立管编号、管道标高、各管段管径、水平干管的坡度及集气罐、膨胀水箱、阀件的位置、型号规格等。可了解采暖系统的全貌。供暖系统图应包括如下内容。

①采暖管道的走向、空间位置、坡度，管径及变径的位置，管道与管道之间连接方式。

②散热器与管道的连接方式，例如是竖单管还是水平串联的，是双管上分或是下分等。

③管路系统中阀门的位置、规格。

④集气罐的规格、安装形式（立式或是卧式）。

⑤蒸汽供暖疏水器和减压阀的位置、规格、类型。

⑥节点详图的索引号。

系统图比例与平面图相同。

6. 详图

表示采暖系统节点与设备的详细构造及安装尺寸要求。平面图和系统图中表示不清，又无法用文字说明的地方，如引入口装置、膨胀水箱的构造与管、管沟断面、保温结构等可用详图表示。详图常用的比例是 1∶10，1∶50。

5.2.2 识图方法

阅读主要图纸之前，应当首先看设计说明和设备材料表，熟悉图例符号，然后以系统图为线索深入阅读平面图和系统图及详图。阅读时，应将三种图对照来看。识读室内采暖工程施工图应注意以下的问题。

(1) 先看施工说明，从文字说明中了解。

①散热器采用什么型号的。

②管道用什么管材，管道连接是丝接，还是焊接。

③管道、支架、设备的刷油保温方法。

④施工图中使用了哪些标准图、通用图。

(2) 看平面图要注意的内容

①散热器的位置、片数。

②供、回水干管的布置方式及干管的阀门、固定支架、伸缩器的平面位置。

③膨胀水箱、集气罐等设备的位置。

④管子在哪些地方走地沟。

(3) 看系统图要注意的内容

①采暖管道的来龙去脉，包括管道的走向、空间位置、管径及管道变径点位置。

②管道上阀门的位置、规格。

③散热器与管道的连接方式。

④和平面图对应看哪些管道明装，哪些管道暗装。

(4) 要注意对施工图中详图的识读

在采暖平面图和系统图中表示不清楚，又无法用文字说明的地方，一般用详图表示。采暖施工图中的详图有：

①地沟内支架的安装大样图。

②地沟入口处详图，即热力入口详图。

5.3 建筑采暖工程定额模式下的计量与计价

5.3.1 定额内容及注意事项

定额模式下的施工图预算编制应使用各地区现行的安装工程预算定额和相应的材料价格。本部分内容主要套用《××省/市安装工程预算基价》第八册《给排水、采暖、燃气工程》。

1. 定额内容

本册定额包括给排水采暖管道安装，阀门、水位标尺安装，低压器具、水表组成与安装，卫生器具制作安装，供暖器具安装，小型容器制作安装，燃气管道、附件、器具安装，塑料管道及其配套的器具安装等共8章1 109个基价子目，采暖工程部分主要涉及第一章、第二章和第五章内容，见表5.3。

本册定额适用于新建、改建工程中的生活用给水、排水、燃气、采暖管道以及附件配件安装、小型容器制作安装工程。

表 5.3 采暖工程量计算定额内容

章 目	各章内容	适用范围
第一章 管道安装	室外管道：镀锌钢管（螺纹连接），焊接钢管（螺纹连接），钢管（焊接），承插铸铁给水管（青铅接口），承插铸铁给水管（膨胀水泥接口），承插铸铁给水管（石棉水泥接口），承插铸铁给水管（胶圈接口），承插铸铁排水管（石棉水泥接口），承插铸铁排水管（水泥接口），承插缸瓦管，平接砼管 室内管道：镀锌钢管（螺纹连接），焊接钢管（螺纹连接），钢管（焊接），承插铸铁给水管（青铅接口），承插铸铁给水管（膨胀水泥接口），承插铸铁给水管（石棉水泥接口），承插铸铁排水管（石棉水泥接口），承插铸铁排水管（水泥接口），柔性抗震铸铁排水管（柔性接口），承插铸铁雨水管（石棉水泥接口），承插铸铁雨水管（水泥接口），镀锌铁皮套管制作，穿墙钢套管制作安装，穿楼板钢套管制作安装，塑料管阻火圈安装，塑料管伸缩节安装，管道支架制作安装 法兰安装：铸铁法兰（螺纹连接），碳钢法兰（焊接） 伸缩器制作安装：螺纹连接法兰式套筒伸缩器安装，焊接法兰式套筒伸缩器安装，方形伸缩器制作安装，波纹补偿器安装（法兰连接），波纹补偿器安装（焊接） 管道消毒、冲洗，管道压力试验	室内外生活用给水、排水、雨水、采暖热源管道、支架、套管、法兰、伸缩器安装
第三章 阀门安装	阀门安装：螺纹阀，螺纹法兰阀，焊接法兰阀，法兰阀（带短管甲乙）青铅接口，法兰阀（带短管甲乙）石棉水泥接口，法兰阀（带短管甲乙）膨胀水泥接口，自动排气阀、手动放风阀，螺纹浮球阀，法兰浮球阀，法兰液压式水位控制阀 浮标液面计、水塔及水池浮标水位标尺制作安装	室内外生活用给排水、采暖、燃气管道中的各类阀门水位标尺的安装
第五章 供暖器具安装	铸铁散热器组成安装，光排管散热器制作安装，高频焊翅片管散热器安装，钢制闭式散热器安装，钢制板式散热器，钢制闭式散热器安装，钢柱式散热器安装，低温地板辐射采暖，暖风机安装	各种供暖器具安装

2．与相关册定额之间的关系

①工业管道、生产和生活共用的管道、锅炉房和泵类配管以及高层建筑物内加压泵间的管道应执行第六册《工业管道工程》相应项目。

②刷油、防腐蚀、绝热工程执行第十一册《刷油、防腐蚀、绝热工程》相应项目。

③室外成品保温管安装执行市政第七册《燃气与集中供热工程》相应项目。

3．有关规定

①采暖工程系统调试费按费按采暖工程人工费的15%计取，其中人工工资占20%。

②设置于管道间、管廊内的管道、阀门、法兰、支架的安装，其定额人工乘以1.3。

③主体结构为现场浇注采用钢模施工的工程：内浇外注的人工乘以1.05，内浇外砌的人工乘以1.03。

④高层建筑增加费（指高度在6层或20 m以上的工业与民用建筑）按表5.4计算。

表 5.4 高层建筑增加费系数

层数	9层以下(30 m)	12层以下(40 m)	15层以下(50 m)	18层以下(60 m)	21层以下(70 m)	24层以下(80 m)	27层以下(90 m)	30层以下(100 m)	33层以下(110 m)
按人工费的%	2	3	4	6	8	10	13	16	19
层数	36层以下(120 m)	39层以下(130 m)	42层以下(140 m)	45层以下(150 m)	48层以下(150 m)	51层以下(170 m)	54层以下(180 m)	57层以下(190 m)	60层以下(200 m)
按人工费的%	22	25	28	31	34	37	40	43	46

⑤超高增加费：指工作物操作高度均以 3.6 m 为界限，如超过 3.6 m，其超过部分（指由 3.6 m 至操作高度）的定额人工费乘以表 5.5 所示系数。

表 5.5 超高增加费系数

标高±/m	3.6~8	3.6~12	3.6~16	3.6~20
超高系数	1.10	1.15	1.20	1.25

⑥脚手架搭拆费按人工费的 5% 计取，其中人工费占 25%，材料费占 50%，机械费占 25%。

5.3.2 定额项目工程量计算方法

1. 列项

根据施工图包括的分部分项内容，按所选预算基价中的分项工程子目划分排列分项工程项目，一般包括以下几项。

①散热器等供暖器具安装。
②室内管道安装。
③管道支架的制作安装。
④阀门、自动排气阀、手动放风阀安装。
⑤管道镀锌铁皮套管的制作、钢套管的制作安装。
⑥伸缩器制作安装。
⑦集气罐制作安装。
⑧散热器、管道、支架的除锈、刷油。
⑨管道保温层和保护层安装。
⑩温度计、压力表等仪表安装。

上述工程量计算项目是一般室内采暖工程常有的，个别的特殊的室内采暖工程还可能有其他的项目，如膨胀水箱制作安装、除污器安装等。另外还有一些按系数计算的定额直接费项目，如脚手架搭拆费，系统调整费等。

2. 计算工程量

列项后，应根据工程量计算规则逐项计算工程量，填写"工程量计算表"。工程量计算时，应注意以下几点。

①在计算工程量时，应以一定的顺序计算，必要时可在适当部位进行编号，避免重复计算和漏算。一般应先地下后地上、先干线后支线的顺序。无论按什么顺序计算，都应做到按地下、地上、管廊间、地沟与架空敷设方式分列工程量。

②在丈量或计算管道工程量时，要注意有些平面图所绘制的位置并不是实际安装位置，只是习惯画法，管道长度应按实际安装位置确定。

③定额子目中已包括的项目不得重复列项,而未包括的项目也不得漏算。

3. 汇总工程量

工程量计算完毕后,应将同类型、同规格的项目进行合并、汇总,汇总后的工程量填入"工程量汇总表"。

5.3.3 定额项目工程量计算规则

1. 采暖管道安装工程量计算规则

(1) 界限划分

①室内外以入口阀门或建筑物外墙皮 1.5 m 为界。

②与工业管道界限以锅炉房或泵站外墙皮为界。

③工厂车间内采暖管道以车间采暖系统与工业管道碰头点为界。

④设在高层建筑内的加压泵间管道与本章界线,以泵间外墙皮为界。

(2) 注意事项

定额包括以下工作内容:

①管道及接头零件安装。

②水压试验或灌水试验。

③室内 DN32 以内螺纹连接钢管包括管卡及托钩制作安装。

④钢管包括弯管制作与安装(伸缩器除外),无论是现场煨制或成品弯管均不得换算。

⑤穿墙及过楼板铁皮套管安装人工。

定额不包括以下工作内容:

①室内外管道沟土方及管道基础,应执行《建筑工程消耗量定额及基础价格》。

②管道安装中不包括法兰、阀门及伸缩器的制作安装,执行定额时按相应项目另计。

③室内 DN32 以上螺纹连接钢管和室内焊接连接钢管支架制作安装按本章管道支架计算,室外管道支架按本章管道支架乘以 0.8 系数计算,如单件支架重量超过 100 kg 时,执行第五册《静置设备与工艺金属结构制作安装工程》相应项目。

(3) 计算规则

各种管道均以施工图所示中心长度,以"10 m"为计量单位,不扣除阀门、管件(包括减压器、疏水器、水表、伸缩器等组成安装)及各种井类所占的长度。

管道长度的确定:水平敷设管道,在平面图中获得;垂直安装管道,在系统图中获得。横向管道的长度尽量用平面图上所注尺寸计算,当平面图上无标注尺寸时可在平面图上用比例尺丈量。垂直管道的长度尽量用系统图上标注的标高差计算,无标高在系统图上用比例尺丈量。

计算连接散热器管道时,应减去散热器所占长度,加上各种煨弯所增加的长度,也可按下列公式计算。

①散热器支管长度计算:

a. 水平串联采暖系统水平串联管某规格长度的计算公式为

水平串联管长度 = ∑[水平串联环路两立管(供回水)中心间管线长度 × 层数] − 串联散热器长度 + 乙字管的增加长度

b. 垂直单、双管采暖系统的水平支管某规格长度的计算公式为

水平支管长度(供回水) = ∑(立管至窗户中心或散热器中心管线长度 × 2 × 层数) − 散热器长度 + 乙字弯的增加长度

注：上式中

$$散热器长度＝散热器每片长度 \times 散热器片数$$

$$乙字弯的增加长度＝每个乙字弯增加长度 \times 乙字弯个数$$

②明装立管长度计算。明装立管系指一层±0.00以上的采暖立管，整个采暖系统各规格明装立管长度等于各规格单根立管长度乘以立管根数。各规格单根立管长度的计算公式为

$$单管采暖系统的单根立管长度＝立管上下端高差－散热器上下接口的间距 \times 层数＋管道各种煨弯增加长度$$

$$双管采暖系统的单根立管长度＝立管上下端标高差＋管道各种煨弯的增加长度$$

$$水平串联系统的单根立管长度＝立管上下端标高差$$

注：立管上的乙字弯或半弯的增加长度＝单个增加长度×个数

③暗装立管长度计算。暗装立管是指一层±0.00以下地沟内的立管。暗装立管在地沟内单根的弯曲长度应按地沟内管道安装详图计算，无详图者要结合土建地沟图纸和习惯的管道施工做法分析计算，一般可按每根1.0～1.5 m计算。

④干管长度计算：

$$垂直干管各规格段长度＝上下端标高差$$

横向干管及支管各规格段的长度计算方法是：先在有干管的平面图上将各规格段干管的分界点（变径点）找到并标出，同时在平面上标出各规格段的管径，然后依据标出的分界点和平面图尺寸计算或丈量各规格段管子的长度。

螺纹连接管道的变径点一般在分支三通处；焊接管道的变径点，一般在分支后200 mm处。如图5.6所示。

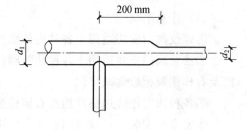

图5.6 焊接管道变径表示

⑤管道长度计算应注意的问题：

a. 将规格不同、连接当时不同的分开计算。

b. 管道井、管廊中安装的管道长度与一般管长度分开计算。

c. 为了便于计算除锈、刷油、保温工程量，计算管道延长米时，要将明装管、安装管、保温管、非保温管长度分开计算。

d. 不同管道乙字弯增加长度见表5.6。

表5.6 管道乙字弯增加长度

管道	增加长度	乙字弯	括弯
立管		60	60
支管		35	50

2. 管道支架安装工程量计算规则

管道支架制作安装，以"100 kg"为计量单位。

重量的确定有两种方式，支架制作安装给出详细的标准图或设计构造图时，采用精确法；如果未给出，则采用估算法。

(1)精确法

①管道支架个数的确定

散热器支管、采暖立管、总立管支架的个数根据其设置原则确定；横干管上固定、导向支架个数按图示统计；横干管活动支架个数要按"不超过最大支架间距"的原则，计算其支架个数或在平面图上画出支架个数。

②每个支架的重量计算

每个支架的重量应按现行有关支架制作标准图或支架设计构造图所给出的型钢规格、长度分析计算。

③管道支架制安总重量计算

管道支架制安总重量的计算公式为

$$管道支架制安重量 = \sum (各规格的延长米 \times 每米管支架用量)$$

（2）估算法

各规格管道每米支架用量可按表5.7进行计算。

表5.7 每10 m管道支架含量表（kg/10 m）

管径	DN15	DN20	DN25	DN32	DN40	DN50	DN70	DN80	DN100
重量	4	4	4	5	8	8	8	9	14

3．套管安装工程量计算规则

镀锌铁皮套管制作以"个"为计量单位，其安装已包括在管道安装定额内，不得另行计算。

穿墙、穿楼板钢套管的制作安装按安装管道公称直径选用项目，以"10个"为单位。

套管的个数按不同公称直径个数分别统计出来，套管个数一般为管道穿墙个数；穿楼板钢套管个数即为管道穿沟盖板与穿楼板的次数。

4．阀门安装

（1）注意事项

①螺纹阀门安装适用于各种内外螺纹连接的阀门安装。

②法兰阀门安装适用于各种法兰阀门的安装，如仅为一侧法兰连接时，定额中的法兰、带帽螺栓及石棉橡胶板数量减半。

③各种法兰连接用垫片均按石棉橡胶板计算。如用其他材料，不做调整。

④安全阀安装，可按阀门安装相应定额项目乘以系数2.0计算。

（2）计算规则

①各种阀门安装均以"个"为计量单位。法兰阀（带短管甲乙）安装，如接口材料不同时，可作调整。

②自动排气阀安装以"个"为计量单位，已包括了支架制作安装，不得另行计算。

③浮球阀安装均以"个"为计量单位，已包括了联杆及浮球的安装，不得另行计算。

阀门个数的统计应根据图纸所示图例符号及设计说明，将不同种类、不同连接方式、不同公称直径的阀门个数分别统计出来。

5．供暖器具安装工程量计算规则

（1）注意事项

①各类型散热器不分明装或暗装，均按类型分别编制，柱型散热器为挂装时，可执行M132项目。

②柱型和M132型铸铁散热器安装用拉条时，拉条另计。

③光排管散热器制作安装项目，单位每10 m系指光排管长度，联管作为材料已列入定额，不得重复计算。

④板式、壁板式，已计算了托钩的安装人工和材料，闭式散热器，如主材价不包括托钩者，托钩价格另计。

⑤低温地板辐射采暖系统中，管道敷设项目包括了配合地面浇注用工。

⑥翅片管散热器定额中编入了DN20、DN25，其他管径执行光排管散热器A型安装项目，减

去其中主材用量,其他不变。

(2)计算规则

①翼型、柱型铸铁散热器组成安装以"10片"为计量单位。

②光排管散热器制作安装以"10 m"为计量单位。

③高频焊翅片管散热器以"组"为计量单位,已包括罩板安装。

④低温地板辐射采暖系统中,管道安装按施工图所示中心长度,以"10 m"为计量单位;分(集)水器安装以"台"为计量单位;保温隔热层铺设以"10 m²"为计量单位;过滤器以"台"为计量单位。

供暖器具的统计一般根据图纸,将不同规格的散热器以组或片统计出来。为了方便管道延长米的计算,在统计散热器片数或组数时,要将接管规格相同统计在一起,即对于水平串联采暖系统的散热器,将水平串联管的管径相同者统计在一起;对于垂直、双管采暖系统的散热器,将散热器所接支管的管径相同统计在一起,并将统计结果记录统计表中。

6.其他项目工程量计算规则

①各种伸缩器制作安装,均以"个"为计量单位。方形伸缩器的两臂,按臂长的两倍合并在管道长度内计算。

②管道消毒、冲洗、压力试验,均按管道长度以"100 m"为计量单位,不扣除阀门、管件所占长度。

③阻火圈、伸缩节安装以"个"为计量单位。

5.3.4 定额计价及预算编制案例

【例题5.1】如图5.7、图5.8、图5.9所示,本工程为某职工宿舍楼采暖工程,位于市郊8 km,建筑面积为680.28 m²,砖混结构,共两层,层高为3.0 m。该地区采暖用热水作为采暖热媒,从室外-1.40 m供热管道沟中直接接入室内。散热器采用铸铁四柱760型不带足散热器,挂于或用拉杆固定在墙上。≤DN32钢管管材采用镀锌钢管螺纹连接,刷银粉漆两遍;≥40钢管用焊接钢管焊接,管道手工除锈,刷防锈漆一遍,银粉漆两遍。

试计算该工程的室内采暖工程工程量,并编制定额施工图预算文件。

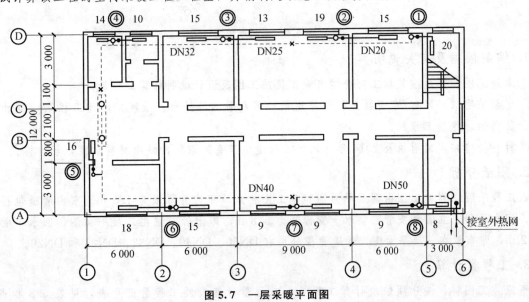

图5.7 一层采暖平面图

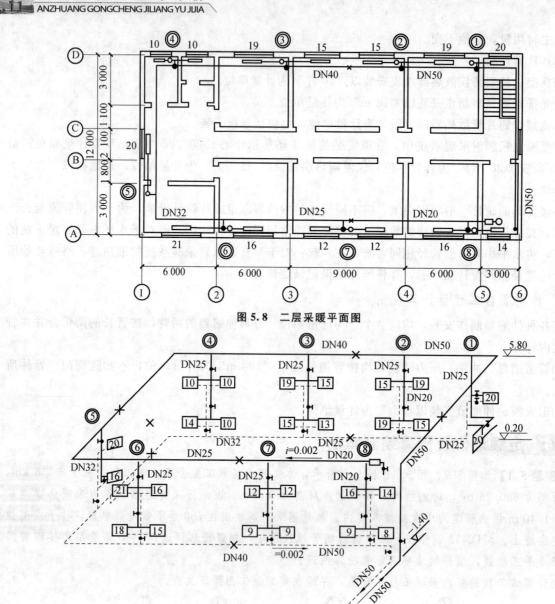

图 5.8 二层采暖平面图

图 5.9 采暖系统图

1. 编制依据及有关说明

①本施工图预算是按某职工宿舍楼采暖工程施工图及设计说明计算工程量。

②定额采用《××省/市安装工程预算定额》第八册《给排水、采暖、燃气工程》、《第十一册刷油、防腐蚀、绝热工程》。

③材料价格按定额附录及2014年《××工程造价信息》取定，缺项材料参照市场价格。

2. 图纸分析

该工程采暖工程施工图由两层平面图和施工图构成，室内外界限为1.5 m。室内管道包括供水干管、回水干管、立管和支管，供水干管标高为5.8 m，即干管布置在二层平面图，回水干管标高为0.2 m，即布置在一层平面图。管道管径分别有DN50、DN40、DN32、DN25和DN20。

3. 工程量计算

根据施工图样，按分项依次计算工程量，工程量计算表及工程量汇总表，见表5.8和表5.9所示。

表 5.8 工程量计算表

工程名称：**某职工宿舍楼采暖工程**　　　　　　　　　　　　　　　　　　　　　第 1 页　共 3 页

序号	工程名称	部分	计算式	单位	工程量
1	散热器安装				
	一层散热器		20＋15＋19＋15＋13＋10＋14＋16＋18＋15＋18＋17	片	190
	二层散热器		20＋9＋15＋15＋19＋20＋20＋21＋16＋12＋12＋16＋14	片	219
	合计			片	409
2	采暖管道安装				
2.1	供水干管				
	供水钢管焊接 DN50	供暖引入管	1.5（室内外供暖界限至外墙皮）＋0.37（墙后）＋0.15（供暖总立管中心至外墙内皮）	m	2.02
	供水钢管焊接 DN50	供暖总立管	5.8－（－1.4）（总立管上下端标高差）	m	7.2
	供水钢管焊接 DN50	沿⑥轴总干管	12－0.12×2（轴距墙内皮）－0.15（总立管中心至外墙内皮）－0.15（供水干管中心至外墙内皮）	m	11.46
	供水钢管焊接 DN50	沿Ⓓ轴总干管	6＋3＋0.12（轴线距墙内皮）＋0.065（立管中心距墙内皮）－0.12（轴线距墙内皮）－0.15（供水干管中心距墙内皮）＋0.2（焊接连接变径点前移尺寸）	m	9.12
	供水钢管焊接 DN40	沿Ⓓ轴总干管	9＋6＋6－0.12（轴线距墙内皮）－0.065（立管中心距墙内皮）－0.12（轴线距墙内皮）－0.15（供水干管中心距墙内皮）－0.2（焊接连接变径点前移尺寸）	m	20.35
	供水干管焊接 DN40	沿①轴总干管	3＋1.1＋2.1＋1.8－0.12（轴线距墙内皮）－0.15（供水干管中心距墙内皮）＋0.12（轴线距墙内皮）＋0.065（立管中心距墙内皮）＋0.2（焊接连接变径点前移尺寸）	m	8.12
	供水干管螺纹连接 DN32	沿①轴总干管	3－0.12×2（轴线距墙内皮）－0.065（立管中心距墙内皮）－0.15（供水干管中心距墙内皮）－0.2（焊接连接变径点前移尺寸）	m	2.35
	供水干管螺纹连接 DN32	沿Ⓐ轴总干管	6－0.12（轴线距墙内皮）－0.15（供水干管中心距墙内皮）＋0.12（轴线距墙内皮）＋0.065（立管中心距墙内皮）	m	5.92
	供水干管螺纹连接 DN25	沿Ⓐ轴总干管	6＋4.5－0.12（轴线距墙内皮）－0.065（立管中心距墙内皮）	m	10.32
	供水干管螺纹连接 DN20	沿Ⓐ轴总干管	4.5＋6－0.12（轴线距墙内皮）－0.065（立管中心距墙内皮）＋0.5（接至集气罐距离）	m	10.82
2.2	回水干管				
	回水干管螺纹连接 DN20	沿Ⓓ轴总干管	6－0.12（轴距墙内皮）－0.065（立管中心距墙内皮）＋0.12（轴线距墙内皮）＋0.065（立管中心距墙内皮）	m	6.00
	回水干管螺纹连接 DN25	沿Ⓓ轴总干管	9－0.12（轴距墙内皮）－0.065（立管中心距墙内皮）＋0.12（轴线距墙内皮）＋0.065（立管中心距墙内皮）	m	9.00
	回水干管螺纹连接 DN32	沿Ⓓ轴总干管	6＋6－0.12（轴线距墙内皮）－0.065（立管中心距墙内皮）－0.15（回水干管距墙内皮）	m	11.55

续表 5.8

序号	工程名称	部分	计算式	单位	工程量
	回水干管螺纹连接 DN32	沿①轴总干管	12－0.12(轴线距墙内皮)×2－0.15(回水干管中心距墙内皮)×2＋0.8×2(弯下距离)	m	13.06
	回水干管焊接 DN32	沿Ⓐ轴总干管	6＋0.12(轴线距墙内皮)＋0.065(立管中心距墙内皮)－0.12(轴线距墙内皮)－0.15(回水干管中心距墙内皮)－0.2(焊接连接变径点前移尺寸)	m	5.72
	回水干管焊接 DN40	沿Ⓐ轴总干管	6＋4.5－0.12(轴线距墙内皮)－0.065(立管中心距墙内皮)＋0.2(焊接连接变径点前移尺寸)－0.2(焊接连接变径点前移尺寸)	m	10.32
	回水干管焊接 DN50	沿Ⓐ轴总干管	4.5＋6＋3－0.12(轴线距墙内皮)－0.15(回水总立管中心距墙内皮)＋0.2(焊接连接变径点前移尺寸)	m	13.43
	回水干管焊接 DN50	排出管	0.15(回水总立管距墙内皮)＋0.37(外墙厚度)＋1.5(室内外供暖界限至外墙皮)＋0.2－(－1.4)(回水立管标高差)	m	3.62
2.3	立管				
	立管螺纹连接 DN25		〔(5.8－0.2)(供回水管标高差)＋(3.0－0.76)(两层散热器间距)〕×7＋0.06×14(乙字弯增加长度)＋0.06×14(括弯增加长度)	m	56.56
	立管螺纹连接 DN20		(5.8－0.2)(供回水管标高差)＋(3.0－0.76)(两层散热器间距)＋0.06×2(乙字弯增加长度)＋0.06×2(括弯增加长度)	m	8.08
2.4	支管				
	散热器支管螺纹连接 DN20	①立管的支管	〔1.5＋0.12(轴线距墙内皮)＋0.065(立管中心距墙内皮)－0.06×10(散热器所占长度)＋0.035(支管乙字弯增加长度)〕×2×2	m	4.48
	散热器支管螺纹连接 DN20	②立管的支管	〔2.25＋3＋0.035×2(支管乙字弯增加长度)〕×2×2－0.06×(15＋19)(一层散热器所占长度)－0.06×(19＋15)(二层散热器所占长度)	m	17.20
	散热器支管螺纹连接 DN20	③立管的支管	[2.25＋3＋0.035×2(支管乙字弯增加长度)]×4－0.06×(15＋13)(一层散热器所占长度)－0.06×(19＋15)(二层散热器所占长度)	m	17.56
	散热器支管螺纹连接 DN20	④立管的支管	(3＋0.035×2)×4－(14＋10)×0.06(一层散热器所占长度)－(10＋10)×0.06(二层散热器所占长度)	m	9.64
	散热器支管螺纹连接 DN20	⑤立管的支管	(1.8/2＋0.12＋0.065－8×0.06＋0.035)×2(一层散热器支管) (2.1/2＋1.8＋0.12＋0.065＋0.035－10×0.06)×2(二层散热器支管)	m	6.22
	散热器支管螺纹连接 DN20	⑥立管的支管	(3＋3＋0.035×2)×4－(18＋15)×0.06(一层散热器所占长度)－(21＋16)×0.06(二层散热器所占长度)	m	20.08

续表 5.8

序号	工程名称	部分	计算式	单位	工程量
	散热器支管螺纹连接 DN20	⑦立管的支管	(4.5+0.035×2)×4-(9+9)×0.06(一层散热器所占长度)-(12+12)×0.06(二层散热器所占长度)	m	15.76
	散热器支管螺纹连接 DN20	⑧立管的支管	(1.5+3+0.035×2)×4-(16+14)×0.06(二层散热器所占长度)-(9+8)×0.06(一层散热器所占长度)	m	15.46
3	管道支架制作安装				
	DN50 管道支架		46.85×0.8	kg	37.48
	DN40 管道支架		38.79×0.8	kg	31.03
	合计			kg	68.51
4	管道冲洗、消毒		331.42	m	331.42
5	套管安装				
5.1	穿墙套管				
	套管 DN20		2+7+1+7	个	17
	套管 DN25		1+1	个	2
	套管 DN32		1+3	个	4
	套管 DN40		3+1	个	4
	套管 DN50		3+2	个	5
5.2	穿板套管				
	套管 DN20		2	个	2
	套管 DN25		7×2	个	14
	套管 DN50		2+1	个	3
6	阀门安装				
	螺纹闸阀 DN50			个	2
	螺纹截止阀 DN25			个	20
	螺纹截止阀 DN20			个	7
7	集气罐制作安装 DN150			个	1
8	钢管除锈、刷油				

表 5.9 工程量汇总表

工程名称：某职工宿舍楼采暖工程　　　　　　　　　　　　　　　　　　第1页 共2页

序号	项目名称	单位	数量
1	焊接钢管安装 DN50	m	46.85
2	焊接钢管安装 DN40	m	38.79
3	镀锌钢管安装 DN32	m	38.60
4	镀锌钢管安装 DN25	m	75.88

续表 5.9

序号	项目名称	单位	数量
5	镀锌钢管安装 DN20	m	131.30
6	管道支架制作安装	kg	68.51
7	管道冲洗消毒	m	331.42
8	穿墙钢套管 DN20	个	17
9	穿墙钢套管 DN25	个	2
10	穿墙钢套管 DN32	个	4
11	穿墙钢套管 DN40	个	4
12	穿墙钢套管 DN50	个	5
13	穿板钢套管 DN20	个	2
14	穿板钢套管 DN25	个	14
15	穿板钢套管 DN50	个	3
16	螺纹闸阀 DN50	个	2
17	螺纹截止阀 DN25	个	20
18	螺纹截止阀 DN20	个	7
19	集气罐制作安装 DN150	个	1

4. 计价文件编制

该工程主要材料费用计算表、工程预算表、措施项目计算表、安装工程费用汇总表分别见表 5.10、表 5.11、表 5.12 和表 5.13。

表 5.10 主要材料费用计算表

工程名称：某职工宿舍楼采暖工程　　　　　　　　　　　　　　　　　　第 1 页　共 1 页

序号	工程名称	单位	数量	单价/元	合价/元
1	焊接钢管安装焊接 DN40	m	38.79×1.02＝39.57	17.3	684.49
2	焊接钢管安装焊接 DN50	m	46.85×1.02＝47.79	22.00	1 051.31
3	DN20 螺纹截止阀安装	个	7×1.01＝7.07	43	304.01
4	DN25 螺纹截止阀安装	个	20×1.01＝20.2	59	1 191.80
5	DN50 螺纹闸阀安装	个	2×1.01＝2.02	98	197.96
	合计				3 429.57

工程名称：某职工宿舍楼采暖工程

表 5.11 采暖工程预算表

第 1 页 共 2 页

定额编号	工程名称	单位	工程量 数量	预算价格 单价	预算价格 合价	未计价材料费 单价	未计价材料费 合价	价格分析 人工费 单价	价格分析 人工费 合价	材料费 单价	材料费 合价	机械费 单价	机械费 合价
8—582	四柱 760 型散热器安装	10 片	40.9	321.17	13 135.79			26.74	1 093.60	294.43	12042.19	—	—
8—99	镀锌钢管安装螺纹连接 DN20	10 m	13.13	214.93	2 821.98			116.52	1 529.86	98.41	1 292.12	—	—
8—100	镀锌钢管安装螺纹连接 DN25	10 m	7.588	272.18	2 065.27			140.03	1 062.51	130.83	992.74	1.32	—
8—101	镀锌钢管安装螺纹连接 DN32	10 m	3.86	306.45	1 182.88			140.03	540.50	165.1	637.29	1.32	5.10
8—113	焊接钢管安装焊接 DN40	10 m	3.879	127.22	493.48			115.24	447.01	6.68	25.91	5.3	20.56
8—114	焊接钢管安装焊接 DN50	10 m	4.685	144.74	678.12	17.3	684.561	126.70	593.60	12.23	57.30	5.81	27.22
	管道支架制作安装	m	47.79			22	1 051.38						
8—215	管道支架制作安装	100 kg	0.685	1412.82	967.92			645.39	442.16	336.86	275.73	188.90	
8—279	管道冲洗消毒 DN50 以内	100 m	3.3142	61.86	205.03			33.10	109.71	28.76	95.32	1.82	3.094
8—185	穿墙钢套管制作安装 DN20	10 个	1.7	68.12	115.81			29.28	49.78	37.02	62.93	1.82	3.094
8—186	穿墙钢套管制作安装 DN25	10 个	0.2	83.44	16.69			35.65	7.13	45.97	9.19	4.08	0.364
8—187	穿墙钢套管制作安装 DN32	10 个	0.4	106.43	42.57			42.68	17.07	59.67	23.87	4.08	1.632
8—188	穿墙钢套管制作安装 DN40	10 个	0.4	143.65	57.46			50.92	20.37	88.65	35.46	4.08	1.632
8—189	穿墙钢套管制作安装 DN50	10 个	0.5	173.52	86.76			57.95	28.98	111.49	55.75	4.08	2.04

续表 5.11

工程名称：某职工宿舍楼采暖工程　　　　　　　　　　　　　　　　　　　　　　　　　　　　第 2 页　共 2 页

定额编号	工程名称	工程量		预算价格		未计价材料费		价格分析				
		单位	数量	单价	合价	单价	合价	人工费		材料费		机械费	
								单价	合价	单价	合价	单价	合价
8—196	穿板钢套管制作安装 DN20	10个	0.2	63.99	12.80			29.28	5.86	32.23	6.45	2.48	0.496
8—197	穿板钢套管制作安装 DN25	10个	1.4	76.59	107.22			35.65	49.90	53.84	38.46	2.48	3.472
8—200	穿板钢套管制作安装 DN50	10个	0.3	149.68	44.91			57.95	17.39	86.74	26.02	4.99	1.497
8—291	DN20 螺纹截止阀安装	个	7	9.27	64.88	43	304.01	6.74	47.17	2.53	17.71	—	—
8—292	DN25 螺纹截止阀安装	个	20	12.73	254.62	59	1 191.8	8.08	161.62	4.65	93.00	—	—
8—295	DN50 螺纹截止阀安装	个	2	28.59	57.18	98	197.96	16.85	33.70	11.74	23.48	—	—
6—2950	DN50 螺纹闸阀	个	2.02							42.51	42.51	4.6	4.6
6—2950	集气罐制作 DN150	个	1	89.79	89.79			42.68	42.68	42.51	42.51	4.6	4.6
6—2955	集气罐安装 DN150	个	1	17.22	17.22			17.22	17.22	—	—	—	—
	第八册合计				22 518.37		3 429.71		6 317.81		15 929.94		270.62
	管道除锈刷油工程（略）												
	系统调整费		15%		947.67				6 317.81		189.53		270.62
	合计						3 429.71				16 119.47		
	采暖工程汇总				27 085.28								

注：该预算按《××省/市安装工程预算定额》编制

表 5.12 措施项目费计价表

工程名称： 某职工宿舍楼采暖工程　　　　　　　　　　　　　　　　第 1 页　共 1 页

序号	项目名称	计算基数	费率/%	费用/元
1	安全文明施工费	人工费＋机械费	2.3%	151.5
2	临时设施费	人工费＋机械费	5%	329.4
3	雨季施工增加费	人工费＋机械费	0.3%	19.77
4	已完工程保护费	人工费＋机械费	0.5%	32.94
	小计			533.70
注：根据《×××省/市费用定额》说明，上述措施项目费中人工费占20%，其余均为材料费			
	其中：人工费＋机械费			106.74
5	脚手架搭拆费	人工费	5%	315.89
根据《×××省/市费用定额》说明，脚手架搭拆费中人工费占25%，材料费占50%，机械费占25%				
	其中：人工费＋机械费			157.95
	措施项目费合计			849.59
	人工费＋机械费合计			264.69

表 5.13 采暖工程预算费用汇总表

工程名称： 某职工宿舍楼采暖工程　　　　　　　　　　　　　　　　第 1 页　共 1 页

序号	费用名称	计算方法	费用
1	子目计价合计		27 085.28
2	其中：人工费＋机械费		6 588.43
3	措施费		849.59
4	其中：人工费＋机械费		264.69
5	小计	1＋3	27 934.87
6	人工费＋机械费小计	2＋4	6 853.12
7	企业管理费	6×25%	1 713.28
8	利润	6×17%	1 165.03
9	规费	(5＋7＋8)×5.57%	1 716.29
10	税金	(5＋7＋8＋9)×3.48%	1 132.03
11	工程造价	5＋7＋8＋9＋10	33 661.50

5.4 建筑采暖工程清单模式下的计量与计价

5.4.1 清单内容及注意事项

清单内容及注意事项同 5.3.1 所述。

5.4.2 清单项目工程量计算方法

清单项目工程量的计算方法与定额计价基本一致，只是在清单计价模式下，需按照规范中规定的工程量计算规则进行计算。与定额工程量计算规则不同的是，除另有说明外，所有清单项目的工程量应以实体工程量为准,并以完成后的净值计算;投标人投标报价时,应在单价中考虑施工中的各种损耗和需要增加的工程量。

5.4.3 清单项目工程量计算规则

1. 采暖管道

采暖管道工程量清单项目设置、项目特征描述的内容、计量单位及工程量计算规则,应按表5.14的规定执行。

表5.14 采暖管道(编码:031001)

项目编码	项目名称	项目特征	计量单位	工程量计算规则	工作内容
031001001	镀锌钢管	1. 安装部位 2. 介质 3. 规格、压力等级 4. 连接形式 5. 压力试验及吹、洗设计要求 6. 警示带形式	m	按设计图示管道中心线以长度计算	1. 管道安装 2. 管件制作、安装 3. 压力试验 4. 吹扫、冲洗 5. 警示带铺设
031001002	钢管				
031001003	不锈钢管				
031001004	铜管				
031001005	铸铁管	1. 安装部位 2. 介质 3. 规格、压力等级 4. 连接形式 5. 接口材料 6. 压力试验及吹、洗设计要求 7. 警示带形式	m	按设计图示管道中心线以长度计算	1. 管道安装 2. 管件制作、安装 3. 压力试验 4. 吹扫、冲洗 5. 警示带铺设
031001006	塑料管	1. 安装部位 2. 介质 3. 规格、压力等级 4. 连接形式 5. 接口材料 6. 压力试验及吹、洗设计要求 7. 警示带形式			1. 管道安装 2. 管件安装 3. 塑料卡固定 4. 阻火圈安装 5. 压力试验 6. 吹扫、冲洗 7. 警示带铺设
031001007	复合管	1. 安装部位 2. 介质 3. 材质、规格 4. 连接形式 5. 压力试验及吹、洗设计要求 6. 警示带形式	m	按设计图示管道中心线以长度计算	1. 管道安装 2. 管件安装 3. 塑料卡固定 4. 压力试验 5. 吹扫、冲洗 6. 警示带铺设
031001008	直埋式预制保温管	1. 埋设深度 2. 介质 3. 管道材质、规格 4. 连接形式 5. 接口保温材料 6. 压力试验及吹、洗设计要求 7. 警示带形式	m	按设计图示管道中心线以长度计算	1. 管道安装 2. 管件安装 3. 塑料卡固定 4. 压力试验 5. 吹扫、冲洗 6. 警示带铺设

续表 5.14

项目编码	项目名称	项目特征	计量单位	工程量计算规则	工作内容
031001009	承插陶瓷缸瓦管	1. 埋设深度 2. 规格 3. 接口方式及材料 4. 连接形式 5. 压力试验及吹、洗设计要求 6. 警示带形式	m	按设计图示管道中心线以长度计算	1. 管道安装 2. 管件安装 3. 接口保温 4. 压力试验 5. 吹扫、冲洗 6. 警示带铺设
031001010	承插水泥管				
031001011	室外管道碰头	1. 介质 2. 碰头形式 3. 材质、规格 4. 连接形式 5. 防腐、绝热设计要求	处	按设计图示以处计算	1. 挖填工作或暖气沟拆除及修复 2. 碰头 3. 接口处防腐 4. 接口处绝热及保护层

注：1. 安装部位，指管道安装在室内、室外
2. 输送介质包括给水、排水、中水、雨水、热媒体、燃气、空调水等
3. 方形补偿器制作安装应含在管道安装综合单价中
4. 铸铁管安装适用于承插铸铁管、球墨铸铁管、柔性抗震铸铁管等
5. 塑料管安装适用于 UPVC、PVC、PP-C、PP-R、PE、PB 管等塑料管材
6. 复合管安装适用于钢塑复合管、铝塑复合管、钢骨架复合管等复合管道安装
7. 直埋保温管包括直埋保温管件安装及接口保温
8. 排水管道安装包括立管检查口、透气帽
9. 室外管道接头
(1) 适用于新建或扩建工程热源、水源、气源管道与原（旧）有管道接口
(2) 室外管道接头包括挖工作坑、土方回填或暖气沟局部拆除及修复
(3) 带介质管道碰头每处包括开关闸、临时防水管线铺设等费用
(4) 热源管道碰头每处包括供、回水两个接头
(5) 碰头形式指带介质碰头、不带介质碰头
10. 压力试验按设计要求描述试验方法，如水压试验、气压试验、泄露性试验、闭水试验、通球试验、真空试验等
11. 吹、洗按设计要求描述吹扫、冲方法，如水冲洗、消毒冲洗、空气吹扫等

2. 支架及其他

支架及其他工程量清单项目设置、项目特征描述的内容、计量单位及工程量计算规则，应按表 5.15 的规定执行。

表 5.15 支架及其他（编码：031002）

项目编码	项目名称	项目特征	计量单位	工程量计算规则	工作内容
031002001	管道支架	1. 材质 2. 管架形式	1. kg 2. 套	1. 以 kg 计量，按设计图示质量计算 2. 以"套"计量，按设计图示数量计算	1. 制作 2. 安装
031002002	设备支架	1. 材质 2. 形式			
031002003	套管	1. 名称、类型 2. 材质 3. 规格 4. 填料材质	个	按设计图示数量计算	1. 制作 2. 安装 3. 除锈、刷油

续表 5.15

注：1. 单件支架质量 100 kg 以上的管道支吊架执行设备支吊架制作安装
2. 成品支架安装执行相应管道支架或设备支架项目，不再记取制作费，支架本身价值含在综合单价中
3. 套管制作安装，适用于穿基础、墙、楼板等部位的防水套管、填料套管、无填料套管及防水套管等，应分别列项

3. 管道附件

管道附件工程量清单项目设置、项目特征描述的内容、计量单位及工程量计算规则，应按表 5.16 的规定执行。

表 5.16 管道附件（编码：031003）

项目编码	项目名称	项目特征	计量单位	工程量计算规则	工作内容
031003001	螺纹阀门	1. 类型 2. 材质 3. 规格、压力等级 4. 连接形式 5. 焊接方式	个	按设计图示数量计算	1. 安装 2. 电气接线 3. 调试
031003002	螺纹法兰阀门				
031003003	焊接法兰阀门				
031003004	带短管甲乙阀门	1. 材质 2. 规格、压力等级 3. 连接形式 4. 接口方式及材质	个		1. 安装 2. 调试
031003005	塑料阀门	1. 规格 2. 连接形式			
031003006	减压器	1. 材质 2. 规格、压力等级 3. 连接形式 4. 附件配置	组		组装
031003007	疏水器				
031003008	除污器（过滤器）	1. 材质 2. 规格、压力等级 3. 连接形式			安装
031003009	补偿器	1. 类型 2. 材质 3. 规格、压力等级 4. 连接形式	个		安装
031003010	软接头（软管）	1. 材质 2. 规格 3. 连接形式	个（组）		安装
031003011	法兰	1. 材质 2. 规格、压力等级 3. 连接形式	副（片）		安装
031003012	倒流防止器	1. 材质 2. 型号、规格 3. 连接形式	套		

续表 5.16

项目编码	项目名称	项目特征	计量单位	工程量计算规则	工作内容
031003013	水表	1. 安装部位（室内外） 2. 型号、材质 3. 连接形式 4. 附件配置	组（个）	按设计图示数量计算	组装
031003014	热量表	1. 材质 2. 型号、规格 3. 连接形式	块		安装
031003015	塑料排水管消声器	1. 材质	个		
031003016	浮标液面计	2. 型号、规格	组		
031003017	浮漂水位标尺	1. 用途 2. 规格	套		

注：1. 法兰阀门安装包括法兰连接，不得另计。阀门安装如仅为一侧法兰连接时，应在项目特征中描述
  2. 塑料阀门连接形式需注明热熔连接、粘接、热风焊接等方式
  3. 减压器规格按高压侧管道规格描述
  4. 减压器、疏水器、倒流防止器等项目包括组成与安装工作内容，项目特征应根据设计要求描述附件配置情况，或根据××图集或××施工图做法描述

4. 供暖器具

供暖器具工程量清单项目设置、项目特征描述的内容、计量单位及工程量计算规则，应按表5.17的规定执行。

表 5.17 供暖器具（编码：031005）

项目编码	项目名称	项目特征	计量单位	工程量计算规则	工作内容
031005001	铸铁散热器	1. 型号、规格 2. 安装方式 3. 托架形式 4. 器具、托架除锈、刷油设计要求	片（组）	按设计图示数量计算	1. 组对、安装 2. 水压试验 3. 托架制作、安装 4. 除锈、刷油
031005002	钢制散热器	1. 结构形式 2. 型号、规格 3. 托架形式 4. 托架刷油设计要求	片（组）		1. 安装 2. 托架安装 3. 托架刷油
031005003	其他成品散热器	1. 材质、类型 2. 型号、规格 3. 托架刷油设计要求			
031005004	光排管散热器	1. 材质、类型 2. 型号、规格 3. 托架形式及做法 4. 器具、托架除锈、刷油设计要求	m	按设计图示排管长度计算	1. 制作、安装 2. 水压试验 3. 除锈、刷油
031005005	暖风机	1. 质量 2. 型号、规格 3. 安装方式	台	按设计图示数量计算	安装

续表 5.17

项目编码	项目名称	项目特征	计量单位	工程量计算规则	工作内容
031005006	地板	1. 保温层材质、厚度 2. 钢丝网设计要求 3. 管道材质、规格 4. 压力试验及吹扫设计要求	1. m² 2. m	1. 以 m² 计量，按设计图示采暖房间净面积计算 2. 以 m 计量，按设计图示管道长度计算	1. 保温层及钢丝网铺设 2. 管道排布、绑扎、固定 3. 与分集水器连接 4. 水压试验、冲洗 5. 配合地面浇注
031005007	热媒集配装置	1. 材质 2. 规格 3. 附件名称、规格、数量	台	按设计图示数量计算	1. 制作 2. 安装 3. 附件安装
031005008	集气罐	1. 材质 2. 规格	个		1. 制作 2. 安装

注：1. 铸铁散热器，包括拉条制作安装
2. 钢制散热器结构形式，包括钢制闭式、板式、壁板式、扁管式及柱式散热器等，应分别列项计算
3. 光排管散热器，包括联管制作安装
4. 地板辐射采暖，包括与分集水器连接和配合地面浇注用工

5．采暖工程系统调试

采暖工程系统调试工程量清单项目设置、项目特征描述的内容、计量单位及工程量计算规则，应按表 5.18 的规定执行。

表 5.18 采暖工程系统调试（编码：031009）

项目编码	项目名称	项目特征	计量单位	工程量计算规则	工作内容
031009001	采暖工程系统调试	1. 系统形式 2. 采暖管道工程量	系统	按采暖工程系统计算	系统调试

注：1. 由采暖管道、阀门及供暖器具组成采暖工程系统
2. 当采暖工程系统中管道工程量发生变化时，系统调试费用应作相应调整

5.4.3 清单计价及预算编制案例

【例题 5.2】某职工宿舍楼采暖工程，计算图纸和设计说明见例 5.1。试根据《通用安装工程工程量计算规范》（GB 50856—2013）、《建设工程工程量清单计价规范》（GB 50500—2013），并根据例 5.1 计算的工程量，编制分部分项工程量清单计价表、分部分项工程量清单综合单价分析表等清单文件。

解 按照现行的规范、《××省/市安装工程预算定额》、主材查阅相应造价信息、并根据例 5.1 中计算的工程量，编制分部分项工程量清单与计价表，综合单价分析表等。

分部分项工程工程量清单计价表、综合单价分析表分别见表 5.19 和 5.20 所示。

表 5.19　分部分项工程和单价措施项目清单与计价表

工程名称：××职工宿舍楼采暖工程　　　　　标段：　　　　　　　　　第 1 页　共 1 页

序号	项目编码	项目名称	项目特征描述	计量单位	工程量	金额/元		
						综合单价	合价	其中暂估价
1	031001001001	镀锌钢管	室内镀锌钢管安装，DN20，螺纹连接，手工除锈，刷两遍银粉漆，钢套管	m	131.30	26.98	3 542.47	
2	031001001002	镀锌钢管	室内镀锌钢管安装，DN25，螺纹连接，手工除锈，刷两遍银粉漆，钢套管	m	75.88	33.74	2 560.19	
3	031001001003	镀锌钢管	室内镀锌钢管安装，DN32，螺纹连接，手工除锈，刷两遍银粉漆，钢套管	m	38.60	37.17	1 434.76	
4	031001002001	钢管	室内焊接钢管安装，DN40，焊接，手工电弧焊，手工除锈，刷两遍红单防锈漆，刷两遍银粉漆，钢套管	m	38.79	36.02	1 397.22	
5	031001002002	钢管	室内焊接钢管安装，DN50，焊接，手工电弧焊，手工除锈，刷一遍防锈漆，刷两遍银粉漆，钢套管	m	46.85	43.07	2 017.83	
6	031002001001	管道支架	管道支架制作安装，手工除锈，刷一次防锈漆、两次银粉漆	kg	68.51	18.00	1 233.18	
7	031002003001	套管	一般穿墙套管，镀锌钢管 DN32	个	17	8.12	138.04	
8	031002003002	套管	一般穿墙套管，镀锌钢管 DN40	个	2	9.92	19.84	
9	031002003003	套管	一般穿墙套管，镀锌钢管 DN50	个	4	12.61	50.44	
10	031002003004	套管	一般穿墙套管，镀锌钢管 DN65	个	4	16.68	66.72	
11	031002003005	套管	一般穿墙套管，镀锌钢管 DN80	个	5	19.96	99.80	
12	031002003006	套管	一般穿板套管，钢管 DN32	个	2	7.74	15.48	
13	031002003007	套管	一般穿板套管，钢管 DN40	个	14	9.26	129.64	
14	031002003008	套管	一般穿板套管，钢管 DN80	个	3	17.61	52.83	
15	031003001001	螺纹阀门	截止阀安装，螺纹连接，J11T-16-20	个	7	55.53	388.71	
16	031003001002	螺纹阀门	截止阀安装，螺纹连接，J11T-16-25	个	20	75.72	1 514.40	
17	031003001003	螺纹阀门	闸阀安装，螺纹连接，J11T-16-50	个	2	134.65	269.30	
18	031005001001	铸铁散热器	铸铁散热器安装，四柱 760 型，托架挂于墙上，手工除锈刷一次防锈漆、两次银粉漆	片	409	33.24	13 595.16	
19	031005008001	集气罐	集气罐制作安装，150Ⅱ型	个	1	134.10	134.10	
		合　　计					28 660.11	

表 5.20 综合单价分析表

工程名称：某职工宿舍楼采暖工程　　　　标段：　　　　　　第 1 页　共 19 页

项目编码	031001001001	项目名称	镀锌钢管安装	计量单位	m	工程量	131.30

清单综合单价组成明细

定额编号	定额项目名称	定额单位	数量	单价				合价			
				人工费	材料费	机械费	管理费和利润	人工费	材料费	机械费	管理费和利润
8-99	室内镀锌钢管（螺纹连接）DN20	10 m	13.13	116.52	98.41	—	48.94	1 529.86	1 292.12	—	642.56
8-279	管道冲洗消毒 DN50 以内	100 m	1.313	21.22	28.76	—	8.91	27.86	37.76	—	11.70
人工单价			小计					1 557.72	1 329.88		654.26
75元/工日			未计价材料费								
清单项目综合单价								26.98			

材料费明细	主要材料名称、规格、型号	单位	数量	单价/元	合价/元	暂估单价/元	暂估合价/元
	镀锌钢管 DN20	m	133.10×1.02=133.93	6.64	889.30		
	其他材料费			—	440.58		
	材料费小计			—	1 329.88		

工程名称：某职工宿舍楼采暖工程　　　　标段：　　　　　　第 2 页　共 19 页

项目编码	031001001002	项目名称	镀锌钢管安装	计量单位	m	工程量	75.88

清单综合单价组成明细

定额编号	定额项目名称	定额单位	数量	单价				合价			
				人工费	材料费	机械费	管理费和利润	人工费	材料费	机械费	管理费和利润
8-100	室内镀锌钢管（螺纹连接）DN25	10 m	7.588	140.03	130.83	1.32	59.37	1 062.51	992.74	10.02	450.48
8-279	管道冲洗消毒 DN50 以内	100 m	0.7588	21.22	28.76	—	8.91	16.10	21.82	—	6.76
人工单价			小计					1 078.61	1 014.56	10.02	457.24
75元/工日			未计价材料费								
清单项目综合单价								33.74			

材料费明细	主要材料名称、规格、型号	单位	数量	单价/元	合价/元	暂估单价/元	暂估合价/元
	镀锌钢管 DN25	m	75.88×1.02=77.40	9.08	702.77		
	其他材料费			—	311.79		
	材料费小计			—	1 014.56		

续表 5.20

工程名称：某职工宿舍楼采暖工程　　　　标段：　　　　　　　　　第 3 页　共 19 页

| 项目编码 | 031001001003 | 项目名称 | 镀锌钢管安装 | 计量单位 | m | 工程量 | 38.60 |

清单综合单价组成明细

定额编号	定额项目名称	定额单位	数量	单价 人工费	单价 材料费	单价 机械费	单价 管理费和利润	合价 人工费	合价 材料费	合价 机械费	合价 管理费和利润
8-100	室内镀锌钢管（螺纹连接）DN32	10 m	3.86	140.03	165.1	1.32	59.37	540.5	637.29	5.1	229.16
8-279	管道冲洗消毒 DN50 以内	100 m	0.386	21.22	28.76	—	8.91	8.19	11.10	—	3.44
人工单价			小计					548.69	648.39	5.1	232.60
75 元/工日			未计价材料费								
			清单项目综合单价						37.17		

材料费明细	主要材料名称、规格、型号	单位	数量	单价/元	合价/元	暂估单价/元	暂估合价/元
	镀锌钢管 DN32	m	38.60×1.02=39.37	11.75	462.62		
	其他材料费			—	185.77		
	材料费小计			—	648.39		

工程名称：某职工宿舍楼采暖工程　　　　标段：　　　　　　　　　第 4 页　共 19 页

| 项目编码 | 031001001001 | 项目名称 | 焊接钢管安装 | 计量单位 | m | 工程量 | 38.79 |

清单综合单价组成明细

定额编号	定额项目名称	定额单位	数量	单价 人工费	单价 材料费	单价 机械费	单价 管理费和利润	合价 人工费	合价 材料费	合价 机械费	合价 管理费和利润
8-121	室内焊接钢管（焊接）DN40	10 m	3.879	115.24	6.68	5.3	50.63	447.01	25.91	20.56	196.38
8-279	管道冲洗消毒 DN50 以内	100 m	0.3879	21.22	28.76	—	8.91	8.23	11.16	—	3.46
人工单价			小计					455.24	37.07	20.56	199.84
75 元/工日			未计价材料费						464.95		
			清单项目综合单价						36.02		

材料费明细	主要材料名称、规格、型号	单位	数量	单价/元	合价/元	暂估单价/元	暂估合价/元
	镀锌钢管 DN40	m	38.79×1.02=39.57	11.75	464.95		
	其他材料费			—	37.07		
	材料费小计			—	502.02		

续表 5.20

工程名称：某职工宿舍楼采暖工程　　　标段：　　　第 5 页 共 19 页

| 项目编码 | 031001002002 | 项目名称 | 焊接钢管安装 | 计量单位 | m | 工程量 | 46.85 |

清单综合单价组成明细

定额编号	定额项目名称	定额单位	数量	单价				合价			
				人工费	材料费	机械费	管理费和利润	人工费	材料费	机械费	管理费和利润
8—122	室内焊接钢管（焊接）DN50	10 m	4.685	126.7	12.23	5.81	55.65	593.6	57.30	27.22	260.74
8—279	管道冲洗消毒 DN50 以内	100 m	0.4685	21.22	28.76	—	8.91	9.94	13.47	—	4.17
人工单价			小计					603.54	70.77	27.22	264.91
75 元/工日			未计价材料费					1051.38			
清单项目综合单价								43.07			

材料费明细	主要材料名称、规格、型号	单位	数量	单价/元	合价/元	暂估单价/元	暂估合价/元
	镀锌钢管 DN50	m	46.85×1.02=47.79	22	1051.38		
	其他材料费			—	70.77	—	
	材料费小计			—	1 122.15	—	

工程名称：某职工宿舍楼采暖工程　　　标段：　　　第 6 页 共 19 页

| 项目编码 | 031002001001 | 项目名称 | 管道支架安装 | 计量单位 | kg | 工程量 | 68.51 |

清单综合单价组成明细

定额编号	定额项目名称	定额单位	数量	单价				合价			
				人工费	材料费	机械费	管理费和利润	人工费	材料费	机械费	管理费和利润
8—215	管道支架安装	100 kg	0.6851	645.39	491.70	275.73	386.87	442.16	336.86	188.90	265.04
人工单价			小计					442.16	336.86	188.90	265.04
75 元/工日			未计价材料费								
清单项目综合单价								18.00			

材料费明细	主要材料名称、规格、型号	单位	数量	单价/元	合价/元	暂估单价/元	暂估合价/元
	型钢	kg	68.51×1.06=72.62	3.30	239.65		
	其他材料费			—	97.21	—	
	材料费小计			—	336.86	—	

续表 5.20

工程名称：某职工宿舍楼采暖工程　　标段：　　第 7 页　共 19 页

项目编码	031002003001	项目名称	管道套管制作安装	计量单位	个	工程量	17

清单综合单价组成明细

定额编号	定额项目名称	定额单位	数量	单价				合价			
				人工费	材料费	机械费	管理费和利润	人工费	材料费	机械费	管理费和利润
8-185	DN20 穿墙钢套管制作安装	10 个	1.7	29.28	37.02	1.82	13.06	49.78	62.93	3.09	22.21
人工单价				小计				49.78	62.93	3.09	22.21
75 元/工日				未计价材料费							
				清单项目综合单价				8.12			

材料费明细	主要材料名称、规格、型号	单位	数量	单价/元	合价/元	暂估单价/元	暂估合价/元
	镀锌钢管 DN32	m	3.06×1.7=5.2	11.75	61.12		
	其他材料费			—	1.81	—	
	材料费小计			—	62.93		

工程名称：某职工宿舍楼采暖工程　　标段：　　第 8 页　共 19 页

项目编码	031002003002	项目名称	管道套管制作安装	计量单位	个	工程量	2

清单综合单价组成明细

定额编号	定额项目名称	定额单位	数量	单价				合价			
				人工费	材料费	机械费	管理费和利润	人工费	材料费	机械费	管理费和利润
8-186	DN25 穿墙钢套管制作安装	10 个	0.2	35.65	45.97	1.82	15.74	7.13	9.19	0.36	3.15
人工单价				小计				7.13	9.19	0.36	3.15
75 元/工日				未计价材料费							
				清单项目综合单价				9.92			

材料费明细	主要材料名称、规格、型号	单位	数量	单价/元	合价/元	暂估单价/元	暂估合价/元
	镀锌钢管 DN40	m	3.06×0.2=0.61	14.42	8.83		
	其他材料费			—	0.36	—	
	材料费小计			—	9.19		

续表 5.20

工程名称：某职工宿舍楼采暖工程　　　标段：　　　第 9 页　共 19 页

项目编码	031002003003	项目名称	管道套管制作安装	计量单位	个	工程量	4

清单综合单价组成明细

定额编号	定额项目名称	定额单位	数量	单价				合价			
				人工费	材料费	机械费	管理费和利润	人工费	材料费	机械费	管理费和利润
8-187	DN32 穿墙钢套管制作安装	10 个	0.4	42.68	59.67	4.08	19.64	17.07	23.87	1.63	7.86
人工单价			小计					17.07	23.87	1.63	7.86
75 元/工日			未计价材料费								
			清单项目综合单价						12.61		

材料费明细	主要材料名称、规格、型号	单位	数量	单价/元	合价/元	暂估单价/元	暂估合价/元
	镀锌钢管 DN50	m	3.06×0.4=1.22	18.32	22.42		
	其他材料费			—	1.45	—	
	材料费小计			—	23.87	—	

工程名称：某职工宿舍楼采暖工程　　　标段：　　　第 10 页　共 19 页

项目编码	03100200304	项目名称	管道套管制作安装	计量单位	个	工程量	4

清单综合单价组成明细

定额编号	定额项目名称	定额单位	数量	单价				合价			
				人工费	材料费	机械费	管理费和利润	人工费	材料费	机械费	管理费和利润
8-188	DN40 穿墙钢套管制作安装	10 个	0.4	50.92	88.65	4.08	23.10	20.37	35.46	1.63	9.24
人工单价			小计					20.37	35.46	1.63	9.24
75 元/工日			未计价材料费								
			清单项目综合单价						16.68		

材料费明细	主要材料名称、规格、型号	单位	数量	单价/元	合价/元	暂估单价/元	暂估合价/元
	镀锌钢管 DN65	m	3.06×0.4=1.22	24.94	30.43		
	其他材料费			—	5.03	—	
	材料费小计			—	35.46	—	

续表 5.20

工程名称：某职工宿舍楼采暖工程　　标段：　　第 11 页　共 19 页

项目编码	03100200305	项目名称	管道套管制作安装	计量单位	个	工程量	5

清单综合单价组成明细

定额编号	定额项目名称	定额单位	数量	单价				合价			
				人工费	材料费	机械费	管理费和利润	人工费	材料费	机械费	管理费和利润
8－189	DN50 穿墙钢套管制作安装	10 个	0.5	57.95	111.49	4.08	26.05	28.98	55.75	2.04	13.03
人工单价		小计						28.98	55.75	2.04	13.03
75 元/工日		未计价材料费									
清单项目综合单价								19.96			

材料费明细	主要材料名称、规格、型号	单位	数量	单价/元	合价/元	暂估单价/元	暂估合价/元
	镀锌钢管 DN80	m	3.06×0.5＝1.53	31.32	47.92		
	其他材料费			—	7.83	—	
	材料费小计			—	55.75	—	

工程名称：某职工宿舍楼采暖工程　　标段：　　第 12 页　共 19 页

项目编码	03100200306	项目名称	管道套管制作安装	计量单位	个	工程量	2

清单综合单价组成明细

定额编号	定额项目名称	定额单位	数量	单价				合价			
				人工费	材料费	机械费	管理费和利润	人工费	材料费	机械费	管理费和利润
8－196	DN20 穿板钢套管制作安装	10 个	0.2	29.28	32.23	2.48	13.34	5.86	6.45	0.50	2.67
人工单价		小计						5.86	6.45	0.50	2.67
75 元/工日		未计价材料费									
清单项目综合单价								7.74			

材料费明细	主要材料名称、规格、型号	单位	数量	单价/元	合价/元	暂估单价/元	暂估合价/元
	镀锌钢管 DN32	m	2.04×0.2＝0.408	11.75	4.79		
	其他材料费			—	1.66	—	
	材料费小计			—	6.45	—	

续表 5.20

工程名称：某职工宿舍楼采暖工程　　　　标段：　　　　第13页　共19页

| 项目编码 | 03100200307 | 项目名称 | 管道套管制作安装 | 计量单位 | 个 | 工程量 | 14 |

清单综合单价组成明细

定额编号	定额项目名称	定额单位	数量	单价				合价			
				人工费	材料费	机械费	管理费和利润	人工费	材料费	机械费	管理费和利润
8-197	DN25 穿板钢套管制作安装	10个	1.4	35.65	38.46	2.48	16.01	49.90	53.84	3.47	22.42
人工单价			小计					49.90	53.84	3.47	22.42
75元/工日			未计价材料费								
清单项目综合单价								9.26			

材料费明细	主要材料名称、规格、型号	单位	数量	单价/元	合价/元	暂估单价/元	暂估合价/元
	镀锌钢管 DN40	m	2.04×1.4=2.86	14.42	41.18		
	其他材料费			—	12.66	—	
	材料费小计			—	53.84	—	

工程名称：某职工宿舍楼采暖工程　　　　标段：　　　　第14页　共19页

| 项目编码 | 03100200308 | 项目名称 | 管道套管制作安装 | 计量单位 | 个 | 工程量 | 3 |

清单综合单价组成明细

定额编号	定额项目名称	定额单位	数量	单价				合价			
				人工费	材料费	机械费	管理费和利润	人工费	材料费	机械费	管理费和利润
8-200	DN50 穿板钢套管制作安装	10个	0.3	57.95	86.74	4.99	26.44	17.39	26.02	1.50	7.93
人工单价			小计					17.39	26.02	1.50	7.93
75元/工日			未计价材料费								
清单项目综合单价								17.61			

材料费明细	主要材料名称、规格、型号	单位	数量	单价/元	合价/元	暂估单价/元	暂估合价/元
	镀锌钢管 DN80	m	2.04×0.3=0.612	31.32	19.17		
	其他材料费			—	6.85	—	
	材料费小计			—	26.02	—	

续表 5.20

工程名称: 某职工宿舍楼采暖工程　　　　标段:　　　　　　第 15 页　共 19 页

项目编码	031003001001	项目名称	螺纹阀门安装	计量单位	个	工程量	7

清单综合单价组成明细

定额编号	定额项目名称	定额单位	数量	单价				合价			
				人工费	材料费	机械费	管理费和利润	人工费	材料费	机械费	管理费和利润
8—291	螺纹阀门 DN20 安装	个	7	6.74	2.53	—	2.83	47.17	17.71	—	19.81
人工单价				小计				47.17	17.71	—	19.81
75 元/工日				未计价材料费				304.01			
清单项目综合单价								55.53			

材料费明细	主要材料名称、规格、型号	单位	数量	单价/元	合价/元	暂估单价/元	暂估合价/元
	螺纹截止阀 DN20	个	7×1.01=7.07	43	304.01		
	其他材料费			—	17.71	—	
	材料费小计			—	321.72	—	

工程名称: 某职工宿舍楼采暖工程　　　　标段:　　　　　　第 16 页　共 19 页

项目编码	031003001002	项目名称	螺纹阀门安装	计量单位	个	工程量	20

清单综合单价组成明细

定额编号	定额项目名称	定额单位	数量	单价				合价			
				人工费	材料费	机械费	管理费和利润	人工费	材料费	机械费	管理费和利润
8—292	螺纹阀门 DN25 安装	个	20	8.08	4.65	—	3.39	161.62	93.00	—	67.88
人工单价				小计				161.62	93.00	—	67.88
75 元/工日				未计价材料费				1 191.8			
清单项目综合单价								75.72			

材料费明细	主要材料名称、规格、型号	单位	数量	单价/元	合价/元	暂估单价/元	暂估合价/元
	螺纹截止阀 DN25	个	20×1.01=20.2	59	1 191.8		
	其他材料费			—	93.00	—	
	材料费小计			—	1 284.80	—	

续表 5.20

工程名称：某职工宿舍楼采暖工程　　　　标段：　　　　第 17 页 共 19 页

项目编码	031003001003	项目名称	螺纹阀门安装	计量单位	个	工程量	2

清单综合单价组成明细

定额编号	定额项目名称	定额单位	数量	单价				合价			
				人工费	材料费	机械费	管理费和利润	人工费	材料费	机械费	管理费和利润
8-295	螺纹阀门 DN50 安装	个	2	16.85	11.74	—	7.08	33.70	23.48	—	14.15
人工单价				小计				33.70	23.48	—	14.15
75 元/工日				未计价材料费				197.96			
清单项目综合单价								134.65			

材料费明细	主要材料名称、规格、型号	单位	数量	单价/元	合价/元	暂估单价/元	暂估合价/元
	螺纹截止阀 DN50	个	2×1.01=2.02	98	197.96		
	其他材料费			—	23.48		
	材料费小计				221.44		

工程名称：某职工宿舍楼采暖工程　　　　标段：　　　　第 18 页 共 19 页

项目编码	031005001001	项目名称	铸铁散热器安装	计量单位	片	工程量	409

清单综合单价组成明细

定额编号	定额项目名称	定额单位	数量	单价				合价			
				人工费	材料费	机械费	管理费和利润	人工费	材料费	机械费	管理费和利润
8-582	四柱 760 型铸铁散热器安装	10 片	40.9	26.74	294.43	—	11.23	1 093.67	12 042.19	—	459.34
人工单价				小计				1 093.67	12 042.19	—	459.34
75 元/工日				未计价材料费							
清单项目综合单价								33.24			

材料费明细	主要材料名称、规格、型号	单位	数量	单价/元	合价/元	暂估单价/元	暂估合价/元
	散热器（柱型）足片 760	片	409×0.319=130.47	27	3 522.72		
	铸铁散热器柱型 760	片	409×0.691=282.61	26	7 348.09		
	其他材料费			—	1 171.38		
	材料费小计				12 042.19		

续表 5.20

工程名称：某职工宿舍楼采暖工程　　　　标段：　　　　　　第19页　共19页

项目编码	031005008001	项目名称	集气罐制作安装	计量单位	个	工程量	1

清单综合单价组成明细

定额编号	定额项目名称	定额单位	数量	单价				合价			
				人工费	材料费	机械费	管理费和利润	人工费	材料费	机械费	管理费和利润
6—2950	集气罐制作 DN150	个	1	42.68	42.51	4.6	19.86	42.68	42.51	4.6	19.86
6—2955	集气罐安装 DN150	个	1	17.22	—	—	7.23	17.22	—	—	7.23
人工单价			小计					59.90	42.51	4.6	27.09
75 元/工日			未计价材料费								
			清单项目综合单价					134.10			

材料费明细	主要材料名称、规格、型号	单位	数量	单价/元	合价/元	暂估单价/元	暂估合价/元
	无缝钢管 159×4.5	m	1×0.3＝0.3	78.2	23.46		
	其他材料费			—	19.05	—	
	材料费小计			—	42.51	—	

【重点串联】

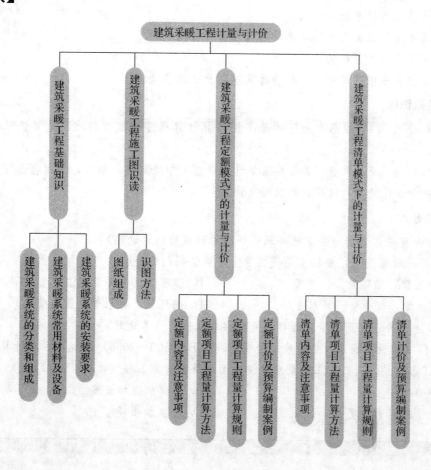

拓展与实训

职业能力训练

一、填空题

1. 采暖系统室内外界限以建筑物外墙皮_____为界，入口处设阀门者以阀门为界。
2. 采暖管道安装的工程量以施工图所示管道_____长度计算，以_____为单位，不扣除_____、管件及各种井类所占长度。
3. 管道消毒、冲洗，依据不同的管径，按管道_____计算，以_____为计量单位。
4. 2013《通用安装工程工程量计算规范》（GB 50856—2013）中，供暖器具项目中的钢制散热器安装，工程量计算按设计图示数量以_____为计量单位。

二、单选题

1. 采暖管道安装时，工程量计算（   ）暖气片所占长度。
   A. 不扣除 B. 应扣除 C. 不考虑 D. 应考虑
2. 翼型、柱型铸铁散热器安装工程量以（   ）为计量单位计算。
   A. 10 组 B. 10 个 C. 10 套 D. 10 片
3. 采暖焊接管道的变径点，一般在分支点后（   ）mm 处。
   A. 100 B. 150 C. 200 D. 300
4. 下列不属于室内采暖工程计算项目的是（   ）。
   A. 集气罐 B. 水表 C. 伸缩器 D. 温度计

三、简答题

1. 简述建筑采暖系统的组成。
2. 建筑采暖工程施工图的识读时，应注意哪些问题？
3. 简述室内采暖系统的计算项目。
4. 简述室内采暖管道安装工程量计算规则及注意事项。

工程模拟训练

1. 试结合例 5.4，根据本地区的施工图预算计算程序和取费标准，计算该工程的含税造价。
2. 试结合例 5.5，根据《工程量清单计价规范》中给定统一格式，编制措施项目清单计价表，其他项目计价表，以及计算工程造价。

链接执考

[2012 年度全国注册造价工程师职业资格考试试题（单选题）]

1. 室内采暖系统中，膨胀水箱连接管上不应装阀门的是（   ）。
   A. 膨胀管、循环管、信号管 B. 膨胀管、循环管、溢流管
   C. 循环管、信号管、补水管 D. 循环管、补水管、膨胀管

[2010 年度全国注册造价工程师职业资格考试试题（单选题）]

2. 根据《建设工程工程量清单计价规范》（GB 50500—2008）的规定，在计算管道支架制作安装工程量清单时，其工程量应按设计图示质量计算工程实体的（   ）。
   A. 净值 B. 净值加附加长度
   C. 净值加预留长度 D. 净值加损耗

模块 6 电气设备安装工程计量与计价

【模块概述】

电气设备安装工程计量与计价是安装工程计量与计价的重要组成部分，主要研究电气照明、电缆敷设、建筑防雷及接地、10 kV 以下变配电设备及线路安装、建筑弱电安装等的工程量计算规则及计价方法。本模块以计量规则和计价方法为主线，结合工程实例，应用最新的定额和规范，介绍了定额计价和清单计价的方法。

【知识目标】

1. 电气设备安装工程分类、组成；
2. 电气设备安装工程常用材料和设备；
3. 电气设备安装工程施工图识读；
4. 电气设备安装工程定额内容及注意事项；
5. 电气设备安装工程清单内容及注意事项；
6. 电气设备安装工程工程量计算规则；
7. 电气设备安装工程计价。

【技能目标】

1. 熟悉电气设备安装工程基础知识；
2. 掌握电气设备安装工程施工图识读方法；
3. 熟悉电气设备安装工程定额和清单的内容和注意事项；
4. 掌握电气设备安装工程工程量计算规则，并能熟练计量；
5. 能够根据定额计价方法，编制电气设备安装工程预算文件；
6. 能够根据清单计价方法，编制电气设备安装工程工程量清单及招标控制价。

【课时建议】

20 课时

> **工程导入**
>
> 某办公楼电气照明工程，主体建筑三层，钢筋混凝土框架结构，电气照明工程如本模块的附图所示。通过阅读图纸，你能说出电气照明工程由哪些部分组成吗？能看懂电器照明工程的图纸吗？编制预算时，会用到本地区现行预算定额和2013《建设工程工程量清单计价规范》，你知道这些定额和规范有的适用范围和特点吗？

6.1 电气设备安装工程基础知识

电气设备工程是指施工企业依照施工图设计的内容，将规定的线路材料、电气设备及装置性材料等，按照规程规范的要求安装到各用电点，并经调试验收的全部工作。它包括照明工程、变配电工程、动力工程、防雷接地工程、电缆敷设工程、电气调试工程、建筑弱电工程等。

6.1.1 电气设备安装工程的分类和组成

1. 电气照明工程

电气照明是电气设备安装工程的基本内容，是保证建筑物发挥基本功能的必要条件，合理的照明对提高工作效率、保证安全生产和保护视力都具有重要的意义。电气照明工程一般指由电源的进户装置到各照明用电器具及中间环节的配电装置、配电线路和开关控制设备的电气安装工程。主要包括控制设备、配管配线、照明器具及其控制开关的安装，及插座、电扇、电铃等小型电器的安装。

（1）控制设备

电气控制设备主要是低压盘（屏）、柜、箱的安装，以及各式开关、低压电气器具、盘柜、配线、接线端子等动力和照明工程常用的控制设备与低压电器的安装。其中配电箱（盘）根据用途不同可分为电力配电箱（盘）和照明配电箱（盘）两种。根据安装方式可分为明装（悬挂式）和暗装（嵌入式），以及半明半暗装等。根据制作材质可分为铁制、木制及塑料制品，现场运用较多的是铁制配电箱。配电箱（盘）按产品划分有定型产品（标准配电箱、盘）、非定型成套配电箱（非标准配电箱、盘）及现场制作组装的配电箱（盘）。标准配电箱（盘）是由工厂成套生产组装的；非标准配电箱（盘）是根据设计或实际需要订制或自行制作。如果设计为非标准配电箱（盘），一般需要用设计的配电系统图到工厂加工订做。

【知识拓展】

> 配电箱（盘）安装后，应采取成品保护措施，避免碰坏、弄脏电具、仪表；安装箱（盘）面板时（或贴脸），应注意保持墙面整洁。土建二次喷浆时，注意不要污染配电箱（盘）。

（2）配管配线

配管配线是指由配电屏（箱）接到各用电器具的供电和控制线路的安装，一般有明配和暗配两种方式。明配管是用固定卡子直接将管子固定在墙、柱、梁、顶板和钢结构上。暗配管需要配合土建施工，将管子预敷设在墙、顶板、梁、柱内。暗配管具有不影响外表美观、使用寿命长等优点。

①电气配管。配管工程按照敷设方式分为沿砖或混凝土结构明配、沿砖或混凝土结构暗配、钢结构支架配管、钢索配管、钢模板配管等。按照材质不同可分为电线管、钢管、硬塑料管、半硬塑料管及金属软管等。电气暗配管宜沿最近线路敷设，并应减少弯曲。埋于地下的管道不能对接焊接，宜穿套管焊接。明配管不允许焊接，只能采用丝接。

②电气配线。室内电气配线指敷设在建筑物、构筑物内的明线、暗线、电缆和电气器具的连接

线。配线工程按照敷设方式分类：常用的有瓷夹配线、塑料夹配线、瓷珠配线、瓷瓶配线、针式绝缘子配线、蝶式绝缘子配线、木槽板配线、塑料槽板配线、钢精扎头配线等。常用各种室内（外）配线方式适用范围见表6.1。

表6.1 配线方式及使用范围

配线方式	适 用 范 围
木（塑料）槽板配线、护套线配线	适用于负荷较小照明工程的干燥环境，要求整洁美观的场所，塑料槽板适用于防化学腐蚀和要求绝缘性能好的场所
金属管配线	适用于导线易受机械损伤、易发生火灾及易爆炸的环境，有明管和暗管配线两种
塑料管配线	适用于潮湿或有腐蚀性环境的室内场所作明管配线或暗管配线，但易受机械损伤的场所不宜采用明敷
线槽配线	适用于干燥和不易受机械损伤的环境内明敷或暗敷，但对有严重腐蚀场所不宜采用金属线槽配线；对高温、易受机械损伤的场所内不宜采用塑料线槽明敷
电缆配线	适用于干燥、潮湿的户内及户外配线（应根据不同的使用环境选用不同型号的电缆）
竖井配线	适用于多层和高层建筑物内垂直配电干线的场所
钢索配线	适用于层架较高、跨度较大的大型厂房、多数应用在照明配线上，用于固定导线和灯具
架空线配线	适用户外配线

> **技术提示**
>
> 1. 管内穿线的工艺流程：根据图纸设计选择导线→穿带线铁丝→清理管口及关内杂物（严禁管内有积水）→放设电线→电线连接→电线接头包扎处理（严禁管内电线有接头）→线路检查测试。
>
> 2. 强电、弱电线路应分槽敷设，消防线路应单独使用专用线槽敷设，其两种线路交叉处应设置有屏蔽分线板的分线盒。对于金属线槽交流线路，所有相线和中性线（如有中性线时），应敷设在同一线槽内。

（3）照明器具

照明按照用途可分为：一般照明，如住宅楼户内照明；装饰照明，如酒店、宾馆大厅照明；局部照明，如卫生间镜前灯照明和楼梯间照明以及事故照明。

照明采用的电源电压为220 V，事故照明一般采用的电压为36 V。

照明按电光源可分为两种类型：一种是热辐射光源，包括白炽灯、碘钨灯等；另一种是气体光源，包括日光灯、钠灯、氮气灯等。

按照灯具的结构形式分为封闭式灯具、敞开式灯具、艺术灯具。

按照安装方式可分为吸顶式、吊灯（吊链式和吊管式）、壁灯、弯脖灯、水下灯、路灯、高空标志灯等。

2. 变配电工程

变配电工程是对变、配电系统中的变配电设备进行检查、安装的施工过程。在电力系统中，变配电设备是根据需要与可能改变电压高低和分配电能到用户端的电气装置，它由变压器、配电装置两大部分组成。变配电站的电气设备大多数是成套的定型设备。配电装置主要包括开关设备、保护设备、连接母线、控制设备、测量仪表及其他附属设备等。

变电站的安装工程分室外和室内两种，室外电压较高，一般为35 kV以上，室内电压在35 kV以下。车间厂房的变配电设备大多数设在室内，但有些6～10 kV的小功率终端或变配电设备也常安装在室外。

变配电工程设计所提供的图纸主要是变配电站的平面布置和剖面图,供配电系统图,以及非标准设备(盘、箱、柜、台等)的制造。另外,为了保证供配电系统一次设备安全、可靠地运行,需要有许多辅助电气设备对其工作状态进行监视、测量、控制和保护,如测量表计、控制电器、编号器具、继电保护装置、自动装置等。这些辅助电气设备习惯称为二次设备,用来表示二次设备上连点系及其作用原理的简图,称为二次回路电路图。

①变压器安装:

a. 变压器搬运方式:单件重量在10 t以内的变压器一般采用汽车和吊车进行搬运。

b. 变压器检查:一般采用汽车吊或链式起重机作吊芯、吊罩检查。

c. 变压器干燥:变压器干燥时间的长短,取决于变压器受潮程度以及选择的干燥工艺。变压器的干燥方法有短路干燥和涡流干燥等。

②断路器、隔离开关、负荷开关、电抗器、电容器、高压配电柜等的搬运、安装一般采用机械施工。

3. 防雷及接地装置工程

防雷及接地装置是指建筑物、构筑物电气设备等为了防止雷击的危害以及为了预防人体接触电压及跨步电压、保证电气装置可靠运行等所设置的防雷及接地设置。防雷及接地装置可分为建筑物、构筑物的防雷接地、变配电系统接地、车间系统接地、设备接地等。

民用建筑根据其重要程度不同,对防雷要求划分为三类,工业建筑根据其生产特性,发生雷电事故的可能性及其产生的后果,对防雷的要求也分为三类。建筑物的防雷措施主要包括:装设独立避雷针,通过引下线接地;装设避雷网、避雷带,通过引下线接地;利用建筑物的结构组成避雷网及引下线;利用电缆进线以防雷电波的侵入。

防雷接地的主要作用是将建筑物或构筑物所受雷电的袭击引入大地,使建筑物、构筑物免受雷电的破坏,所以无论任何级别的防雷接地装置,一般都有三大部分构成,分别是接闪器、引下线和接地体。

(1)接闪器

接闪器是指直接接受雷击的金属构件。根据被保护物体形状、接闪器形状的不同,可分为避雷针、避雷带、避雷网等形式。

①避雷针。避雷针是装在细高的建筑物或构筑物突出部位或独立装设的针形导体,通常用圆钢或钢管加工而成,所用圆钢及钢管的直径随着避雷针的长度增长而增大,一般要求圆钢直径不小于12 mm,钢管直径不小于20 mm,壁厚不小于3 mm。避雷针的顶端应加工成尖形,以利于尖端放电。

②避雷带。避雷带是利用小截面圆钢或扁钢做成的条形长带,作为接闪器装于建筑物易遭雷击的部位,如屋脊、屋檐、屋角、女儿墙和高层建筑物的上部垂直墙面上,是建筑物防直击雷较普遍采用的装置。避雷带由避雷线和支持卡子组成,支持卡子常埋设于女儿墙上或砼支座上。当避雷带水平敷设时,支持卡子间距为1~1.5 m,转弯处为0.5 m。高层建筑物的上部垂直墙面上,每三层在结构圈梁内敷设一条扁钢与引下线焊接成环状水平避雷带,以防止侧向雷击。避雷带及支架如图6.1和图6.2所示。

图6.1 避雷带

图6.2 避雷带支架

③避雷网。当避雷带形成网状时就称为避雷网。避雷网是用以保护建筑物屋顶部水平面不受雷击。

避雷带（网）可以采用镀锌圆钢或扁钢，圆钢直径大于等于 8 mm；扁钢截面积大于等于 48 mm²，厚度大于等于 4 mm。避雷网如图 6.3 所示，避雷网在平屋顶上安装示意图如图 6.4 所示。

(2) 引下线

引下线是指连接接闪器与接地装置的金属导体，可以用圆钢或扁钢作单独的引下线，也可以利用建筑物柱筋或其他钢筋作引下线。

图 6.3 避雷网

用圆钢或扁钢作引下线时，一般由引下线、引下线支持卡子、断接卡子、引下线保护管等组成。引下线在 2 根及以上时，需在距地面 0.3～1.8 m 左右作断接卡子，供测量接地电阻使用，断接卡子以下的引下线需用套管进行保护。

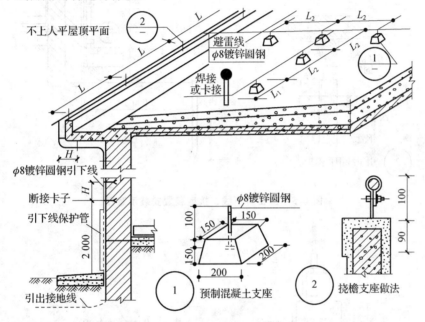

图 6.4 避雷网在平屋顶上安装示意图

利用建（构）筑物钢筋砼中的钢筋作为防雷引下线时，上部应与接闪器焊接，下部要与接地体连接。采用基础作接地体时，可不设断接卡，应在室内外的适当地点设若干连接板，该连接板可供测量、接人工接地体、等电位连接用。当仅利用钢筋作引下线并采用埋于土壤中的人工接地体时，应在每根引下线上距地面不低于 0.3 m 处设接地体连接板。采用埋于土壤中的人工接地体时应设断接卡，其上端应与连接板或钢柱焊接，连接板处宜有明显标点。引下线如图 6.5 所示。

(3) 接地体

接地体是指埋入土壤或砼基础中作散流用的金属导体。一般有接地母线、接地极组成。接地体分自然接地体和人工接地体。人工接地体一般由接地母线、接地极组成，常用的接地极可以是钢管、角钢、钢板、铜板等。自然接地体是指利用基础里的钢筋做接地体的一种方式。建筑物避雷网及接地组成如图 6.6 所示。

4. 电缆敷设工程

按照功能和用途，电缆可分为电力电缆、控制电缆、通讯电缆等，电缆的分类见表 6.2。按电压可分为 500 V、1 000 V、6 000 V、10 000 V，以及更高电压的电力电缆。

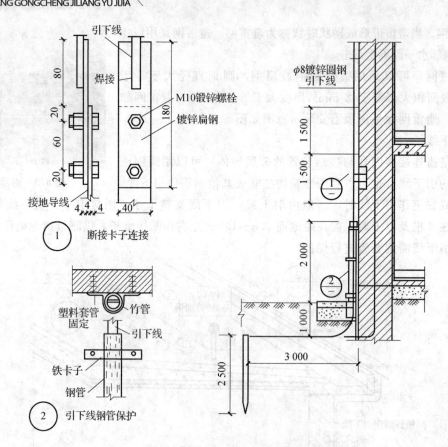

图 6.5 避雷引下线、接地装置安装示意图

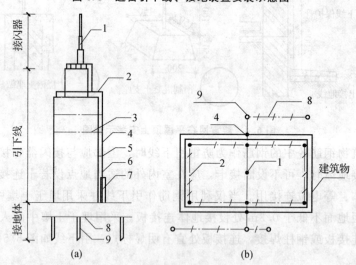

图 6.6 建筑物避雷网及接地组成
1—避雷针；2—避雷网；3—避雷带；4、5—引下线；
6—断接卡子；7—引下线保护管；8—接地母线；9—接地极

表 6.2 电缆分类

分类方法	类 别
按用途分类	电力电缆、控制电缆、通讯电缆
按绝缘分类	油浸纸绝缘、橡皮绝缘、塑料绝缘
按芯数分类	单芯、三芯、五芯
按导线材质分类	铜芯、铝芯
按敷设方式分类	直埋电缆、非直埋电缆

电力电缆是用来输送和分配大功率电能用的。控制电缆是在配电装置中传递操作电流、连接电气仪表、继电保护和控制自动回路用的。

电缆敷设方法有以下几种：

(1) 埋地敷设

将电缆直接埋设在地下的敷设方法称为埋地敷设。埋地敷设的电缆必须使用铠装及防腐层保护的电缆，裸装电缆不允许埋地敷设。一般电缆沟深度不超过 0.9 m，埋地敷设还需要铺砂及在上面盖砖或保护板，如图 6.7 所示。

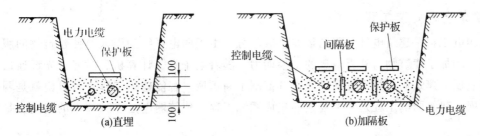

图 6.7　电缆敷设方式示意图

埋地敷设电缆的程序如下：

测量画线→开挖电缆沟→铺砂→敷设电缆→盖砂→盖砖或保护板→回填土→设置标桩。

(2) 电缆沿支架敷设

电缆沿支架敷设一般在车间、厂房和电缆沟内，在安装的支架上用卡子将电缆固定。电力电缆支架之间的水平距离为 1 m，控制电缆为 0.8 m。电力电缆和控制电缆一般可以同沟敷设，电缆垂直敷设一般为卡设，电力电缆卡距为 1.5 m，控制电缆为 1.8 m。如图 6.8 所示。

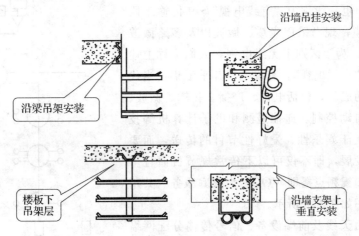

图 6.8　电缆敷设方式示意图

(3) 电缆穿保护管敷设

将保护管预先敷设好，再将电缆穿入管内，管道内径不应小于电缆外径的 1.5 倍。一般用钢管作为保护管。单芯电缆不允许穿钢管敷设。

(4) 电缆桥架上敷设

电缆桥架是架设电缆的一种构架，通过电缆桥架把电缆从配电室或控制室送到用电设备。电缆桥架的优点是制作工厂化、系列化，质量容易控制，安装方便，安装后的电缆桥架及支架整齐美观。电缆桥架是由托盘、梯架的直线段、弯通、附件以及支吊架等构成，是用以支承电缆的连续性刚性结构系统的总称。

5. 电气调试工程

变配电系统的设备在安装前，应按规定进行单项设备的试验，不合格者不准安装。

电气调试工作内容有安装前电气元件的检查、试验及调整，安装后电气回路或系统的检查、试验、调整，以及熟悉资料、核对设备、填写实验记录和整理、编写调试报告等辅助工作。

电气调试系统的划分以电气原理系统图为依据，分为系统调试、设备单体调试、设备单体元件和单个仪表调试、各工序调试。

电气调整包括的主要费用有电气调整所需消耗的电力消耗、实验用的消耗材料及仪表使用费等。调试工作内容和所需费用，根据项目划分的性质及大小的不同，所包括的内容也不尽相同，应用时需要认真分析理解调整定额项目，根据工程的具体实际合理计量。

6. 建筑弱电安装工程

建筑弱电工程是建筑电气工程的重要组成部分。由于弱电系统的引入，使建筑物的服务功能大大地扩展，增加了建筑物与外界信息的交换能力。随着电子学、计算机、激光、光纤通信和各种遥感技术的发展，建筑弱电技术发展迅速，其范围不断扩展。智能建筑工程，可以说就是弱电工程的延伸和发展。建筑弱电工程是一个复杂的集成系统工程。建筑弱电是多种技术的集成，是多门学科的综合。

常见的建筑弱电系统有：共用天线电视系统、建筑通讯系统、建筑音响系统、保安监视系统、火灾报警与联动控制系统、建筑物智能化系统等。

（1）共用天线电视系统

有线电视从最初的共用天线电视接收系统（MATV），到有小前端的共用天线电视系统（CATV），由于它以有线闭路形式传送电视信号，不向外界辐射电磁波，所以也被人们称之为闭路电视（CCTV）。目前，电缆电视（CableTV，也称CATV）在我国也一律称为"有线电视"，其传输手段也不局限于同轴电缆，现已采用光缆、微波以及多路微波分配系统（mmDS）。为了区别于无线电视，人们仍称上述诸传输分配系统为"有线电视"。有线电视几乎汇集了当代电子技术许多领域的成就，包括电视、广播、传输、微波、光纤、数字通信、自动控制、遥控遥测和电子计算机等技术。人们已经不满足于娱乐性、爱好性节目的传送，而要求信息交换业务的发展，即不仅可以下传常规节目而且可以上传用户信息，如视频点播即VOD，为家庭服务。共用天线电视系统示意图如图6.9所示。

有线电视系统由天线及前端设备、信号传输分配网络和用户终端（或用户输出端）组成。

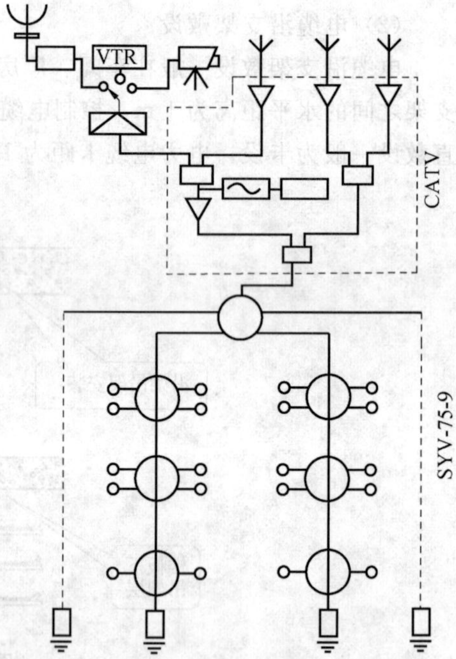

（2）建筑通讯系统

图6.9 共用天线电视系统示意图

建筑通讯系统，是指以电话站为中心，借助于电话通讯网络的电话系统。它包括电传、电话传真和无线传呼，此外，还包括网络宽带系统、楼宇对讲系统等。

建筑通讯系统由电话站、传输系统、话机等组成。电话站包括电话交换机、配线架、电源等设备；传输系统由配线电缆、交接箱、配线箱、壁龛、分线盒、出线盒等组成。

（3）建筑音响系统

建筑音响系统包括：公众广播、背景音乐、客房音乐、舞台音乐、多功能厅的扩音系统、讲堂的扩音和收音系统以及会议厅的扩音和同声传译系统等。

高级旅馆、饭店等高层建筑的广播音响系统，包括一般广播、紧急广播和音乐广播等部分。

公众广播的对象为公共场所，在走廊、电梯门厅、电梯轿厢、入口大厅、商场、餐厅酒吧、宴会厅、天台花园等处，装设组合式声柱或分散式扬声器箱，平时播放背景音乐（可自动回带循环播放），发生火灾时，则作事故广播，用以指挥疏散。因此，公众广播音响的设计，应与消防报警系统互相配合，实行分区控制。分区的划分，与消防的分区划分相同。

（4）保安监视系统

保安监视系统是一种民用闭路监视电视系统。其特点是以电缆或光缆方式，在特定范围内传输图像信号，达到远距离监视的目的。保安监视系统的组成包括摄像、传输、显示和控制四个部分。当需要记录监视目标的图像时，应设置磁带录像装置。在监视目标的同时，若需要监听声音，可配置声音传输、监听和记录系统。防盗安保系统如图6.10所示。

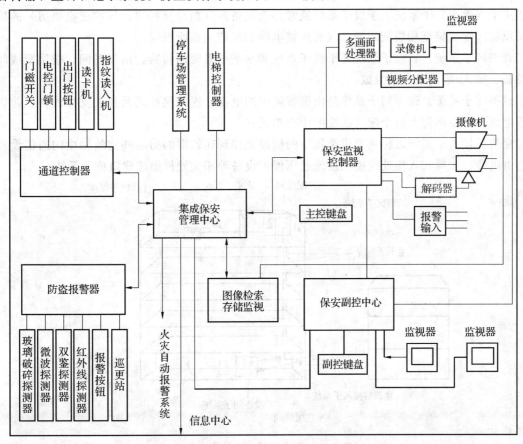

图6.10 防盗安保系统图

（5）火灾报警与联动控制系统

火灾自动报警控制系统在智能建筑中通常被作为智能建筑三大体系中的BAS（建筑设备管理系统）的一个非常重要的独立子系统。整个系统的运作，既能通过建筑物智能系统的综合网络结构来实现，又可以在完全摆脱其他系统或网络的情况下独立工作。

该系统由火灾探测器、火灾报警控制器和消防联动设备三大部分组成。

（6）综合布线系统

综合布线技术是智能建筑弱电技术中的重要技术之一。它将建筑物内所有的电话、数据、图文、图像及多媒体设备的布线综合（或组合）在一套标准的布线系统上，实现了多种信息系统的兼容、共用和互换性能。它是一种开放式的布线系统，是一种在建筑物和建筑群中综合数据传输的网络系统，是目前智能建筑中应用最成熟、最普及的系统之一。综合布线系统结构如图6.11所示。

综合布线系统采用模块化结构，所以又称为结构化综合布线系统，它消除了传统信息传输系统在物理结构上的差别。它不但能传输语音、数据、视频信号，还可以支持传输其他的弱电信号，如空调自控、给排水设备的传感器、子母钟、电梯运行、监控电视、防盗报警、消防报警、公共广播、传呼对讲等信号，成为建筑物的综合弱电平台。它选择了安全性和互换性最佳的星形结构作为基本结构，将整个弱电布线平台划分为6个基本组成部分，通过多层次的管理和跳接线，实现各种弱电通信系统对传输线路结构的要求。其中每个基本组成部分均可视为相对独立的一个子系统，一旦需要更改其中任一子系统时，将不会影响到其他子系统。

①工作区子系统。一个独立的需要设置终端设备的区域宜划分为一个工作区（如办公室）。工作区子系统是由终端设备、适配器和连接信息插座的3m左右的线缆共同组成。

②水平（配线）子系统。水平子系统是由每一个工作区的信息插座开始，经水平布线到楼层配线间的线缆、楼层配线设备及跳线等组成。

③主干（垂直）子系统。干线子系统通常是由设备间（如计算机房、程控交换机房）的配线设备以及设备间配线架至楼层配线架之间的连接电缆馈线或光缆所组成。

④管理区子系统。管理子系统是干线子系统和水平子系统的桥梁。由设备间、楼层配线间中的配线设备、输入/输出设备等组成。

⑤设备间子系统。设备间子系统是由设备间中的电缆、连接跳线架及相关支撑硬件、防雷保护装置等组成。可以称得上整个配线系统的中心单元。

⑥建筑群接入子系统。将一个建筑物中的线缆延伸到建筑群的另一些建筑物中的通信设备装置上，它由电缆、光缆和入楼处线缆上过流过压保护设备等相关硬件组成建筑群子系统。

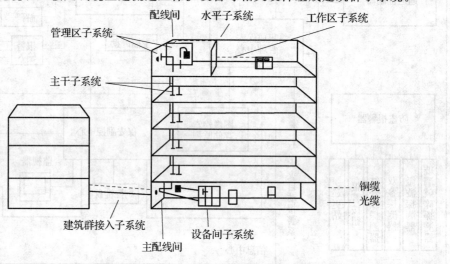

图6.11 综合布线系统结构示意图

6.1.2 电气设备安装系统常用材料及设备

1. 电气配管

常用的电气配管按照材质不同可分为电线管、钢管、硬塑料管、半硬塑料管及金属软管等。

（1）钢管

钢管大量用作输送流体的管道，如石油、天然气、水、煤气、蒸气等。钢管分为无缝钢管和焊接钢管两大类。按焊缝形式分为直缝焊管和螺旋焊管。按用途又分为一般焊管、镀锌焊管、吹氧焊管、电线套管、电焊异型管等；镀锌钢管分热镀锌和电镀锌两种，热镀锌镀锌层厚，电镀锌成本低；电线套管一般采用普通碳素钢电焊钢管，用在混凝土及各种结构配电工程，电线套套管壁较薄，大多进行涂层或镀锌后使用，要求进行冷弯试验。

（2）塑料管

塑料管与传统金属管道相比，具有自重轻、耐腐蚀、耐压强度高、卫生安全、节约能源、节省金属、改善生活环境、使用寿命长、安装方便等特点，已经推出便受到建筑工程和管道工程界的青睐。建筑电气工程中常用的是PVC管和塑料波纹管。PVC管通常分为：普通聚氯乙烯PVC，硬聚氯乙烯（PVC－U）、软聚氯乙烯（PVC－P）、氯化聚氯乙烯（PVC－C）四种。在世界范围内，硬聚氯乙烯管道（UPVC）是各种塑料管道中消费量最大的品种，亦是目前国内外都在大力发展的新型化学建材。

2. 电线、电缆

电线和电缆并没有严格的界限。通常将芯数少、直径小、结构简单的称为电线，其他的称为电缆。建筑电气安装工程常用的电线按适用范围氛围绝缘电线、耐热电线、屏蔽电线几种。

（1）绝缘电线

绝缘电线用于一般动力和照明线路。例如型号为BLV－500－25的电线

（2）耐热电线

耐热电线用于温度较高的场所，供交流500 V以下、直流1 000 V以下的电工仪表、电讯设备、电力及照明配线用。如：BV－105。

（3）屏蔽电线

屏蔽电线供交流250 V以下的电器、仪表、电讯电子设备及自动化设备屏蔽线路用。如：RVP表示铜芯塑料绝缘屏蔽软线。

按照材质不同分类：常用的绝缘导线有聚氯乙烯绝缘导线、聚丁绝缘导线、橡皮绝缘线等。其中各种绝缘导线又有铜芯和铝芯之分。绝缘电线可用于各种形式的配线和管内穿线。常用绝缘电线型号品种见表6.3。

表6.3 常用绝缘导线的型号、名称和用途

型号	名 称	适用范围
BL（BLX） BXF（BLXF）BXR	铜（铝）芯橡皮绝缘线 铜（铝）芯氯丁橡皮绝缘线 铜芯橡皮绝缘软线	适用于交流500 V及以下，或直流1 000 V及以下的电气设备及照明装置之用
BV（BLV） BVV（BLVV） BVVB（BLVVB） BVR BV－105	铜（铝）芯聚氯乙烯绝缘线 铜（铝）芯聚氯乙烯绝缘聚氯乙烯护套圆型电线 铜（铝）芯聚氯乙烯绝缘聚氯乙烯护套平型电线 铜芯聚氯乙烯绝缘软电线 铜芯耐热105℃聚氯乙烯绝缘电线	适用于各种交流、直流电器装置，电工仪表、仪器，电讯设备，动力及照明线路固定敷设之用
RV RVB RVS RV－105 RSX RX	铜芯聚氯乙烯绝缘软线 铜芯聚氯乙烯绝缘平行软线 铜芯聚氯乙烯绝缘绞型软线 铜芯耐热105℃聚氯乙烯绝缘软电线 铜芯橡皮绝缘棉纱纺织绞型软电线 铜芯橡皮绝缘棉纱纺织圆型软电线	适用于各种交、直流电器、电工仪器、家用电器、小型电动工具、动力及照明装置的连接

在配电系统中，电力电缆是用来输配电能。控制电缆是用在保护、操作等回路中来传导电流的。电缆的基本结构一般是由导电线芯、绝缘层和保护层组成。

我国电缆产品的型号系采用汉语拼音字母组成，有外护层时则在字母后加上两个阿拉伯数字。常用电缆型号中字母的含义及排列顺序见表6.4。

表 6.4 常用电缆型号说明

型号	名　称	适用范围
YJV	铜芯交联聚乙烯绝缘聚氯乙烯护套电力电缆	敷设在室内、隧道及管道中,电缆不能承受压力及机械外力作用
YJV22	铜芯聚乙烯绝缘钢带铠装聚乙烯护套电力电缆	敷设在室内、隧道及直埋土壤中,电缆能承受压力和其他外力作用
VV32	铜芯聚氯乙烯绝缘细钢丝铠装聚氯乙烯护套电力电缆	敷设在室内、矿井中,电缆能承受相当的拉力
VLV32	铝芯聚氯乙烯绝缘细钢丝铠装聚氯乙烯护套电力电缆	
VV42	铜芯聚氯乙烯绝缘粗钢丝铠装聚氯乙烯护套电力电缆	敷设在室内、矿井中,电缆能承受相当的轴向拉力
VLV42	铝芯聚氯乙烯绝缘粗钢丝铠装聚氯乙烯护套电力电缆	
ZR-VV	阻燃铜芯聚氯乙烯绝缘聚氯乙烯护套电力电缆	敷设在室内、隧道及管道中,电缆不能承受压力及机械外力作用
ZR-VLV	阻燃铝芯聚氯乙烯绝缘聚氯乙烯护套电力电缆	

【知识拓展】

预制分支电缆,如图 6.12 所示。

将现场安装时的手工操作,移到工厂采用专用设备和工艺加工制作:运用普通电力电缆根据垂直(高层建筑竖井)或水平(住宅小区等)配电系统的具体要求和规定位置,进行分支联结而成。在现代建筑电气施工中预制分支电缆以其良好的供电可靠性和免维护等诸多特点,逐渐被众多建筑电气设计和施工以及使用单位所认识,越来越多的用于高层建筑电气竖井配电系统。

图 6.12 预制分支电缆图

6.1.3 电气设备安装系统的安装要求

电气设备安装工程必须严格按照"规程规范"和"质量验收评定标准"进行施工作业,电气设备安装人员必须持有满足该幢建筑物安装工程要求的许可证、电工作业操作证、上岗证件,未经过专业学习培训,或经培训未合格的人员,均不得从事电气作业。

电气设备安装工程的一般工艺流程为:施工准备→预制→配管配线→电气设备安装→调试→竣工验收。

1. 室内配线的安装要求

(1)室内配线的一般规定

①配线的布置及其导线型号、规格应符合设计规定。

②当采用多相供电时,同一建筑物、构筑物的电线绝缘层颜色选择应一致,即保护地线(PE线)应是黄、绿相间色;零线用淡蓝色;相线用:L1 相用黄色;L2 相用绿色;L3 相用红色。

③照明和动力线路、不同电压、不同电价的线路应分开敷设,以方便计价、维修和检查。每条线路标记应清晰,编号准确。

④管、槽配线,应采用绝缘电线和电缆。在同一根管、槽内的导线都应具有与最高标称电压回路绝缘相同的绝缘等级。

⑤电线管与热水管、蒸汽管同侧敷设时,应敷设在热水管、蒸汽管的下面。当施工有困难和施工维修时其他管道对电线管的影响,室内电气线路与其他管道间的最小距离应符合规范的规定。

⑥配线工程施工后，应进行各回路的绝缘检查，并应做好记录。配线工程中所有外露可导电部分的保护接地和保护接零应可靠，对带有漏电保护装置的线路应作模拟动作试验，并应做好记录。

（2）管内穿线敷设的基本要求

①穿线前，将管内的杂物清除干净，并穿好铁丝。

②导线经检验合格后即可穿线，导线穿入钢管，管口处应装设护线套保护。

③相线、零线、控制线、保护线用不同的固定颜色导线加以区分。

④同一交流回路的导线穿于同一钢管内，导线在管内不得有接头和扭结，接头应设在拉线盒或箱内。

⑤导线敷设完后，分回路进行相间、相地、相零绝缘测试，同时做好记录。

（3）导线连接的基本要求

①导线连接应采用哪种方法应根据线芯的材质而定。

②导线连接应紧密、牢固。接头的电阻值不应大于相同长度导线的电阻值。

③导线接头的机械强度不应小于原导线机械强度的80%。

④导线接头的绝缘强度应与非连接处的绝缘强度相同。

⑤导线采用压接时，压接器材、压接工具和压模等应与导线线芯规格相匹配；压接时，其压接深度、压口数量和压接长度应符合有关规定。

⑥所有导线线芯连接好后，均应用绝缘带包缠均匀紧密，以恢复绝缘。

2. 照明器具的安装要求

（1）照明灯具、吊扇的安装要求

①灯具、吊扇的规格、型号及使用场所要符合设计要求和施工规范。

②灯具、吊扇安装牢固端正，位置正确，灯具安装在木台的中心。器具清洁干净，吊杆垂直，吊链日光灯的双链平行、平灯口，马路弯灯、防爆弯管灯固定可靠，排列整齐。

③导线进入灯具、吊扇处的绝缘保护良好，留有适当余量。连接牢固紧密，不伤线芯。压板连接时压紧无松动，螺栓连接时，在同一端子上导线不超过两根，吊扇的防松垫圈等配件齐全。吊链灯的引下线整齐美观。

（2）开关、插座的安装要求

①开关、插座、温控器安装先将盒内杂物清理干净，正确连接好导线即可安装就位，面板需紧贴墙面，平整、不歪斜，成排安装的同型号开关插座应整齐美观，高度差不应大于1 mm，同一室内高度差 不应大于5 mm，开关边缘距门框的距离宜为15～20 cm，开关距地坪1.3 m；插座除卫生间距地坪1.5 m外，其余均距地坪0.3 m。

②通电对开关、插座、温控器、灯具进行试验，开关的通断设置应一致，且操作灵活，接触可靠；插座左零、右火，上保护应无错接、漏接；温控器的季节转换开关及三连开关应设置正确且一致；灯具开启工作正常。

【知识拓展】

接地（PE）或接零（PEN）线在插座间不串联连接。

3. 照明配电箱的安装要求

①配电箱应安装在安全、干燥、易操作的场所。

②安装配电箱（盘）所需的木砖及铁件等均应预埋。挂式配电箱（盘）应采用金属膨胀螺栓固定。

③铁制配电箱（盘）均需先刷一遍防锈漆，再刷灰油漆两道。预埋的各种铁件均应刷防锈漆，并做好明显可靠的接地。金属面板应装设绝缘保护套。

④配电箱（盘）上电具，仪表应牢固、平正、整洁、间距均匀、铜端子无松动、启闭灵活，零

部件齐全。

⑤箱（盘）内配线整齐，无铰接现象。导线连接紧密，不伤芯线，不断股。

> **技术提示**
> 配电箱（盘）安装后，应采取成品保护措施，避免碰坏、弄脏电具、仪表；安装箱（盘）面板时（或贴脸），应注意保持墙面整洁。土建二次喷浆时，注意不要污染配电箱（盘）。

6.2 电气设备安装工程施工图识读

建筑电气施工图是房屋设备施工图的一个重要组成部分，电气施工图所涉及的内容往往根据建筑物不同的功能而有所不同，主要有建筑供配电、动力与照明、防雷与接地、建筑弱电等方面，用以表达不同的电气设计内容。不同的电气施工图有其不同的特点，为了能读懂电气工程图，造价人员必须熟记各种电气设备和元件的图例符号及文字标记的意义。目前，有些设备和元件国家还没有规定标准的图例符号，允许设计人员自行编制，所以读图时，还要弄清设计人员自行编制的符号及其意义。建筑电气施工图是编制预算文件的依据，是非常重要的技术文件。

6.2.1 图纸组成

建筑内部给排水系统施工图一般由图纸目录、主要设备材料表、设计说明、图例、平面图、系统图、施工详图等组成。

1. 图纸目录与设计说明

设计说明主要标注图中交代不清，不能表达或没有必要用图表示的要求、标准、规范、方法等，一般说明在电气施工图纸的第一张上，常与材料表绘制在一起。包括图纸内容、数量、工程概况、设计依据、供电电源的来源、供电方式、电压等级、线路敷设方式、防雷接地、设备安装高度及安装方式、工程主要技术数据、施工注意事项等。

2. 主要材料设备表

包括工程中所使用的各种设备和材料的名称、型号、规格、数量等，它是编制购置设备、材料计划的重要依据之一。

3. 系统图

照明配电系统图是用图形符号、文字符号绘制的，用以表示建筑照明配电系统供电方式、配电回路分布及相互联系的建筑电气工程图，能集中反映照明的安装容量、计算容量、计算电流、配电方式、导线或电缆的型号、规格、数量、敷设方式及穿管管径、开关及熔断器的规格型号等。通过照明系统图，可以了解建筑物内部电气照明配电系统的全貌，它也是进行电气安装调试的主要图纸之一。

照明系统图的主要内容包括：
①电源进户线、各级照明配电箱和供电回路，表示其相互连接形式。
②配电箱型号或编号，总照明配电箱及分照明配电箱所选用计量装置、开关和熔断器等器件的型号、规格。
③各供电回路的编号，导线型号、根数、截面和线管直径，以及敷设导线长度等。
④照明器具等用电设备或供电回路的型号、名称、计算容量和计算电流等。

4. 平面布置图

平面布置图是电气施工图中的重要图纸之一，如变、配电所电气设备安装平面图、照明平面图、防雷接地平面图等，用来表示电气设备的编号、名称、型号及安装位置、线路的起始点、敷设部位、敷设方式及所用导线型号、规格、根数、管径大小等。通过阅读系统图，了解系统基本组成之后，就可以依据平面图编制工程预算和施工方案，然后组织施工。

5. 控制原理图

控制原理图包括系统中各所用电气设备的电气控制原理，用以指导电气设备的安装和控制系统的调试运行工作。

6. 安装接线图

安装接线图包括电气设备的布置与接线，应与控制原理图对照阅读，进行系统的配线和调校。

7. 安装大样图（详图）

安装大样图是详细表示电气设备安装方法的图纸，对安装部件的各部位注有具体图形和详细尺寸，是进行安装施工和编制工程材料计划时的重要参考。

【知识拓展】

建筑电气施工图的特点：

①建筑电气工程图大多是采用统一的图形符号并加注文字符号绘制而成的。电气工程图只表示电气线路的原理和接线，不表示电气设备和元件的准确形状和位置。

②电气线路都必须构成闭合回路；线路中的各种设备、元件都是通过导线连接成为一个整体的。

③为了使绘图、读图方便和图面清晰，电气工程图采用国家统一制定的图例符号及必要的文字标记，来表示实际的线路和各种电气设备和元件。读图时要明白设计人员的思路，按设计人员划分不同的分布工程，仔细读图，每个分部工程，先阅读系统图，了解该部分的电气设计总构思，然后结合剖面图、有关安装施工标准图集，理清思路，对施工做好整体规划。

④在进行建筑电气工程图识读时应阅读相应的土建工程图及其他安装工程图，以了解相互间的配合关系。

⑤建筑电气工程图对于设备的安装方法、质量要求以及使用维修方面的技术要求等往往不能完全反映出来，所以在阅读图纸时有关安装方法、技术要求等问题，要参照相关图集和规范。

6.2.2 识图方法

1. 识图顺序

针对一套电气施工图，一般应先按以下顺序阅读，然后再对某部分内容进行重点识读。

（1）看标题栏及图纸目录

了解工程名称、项目内容、设计日期及图纸内容、数量等。

（2）看设计说明

了解工程概况、设计依据等，了解图纸中未能表达清楚的各有关事项。

（3）看设备材料表

了解工程中所使用的设备、材料的型号、规格和数量。

（4）看系统图

了解系统基本组成，主要电气设备、元件之间的连接关系以及它们的规格、型号、参数等，掌握该系统的组成概况。

（5）看平面布置图

如照明平面图、插座平面图、防雷接地平面图等。了解电气设备的规格、型号、数量及线路的起始点、敷设部位、敷设方式和导线根数等。平面图的阅读可按照以下顺序进行：电源进线→总配电箱干线→支线→分配电箱→电气设备。

(6) 看控制原理图

了解系统中电气设备的电气自动控制原理，以指导设备安装调试工作。

(7) 看安装接线图

了解电气设备的布置与接线。

(8) 看安装大样图

了解电气设备的具体安装方法、安装部件的具体尺寸等。

【知识拓展】

识读时，施工图中各图纸应协调配合阅读。对于具体工程来说，为说明配电关系时需要有配电系统图；为说明电气设备、器件的具体安装位置时需要有平面布置图；为说明设备工作原理时需要有控制原理图；为表示元件连接关系时需要安装接线图；为说明设备、材料的特性、参数时需要有设备材料表等。这些图纸各自的用途不同，但相互之间是有联系并协调一致的。在识读时应根据需要，将各图纸结合起来识读，以达到对整个工程或分部项目全面了解的目的。

同时，结合土建施工图进行阅读。电气施工与土建施工结合得非常紧密，施工中常常涉及各工种之间的配合问题。电气施工平面图只反映了电气设备的平面布置情况，结合土建施工图的阅读还可以了解电气设备的立体布设情况。

2. 电气施工图识读

(1) 设计说明

对一个读图者来说，首先要看清楚图纸的设计说明，了解施工方法及要求。图纸和说明是电气设计工程师表达设计意图的两种工程语言，在电气施工中起指导作用。

在本教材所提供的某办公楼的电气专业施工图当中，第一张图纸就是设计说明。说明中通常指出本土施工中的如下一些问题：工程概况、设计内容供电情况、电力负荷级别及设计容量、线路敷设方法及要求、安全保护措施（防雷、防火、接地或接零种类）等。

(2) 设备材料表

一般工程中，电气部分的设备表和材料表会统一作为一张表格出现，附在说明的旁边。设备材料表是以表格形式列出工程所需的材料、设备名称、规格、型号、数量、要求等。下面列出电气施工图中的常用图例，见表6.5。

表 6.5 常用图例表

图例	名称	图例	名称	图例	名称
⊗	普通灯	⊨	三管荧光灯	▭	按钮盒
⊗	防水防尘灯	E	安全出口指示灯	▼	带保护接点暗装插座
○	隔爆灯	⊠	自带电源事故照明灯	▲	带接地插孔暗装三相插座
◐	壁灯	▼	天棚灯	▼	暗装单相插座
▣	嵌入式方格栅吸顶灯	●	球形灯	Y	单相插座
✕	墙上座灯	✎	暗装单极开关	Y	带保护接点插座
▱	单相疏散指示灯	✎	暗装双极开关	⌐	插座箱
▱	双相疏散指示灯	✎	暗装三极开关	Y	电信插座
⊢	单管荧光灯	✓	双控开关	⊻	双联二三极暗装插座
⊨	双管荧光灯	▯	钥匙开关	Y	带有单极开关的插座
▬	动力配电箱	⊠	电源自动切换箱	▬	照明配电箱

（3）系统图

系统图是示意性地把整个工程的供电线路用单线连接形式准确、概括的电路图，它不表示相互的空间位置关系。如图 6.13 所示。

下面以照明配电箱系统图为例，介绍如何识读系统图。照明配电箱的主要内容包括：

①电源进户线、各级照明配电箱和供电回路，表示其相互连接形式。

②配电箱型号或编号，总照明配电箱及分照明配电箱所选用计量装置、开关和熔断器等器件的型号、规格。

③各供电回路的编号，导线型号、根数、截面和线管直径，以及敷设导线长度等。

④照明器具等用电设备或供电回路的型号、名称、计算容量和计算电流等。

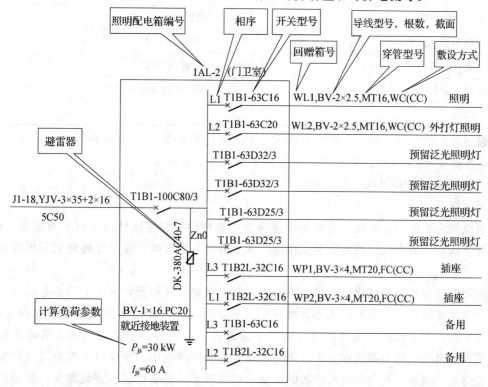

图 6.13　系统图示例

线路标注一般采用的格式为

$$a-b(c \times d)e-f \tag{6.1}$$

式中　a——线路编号或线路用途符号；

b——导线型号；

c——导线根数；

d——导线截面，不同截面分别标准；

e——配线方式符号及导线穿管管径；

f——敷设部位符号。

其中，导线的型号用英文字母表示，常用绝缘导线的型号及对应名称在前文已列出，详见表 6.3。表达线路敷设方式的代号和表达线路敷设部位的代号详见表 6.6。

表 6.6 线路敷设方式和线路敷设部位

表达线路敷设方式的代号	表达线路敷设部位的代号
PR——塑制线槽的敷设	SR——沿钢索敷设
MR——金属线槽敷设	BE——沿屋架或屋架下弦明敷设
PC——聚氯乙烯硬质管敷设	CLE——沿柱明敷设
FPC——聚氯乙烯半硬质管敷设	WE——沿墙敷设
KPC——聚氯乙烯塑制波纹电线管敷设	CC——暗设在天棚或顶板内
TC——电线管（薄壁钢管）敷设	CE——沿天棚明敷设
SC——钢管（厚壁钢管）敷设	BC——暗设在梁内
RC——水煤气钢管（加厚钢管）敷设	CLC——暗设在柱中
CP——穿金属软管敷设	WC——暗设在墙内
CT——用电缆桥架敷设	FC——暗设在地面或地板内
C——直埋地敷设	

【例题 6.1】 BV（3×50＋1×25）SC50—FC 表示线路是铜芯塑料绝缘导线，三根截面积 50 mm²，一根截面积 25 mm²，穿管径为 50 mm 的钢管沿地面暗敷。

练习：试说明 BLV(3×60＋2×35)SC70—WC 的含义。

(4) 平面图

在建筑电气施工图中，平面图通常是将建筑物的地理位置和主体结构进行宏观描述，将墙体、门窗、梁柱等淡化，而电气线路突出重点描述。其他管线，如水暖、煤气等线路则不出现在电气施工图上。

电气平面图是表示假想经建筑物门、窗沿水平方向将建筑物切开，移去上面部分，从上面向下面看，所看到的建筑物平面形状、大小，墙柱的位置、厚度，门窗的类型以及建筑物内配电设备、照明设备等平面布置、线路走向等情况。根据平面图表示的内容，识读平面图要沿着电源、引入线、配电箱、引出线、用电器这样一个"线"来读。在识读过程中，要注意了解电源进户装置、照明配电箱、灯具、插座、开关等电气设备的数量、型号规格、安装位置、安装高度，表示照明线路的敷设位置、敷设方式、敷设路径、导线的型号规格等。

阅读时按下列顺序进行：

①看建筑物概况，楼层、每层房间数目、墙体厚度、门窗位置、承重梁柱的平面结构。

②看各支路用电器的种类、功率及布置。图中灯具标注的一般内容有：灯具数量；灯具类型；每盏灯的灯泡数；每个灯泡的功率及灯泡的安装高度等。

灯具的标注方法采用的格式为

$$a-b\frac{c\times d\times L}{e}f \tag{6.2}$$

若为吸顶灯则为

$$a-b\frac{c\times d\times L}{-}f \tag{6.3}$$

式中 a——灯具数量；

b——灯具型号或编号；

c——每盏照明灯具的灯泡（管）数量；

d——灯泡（管）容量，W；

e——灯泡（管）安装高度，m；

f——灯具安装方式（WP，C，P，R，W）；

L——光源种类（Ne，Xe，Na，Hg，I，IN，FL）。

③看导线的根数和走向。各条线路导线的根数和走向，是电气平面图主要表现的内容。比较好的阅读方法是：

首先了解各用电器的控制接线方式，然后再按配线回路情况将建筑物分成若干单元，按"电源—导线—照明及其他电气设备"的顺序将回路连通。

④看电气设备的安装位置。由定位轴线和图上标注的有关尺寸可直接确定用电设备、线路管线的安装位置，并可计算管线长度。

6.3 电气设备安装工程定额模式下的计量与计价

6.3.1 定额内容及注意事项

定额模式下的施工图预算编制应使用各地区现行的安装工程预算定额和相应的材料价格。本部分内容主要套用2012年《××市安装工程预算基价》第二册《电气设备安装工程》。

1. 定额的内容

本册包括变压器安装，配电装置安装，母线安装，控制设备及低压电器安装，蓄电池安装，电动机检查接线，滑触线装置安装，电缆安装，防雷及接地装置，10 kV以内架空配电线路，电气调整试验，配管、配线，照明器具安装，人防设备安装等14章，1 769条基价子目。

2. 定额的适用范围

①本基价适用于工业与民用建设工程10 kV以内变配电设备及线路安装工程。

②本基价以国家和有关工业部门发布现行的产品标准、设计规范、施工及验收技术规范、技术操作规程、质量评定标准和安全操作规程为依据。

③本册各子目的工作内容除各章已说明的工序外，还包括：施工准备、设备器材工器具的场内搬运、开箱检查、安装、调整试验、结尾、清理、配合质量检验，工种间交叉配合、临时移动水、电源的停歇时间。

④本册各子目中不包括以下内容：

a. 10 kV以外及专业专用项目的电气设备安装。

b. 电气设备（如电动机等）配合机械设备进行单体试运转和联合试运转工作。

3. 定额项目费用的系数规定

①脚手架措施费（10 kV以下架空线路除外）按直接工程费中人工费的5%计取，其中人工费占25%。

②操作物高度超高增加费（已考虑了超高作业因素的子目除外）：操作物高度距离楼地面5~20 m的电气安装工程，按超过部分的电气安装工程人工费的33%计取超高增加费，全部为人工费。

③高层建筑是指6层以外的多层建筑或是自室外设计正负零至檐口高度在20 m以上（不包括屋顶水箱间、电梯间、屋顶平台出入口等）的建筑物。高层建筑增加费是指电气照明设备安装工程由于在高层建筑施工所增加的费用。内容包括人工降效增加的费用，材料、工具垂直运输增加的机械台班费用，施工用水加压泵的台班费用，人工上、下所乘坐的升降设备台班费用及上、下通讯联络费用。

高层建筑增加费的计取：以包括6层或20 m以内（不包括地下室）的全部人工费为计算基数，乘以下表系数（其中人工费占25%）。见表6.7。

表 6.7 高层建筑增加费计取

层数	9层以内（30 m）	12层以内（40 m）	15层以内（50 m）	18层以内（60 m）	21层以内（70 m）
以人工费为计算基数	4%	5%	6%	8%	10%
层数	24层以内（80 m）	27层以内（90 m）	30层以内（100 m）	33层以内（110 m）	36层以内（120 m）
以人工费为计算基数	12%	13%	15%	17%	19%

注：120 m 以外可参照此表相应递增。为高层建筑供电的变电所和供水等动力工程，如装在高层建筑的底层或地下室的，均不计取高层增加费，装在 20 m 以上的变配电工程和动力工程则同样计取高层建筑增加费。

④安装与生产同时进行降效增加费按直接工程费中人工费的 10% 计取，全部为人工费。

⑤在有害身体健康的环境中施工降效增加费按直接工程费中人工费的 10% 计取，全部为人工费。

6.3.2 定额项目工程量计算方法

1. 列项

电气设备安装工程涉及广泛，电气照明、防雷与接地、弱电工程等因具体工作内容不同而所列项目也有区别，在此以电气照明工程为例简单列举，其他不再赘述。

①照明配电箱安装。

②钢管敷设。

③PVC 管敷设。

④管内穿线。

⑤接线盒安装。

⑥照明灯具安装（吸顶灯、荧光灯等）。

⑦开关安装。

⑧插座安装等。

2. 计算工程量

列项后，应根据工程量计算规则逐项计算工程量，填写"工程量计算书"。工程量计算时，应注意以下几点。

(1) 计算要领

从配电箱起按各个回路进行计算，或按建筑物自然层划分计算，或按建筑平面形状特点及系统图的组成特点分片划块计算，然后汇总。千万不要"跳算"，防止混乱，影响工程量计算的正确性。

(2) 计算方法

以电气照明工程为例，有统计数量的项目，如开关、插座、灯具等；也有计算长度的项目，如配管、配线等。配管配线工程量的计算在电气施工图预算中所占比重较大，是预算编制中工程量计算的关键之一，因此除综合基价中的一些规定外还有一些具体问题需进一步明确。

①不论明配还是暗配管，其工程量均以管子轴线为理论长度计算。水平管长度可按平面图所示标注尺寸或用比例尺量取，垂直管长度可根据层高和安装高度计算。

②在计算配管工程量时要重点考虑管路两端、中间的连接件。

③明配管工程量计算时，要考虑管轴线距墙的距离，如在设计无要求时，一般可以墙皮作为量取计算的基准；设备、用电器具作为管路的连接终端时，可依其中心作为量取计算的基准。

④暗配管工程量计算时，可依墙体轴线作为量取计算的基准；如设备和用电器具作为管路的连

接终端时，可依其中心线与墙体轴线的垂直交点作为量取计算的基准。

⑤在计算管内穿线工程量时，要明确是否考虑预留长度，以及预留长度的大小等问题。

上述基准点的问题，在实际工作中形式较多，但要掌握一条原则，就是尽可能符合实际。基准点一旦确定后，对于一项工程要严格遵守，不得随意改动这样才能达到整体平衡，使整个电气工程配管工程量计算的误差降到最低。

6.3.3 定额项目工程量计算规则

1. 控制设备及低压电器

（1）说明

①本章适用范围：控制设备、低压电器和集装箱式配电室安装工程。控制设备包括：各种控制屏、继电信号屏、模拟屏、配电屏、整流柜、电气屏（柜）、成套配电箱、控制箱等。低压电器包括：各种控制开关、控制器、接触器、启动器等。

②控制设备安装中，除限位开关及水位电气信号装置外，其他均未包含支架制作安装。

③控制设备安装中未包含的工作内容：

a. 二次喷漆及喷字。

b. 电器及设备干燥。

c. 焊、压接线端子。

d. 端子板外部（二次）接线。

④屏上辅助设备安装中，包含标签框、光字牌、信号灯、附加电阻、连接片等，但不包含屏上开孔工作。

⑤设备的补充油，按设备自带考虑。

⑥各种铁构件制作中，均不包含镀锌、镀锡、镀铬、喷塑等其他金属防护费用。需要时应另行计算。

⑦轻型铁构件系指结构厚度在 3 mm 以内的构件。

⑧铁构件制作安装子目适用于本册范围内的各种支架、构件的制作安装。

⑨可控硅变频调速柜安装，按可控硅柜安装人工费乘以系数1.2，未包含接线端子及接线。

⑩成套配电箱安装未包含支架制作安装。

⑪水位电气信号装置安装中未包含水泵房电气控制设备、晶体管继电器安装及水泵房至水塔、水箱的管线敷设。

⑫压铜接线端子亦适用于铜铝过渡端子。

⑬盘、柜配线基价子目只适用于盘上小设备元件的少量现场配线，不适用于工厂的设备修、配、改工程。

⑭焊（压）接线端子基价子目只适用于导线，电缆终端头制作安装中已包括压接线端子，不得重复计算。

⑮控制设备及低压电器安装均未包括基础槽钢、角钢的制作安装，其工程量应按本章相应子目另行计算。

（2）工程量计算规则

①盘、箱、柜的外部进出线应考虑的预留长度按表6.8计算。

表6.8　盘、箱、柜的外部进出线预留长度　　　　　　　　　　　　单位：m/根

序号	项目	预留长度	说明
1	各种箱、柜、盘、板、盒	高+宽	盘面尺寸
2	单独安装的铁壳开关、自动开关、刀开关、启动器、箱式电阻器、变阻器	0.5	从安装对象中心算起
3	继电器、控制开关、信号灯、按钮、熔断器等小电器	0.3	从安装对象中心算起
4	分支接头	0.2	分支线预留

②端子板外部接线按设备盘、箱、柜、台的外部接线图计算，以"个"为计量单位。

③盘柜配线按不同规格，以 m 为计量单位。

④小母线安装，按设计图示数量计算，以 m 为计量单位。

⑤焊压接线端子，分别导线截面，以"个"为计量单位。

⑥基础槽钢、角钢安装，以 m 为计量单位。

⑦铁构件制作安装均按设计图示数量计算，以成品质量 kg 为计量单位。

⑧网门、保护网制作安装，按网门或保护网设计图示的框外围尺寸计算，以 m^2 为计量单位。

⑨端子箱安装，以"台"为计量单位。

⑩穿通板制作安装，以"块"为计量单位。

⑪木配电箱制作，以"套"为计量单位。

⑫配电板制作安装，以 m^2 为计量单位。

⑬控制屏、继电信号屏、模拟屏、低压开关柜、配电（电源）屏、弱电控制返回屏依据名称、型号、规格，按设计图示数量计算，以"台"为计量单位。

⑭箱式配电室依据名称、型号、规格、质量，按设计图示数量计算，以"套"为计量单位。

⑮硅整流柜依据名称、型号、容量（A），按设计图示数量计算，以"台"为计量单位。

⑯可控硅柜依据名称、型号、容量（kW），按设计图示数量计算，以"台"为计量单位。

⑰低压电容器柜、自动调节励磁屏、励磁灭磁屏、蓄电池屏（柜）、直流馈电屏、事故照明切换屏依据名称、型号、规格，按设计图示数量计算，以"台"为计量单位。

⑱控制台、控制箱、配电箱依据名称、型号、规格，按设计图示数量计算，以"台"为计量单位。

⑲控制开关、低压熔断器、限位开关依据名称、型号、规格，按设计图示数量计算，以"个"为计量单位。

⑳控制器、接触器、磁力启动器、Y－△自耦减压启动器、电磁铁（电磁制动器）、快速自动开关、电阻器、油浸频敏变阻器依据名称、型号、规格，按设计图示数量计算，以"台"为计量单位。

㉑分流器依据名称、型号、容量（A），按设计图示数量计算，以"台"为计量单位。

㉒按钮、电笛、电铃和仪表、电器按设计图示数量计算，以"个"为单位。

㉓水位电器信号装置按设计图示数量计算，以"套"为计量单位。

2．配管、配线

（1）说明

①本章适用范围：电气工程的配管、配线工程。配管包括电线管敷设，钢管及防爆钢管敷设，可挠金属管敷设，塑料管（硬质聚氯乙烯管、刚性阻燃管、半硬质阻燃管）敷设。配线包括管内穿线，瓷夹板配线，塑料夹板配线，鼓形、针式、蝶式绝缘子配线，木槽板、塑料槽板配线，塑料护套线敷设，线槽配线。

②鼓形绝缘子沿钢支架及钢索配线未包含支架制作、钢索架设及拉紧装置制作安装。

③针式绝缘子、蝶式绝缘子配线未包含支架制作。
④塑料护套线沿钢索明敷设未包含钢索架设及拉紧装置制作安装。
⑤钢索架设未包含拉紧装置制作安装。
⑥车间带形母线安装未包含支架制作及母线伸缩器制作安装。
⑦管内穿线的线路分支接头线的长度已综合考虑在基价中,不得另行计算。
⑧照明线路中的导线截面大于或等于 6 mm^2 时,应执行动力线路穿线相应子目。
⑨灯具、明暗开关、插销、按钮等的预留线,已分别综合在有关预算内,不另行计算。

(2) 工程量计算规则

①钢索架设工程量,应区别圆钢、钢索直径（D6、D9）,按图示墙（柱）内缘距离,以 m 为计量单位,不扣除拉紧装置所占长度。

②母线拉紧装置及钢索拉紧装置制作安装工程量,应区别母线截面、花篮螺栓直径（12、16、18）以"套"为计量单位计算。

③动力配管混凝土地面刨沟工程量,应区别管子直径,按延长米计算,以 m 为计量单位。

④配管砖墙刨沟工程量,应区别管子直径,按延长米计算,以 m 为计量单位。

⑤接线箱安装工程量,应区别安装形式（明装、暗装）、接线箱半周长,按设计图示数量计算,以"个"为计量单位。

⑥接线盒安装工程量,应区别安装形式（明装、暗装、钢索上）,以及接线盒类型,按设计图示数量计算,以"个"为计量单位。

⑦配线进入开关箱、柜、板的预留线,按表 6.9 规定的长度,分别计入相应的工程量。

表 6.9 配线进入开关箱、柜、板的预留线（每一根线）

序号	项 目	预留长度	说明
1	各种开关、柜、板	高+宽	盘面尺寸
2	单独安装（无箱、盘）的铁壳开关、闸刀开关、启动器、线槽进出线盒等	0.3m	从安装对象中心算起
3	由地面管子出口引至动力接线箱	1.0 m	从管口计算
4	电源与管内导线连接（管内穿线与软、硬母线接点）	1.5m	从管口计算
5	出户线	1.5m	从管口计算

⑧电气配管依据名称、材质、规格、配置形式及部位,按设计图示尺寸以延长米计算。不扣除管路中间的接线箱（盒）、灯头盒、开关盒所占长度。以 m 为计量单位。

⑨线槽依据材质、规格,按设计图示尺寸以延长米计算,以 m 为计量单位。

⑩电气配线依据配线形式,导线型号、材质、规格和敷设部位或线制,按设计图示尺寸以单线延长米计算,以 m 为计量单位。

(3) 工程量计算方法

配管配线工程量计算的一般方法为：先管后线；先系统,再平面；由始至终。

①配管的工程量计算。配管按管材质、敷设地点、管径不同分项,以"100 m"（定额单位）为计量单位,先干管、后支管,按供电系统各回逐条列式计算。

管长＝水平长（量）+垂直长（算）

a. 水平方向敷设的管,以施工平面布置图的管线走向和敷设部位为依据,并借用建筑物平面图所标墙、柱轴线尺寸进行线管长度的计算。

当线管沿墙暗敷（WC）时,按相关墙轴线尺寸计算该配管长度。
当线管沿墙明敷（WE）时,按相关墙面净空长度尺寸计算线管长度。
以图 6.14 为例：

【例题 6.2】 由图 6.14 可知，AL1 箱（800×500×200）有两个回路即 WL1：BV-2×2.5SC15 和 WL2：BV-4×2.5PC20，其中 WL1 回路是沿墙、顶棚暗敷，WL2 沿墙、顶棚明敷至 AL2 箱（500×300×160）。工程量的计算需要分别计算，分别汇总，套用不同的定额。

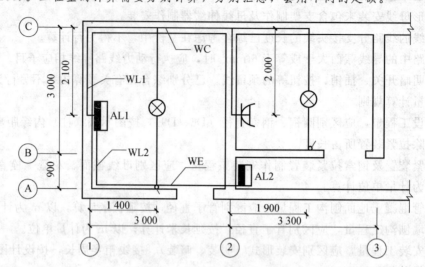

图 6.14 电气照明平面图

WL1 回路的配管线为：BV-2×2.5SC15，回路沿 1—C—2 轴沿暗墙敷及房间内沿顶棚暗敷，按相关墙轴线尺寸计算该配管长度。

那么 WL1 回路水平配管长度 SC15＝（2.1+3+1.9+3.9+2+3）m＝15.9 m

WL2 回路的配管线为：BV-4×2.5PC20，回路沿 1—A 轴沿墙明敷，按相关墙面净空长度尺寸计算线管长度，

那么 WL2 回路水平配管长度 PC20＝（3.9-2.1-0.12+3）m＝4.68 m

b. 垂直方向敷设的管（沿墙、柱引上或引下），其工程量计算与楼层高度及与箱、柜、盘、板、开关等设备安装高度有关。无论配管是明敷或暗敷均按下图计算线管长度。如图 6.15 所示。

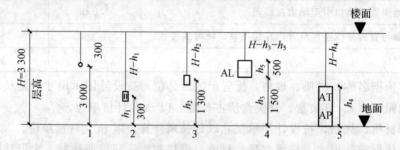

图 6.15 垂直配管长度计算示意图
1—拉线开关；2—插座；3—开关；4—配电箱或 Wh 表；5—配电柜

由图 6.15 可知，各电气元件的安装高度知道后，垂直长度的计算就解决了，这些数据可参见具体设计的规定，一般按照配电箱底距地 1.5 m，板式开关距地 1.3～1.5 m，一般插座距地 0.3 m，拉线开关距顶 0.2～0.3 m，灯具的安装高度按具体情况而定，本图灯具按吸顶灯考虑。

WL1 回路的垂直配管长度 SC15＝（3.3-1.5-0.5）配电箱+（3.3-0.3）插座+0.3×2 拉线开关＝4.9 m

WL2 回路的垂直配管长度 PC20＝（3.3-1.5-0.5）AL1+（3.3-1.5-0.3）AL2＝2.8 m

合计：暗配 SC15 的管长度为：水平长+垂直长＝（15.9+4.9）m＝20.8 m

明配 PC20 的管长度为：水平长+垂直长＝（4.68+2.8）m＝7.48 m

c. 当埋地配管时（FC），水平方向的配管按墙、柱轴线尺寸及设备定位尺寸进行计算。穿出地

面向设备或向墙上电气开关配管时，按埋的深度和引向墙、柱的高度进行计算，如图6.16和图6.17所示。

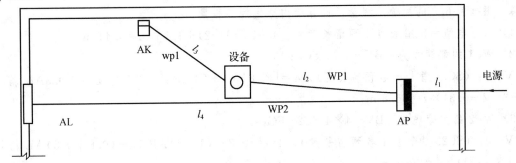

图6.16 埋地水平管长度

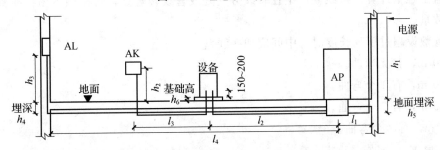

图6.17 埋地管穿出地面

水平长度的计算：若电源架空引入，穿管SC50进入配电箱（AP）后，一条回路WP1进入设备，再连开关箱（AK），另一回路WP2连照明箱（AL）。水平方向配管长度为$l_1=1$ m，$l_2=3$ m，$l_3=2.5$ m，$l_4=9$ m等。水平方向配管长度均算至各电气元件的中心处。

引入管的水平长度（墙外考虑0.2 m）SC50＝（1＋0.24＋0.2）m＝1.44 m

WP1的配管线为：BV－4×6 SC32 FC 管长度SC32＝（3＋2.5）m＝5.5 m

WP2的配管线为：BV－4×4 SC25 FC 管长度SC25＝9 m

垂直长度的计算：当管穿出地面时，沿墙引下管长度（h）加上地面埋深才为垂直长度，出地面的配管还应考虑设备基础高和出地面高度，一般考虑150～200 mm，即为垂直配管长度。各电气元件的高度分别为：架空引入高度$h_1=3$ m；开关箱距地$h_2=1.3$ m；配电箱距地$h_3=1.5$ m；管埋深$h_4=0.3$ m；管埋深$h_5=0.5$ m；基础高$h_6=0.1$ m。

引入管的垂直长度SC50＝h_1+h_5＝（3＋0.5）m＝3.5 m

WP1的垂直配管长度SC32＝$(h_5+h_6+0.2)\times2+(h_5+h_2)$（AL）＝[（0.5＋0.1＋0.2）×2＋0.5＋1.3] m＝3.4 m（伸出基础高按200 mm考虑）

WP2的垂直配管长度SC25＝h_3+h_4＝（1.5＋0.3）m＝1.8 m

合计：引入管SC50＝（1.44＋3.5）m＝4.94 m

SC32＝（5.5＋3.4）m＝8.9 m

SC25＝（9＋1.8）m＝10.8 m

②管内穿线的工程量计算。

管内穿线长度＝（配管长度＋导线预留长度）×同截面导线根数

其中，导线预留长度按照本节表6.9取值。

【例题6.3】如图6.16和图6.17所示，电缆架空引入，标高3.0 m，穿SC50的钢管至AP箱，AP箱尺寸为（1 000×2 000×500），从AP箱分出两条回路WP1、WP2，其中一条回路进入设备，再连开关箱（AK），即WP1箱，其配管线为：BV－4×6 SC32 FC；另一回路WP2连照明箱

(AL)，WP2 的配管线为：BV—4×4 SC25 FC，AL 配电箱尺寸（800×500×200）。计算其管内穿线的工程量。

解 根据例 6.2 的配管工程量，计算管内穿线的工程量。

(1) 入户电缆＝配管长度＋预留长度＝[4.94+(1+2)+1.5] m＝9.44 m

(2) WP1 的配管线为：BV—4×6 SC32 FC

BV—6：(SC32 管长＋各预留长度)×4＝[8.9+(1+2)AP 箱+1×2 设备+0.3AK 箱]×4＝(8.9+3+2+0.3)×4＝56.8 m

(3) WP2 的配管线为：BV—4×4 SC25 FC

BV—4：(SC25 的管长＋各预留长度)×4＝[10.8+(1+2)AP 箱+(0.8+0.5)AL 箱]×4＝(10.8+3+1.3)×4＝60.4 m

③接线盒工程量计算。接线盒产生在管线分支处或管线转弯处，可按照下图接线盒位置示意图计算接线盒数量。

注：线管敷设超过下列长度时，中间应加接线盒。

管长＞30 m，且无弯曲。

管长＞20 m，有 1 个弯曲。

管长＞15 m，有 2 个弯曲。

管长＞8 m，有 3 个弯曲。

3．照明器具

(1) 说明

①本章适用范围：工业与民用建筑（含公用设施）的照明器具安装工程。包括普通吸顶灯及其他灯具、工厂灯及其他灯具、装饰灯具、荧光灯具、医疗专用灯具、一般路灯等安装。

②各型灯具的引导线，除注明者外，均已综合考虑在基价内，使用时不作换算。

③路灯、投光灯、碘钨灯、氙气灯、烟囱水塔指示灯基价，均已考虑了一般工程的高空作业因素，其他器具安装高度如超过 5 m，应按超高系数另行计算。

④本章中装饰灯具项目均已考虑了一般工程的超高作业因素，并包含脚手架搭拆费用。

⑤装饰灯具中示意图号与《全国统一安装工程预算定额（装饰灯具示意图集）》配套使用。

⑥基价中已包含利用摇表测量绝缘及一般灯具的试亮工作（但不包含调试工作）。

⑦路灯安装未包含支架制作及导线架设。

⑧工厂厂区内、住宅小区内路灯安装执行本章基价，城市道路的路灯安装执行市政路灯安装。

⑨小电器包括：按钮、照明开关、插座、电笛、电铃、电风扇、水位电气信号装置、测量表计、继电器、电磁锁、屏上辅助设备、辅助电压互感器、小型安全变压器等。

(2) 工程量计算规则

①吊式艺术装饰灯具的工程量，应根据装饰灯具示意图集所示，区别不同装饰物以及灯体直径和灯体垂吊长度，以"套"为计量单位。灯体直径为装饰物的最大外缘直径。灯体垂吊长度为灯座底部到灯梢之间的总长度。

②吸顶式艺术装饰灯具安装的工程量，应根据装饰灯具示意图集所示，区别不同装饰物、吸盘的几何形状、灯体直径、灯体周长和灯体垂吊长度，以"套"为计量单位计算。灯体直径为吸盘最大外缘直径；灯体半周长为矩形吸盘的半周长；灯体垂吊长度为吸盘到灯梢之间的总长度。

③荧光艺术装饰灯具安装工程量，应根据装饰灯具示意图集所示，区别不同安装形式和计量单位计算。

a. 组合荧光灯光带安装的工程量，应根据装饰灯具示意图集所示，区别安装形式、灯管数量，以 m 为计量单位。灯具的设计数量与基价不符时可以按设计计量加损耗量调整主材。

b. 内藏组合式灯安装的工程量,应根据装饰灯具示意图集所示,区别灯具组合形式,以 m 为计量单位,灯具的设计数量与基价不符时,可根据设计数量加损耗量调整主材。

c. 发光棚安装的工程量,应根据装饰灯具示意图集所示,以 m^2 为计量单位,发光棚灯具按设计用量加损耗量计算。

d. 立体广告灯箱、荧光灯光沿的工程量,应根据装饰灯具示意图集所示,以 m 为计量单位,灯具设计用量与基价不符时,可根据设计数量加损耗量调整主材。

④几何形状组合艺术灯具安装的工程量,应根据装饰灯具示意图集所示,区别不同安装形式及灯具的不同形式,以"套"为计量单位计算。

⑤标志、诱导装饰灯具安装的工程量,应根据装饰灯具示意图集所示,区别不同安装形式,以"套"为计量单位计算。

⑥水下艺术装饰灯具安装的工程量,应根据装饰灯具示意图集所示,区别不同安装形式,以"套"为计量单位计算。

⑦点光源艺术装饰灯具安装的工程量,应根据装饰灯具示意图集所示,区别不同安装形式、不同灯具直径,以"套"为计量单位计算。

⑧草坪灯具安装的工程量,应根据装饰灯具示意图集所示,区别不同安装形式,以"套"为计量单位计算。

⑨歌舞厅灯具安装的工程量,应根据装饰灯具示意图所示,区别不同灯具形式,分别以"套"和"台"为计量单位。

⑩普通吸顶灯及其他灯具依据名称、型号、规格,按设计图示数量计算,以"套"为计量单位。

⑪工厂灯依据名称、型号、规格、安装形式及高度,按设计图示数量计算,以"套"为计量单位。

⑫装饰灯依据名称、型号、规格、安装高度,按设计图示数量计算,以"套"为计量单位。

⑬荧光灯依据名称、型号、规格、安装形式,按设计图示数量计算,以"套"为计量单位。

⑭医疗专用灯依据名称、型号、规格,按设计图示数量计算,以"套"为计量单位。

⑮一般路灯依据名称、型号、灯杆材质及高度、灯架形式及臂长、灯杆形式(单、双),按设计图示数量计算,以"套"为计量单位。

⑯小电器依据名称、型号、规格,按设计图示数量计算,以"个"或"套"为计量单位。

a. 开关、按钮:应区别开关、按钮安装形式,开关、按钮种类,开关极数以及单控与双控,按设计图示数量计算,以"套"为计量单位。

b. 插座:应区别电源相数、额定电流,插座安装形式,插座插孔个数,按设计图示数量计算,以"套"为计量单位。

c. 安全变压器:应区别安全变压器容量,按设计图示数量计算,以"台"为计量单位。

d. 门铃、电铃号码牌箱:应区别电铃直径,电铃号牌箱规格(号),按设计图示数量计算,以"套"为计量单位。

e. 门铃:应区别门铃安装形式,按设计图示数量计算,以"个"为计量单位。

f. 风扇:应区别风扇种类,按设计图示数量计算,以"台"为计量单位。

g. 盘管风机三速开关、请勿打扰灯、须刨插座:按设计图示数量计算,以"套"为计量单位。

h. 水处理器、烘手器、小便斗自动冲水感应器、暖风器(机):按设计图示数量计算,以"台"为计量单位。

【知识拓展】

照明器具工程量的计算比较简单,一般采用统计数量的办法计算。但需注意不要忘记统计开关盒、灯头盒及插座盒的数量。因开关盒、灯头盒及插座盒及接线盒的设置往往在平面图中反映不出来，因此容易造成漏项。无论是明配管还是暗配管，应根据开关、灯具、插座的数量计算相应盒的工程量。

4. 防雷及接地装置

(1) 说明

①本章适用范围：接地装置和避雷装置安装。接地装置包括生产、生活用的安全接地、防静电接地、保护接地等一切接地装置的安装。避雷装置包括建筑物、构筑物、金属塔器等防雷装置，由受雷体、引下线、接地干线、接地极组成一个系统。

②本章不适于采用爆破法施工敷设接地线、安装接地极，也不包含高土壤电阻率地区采用换土或化学处理的接地装置及接地电阻的测定工作。

③户外接地母线敷设系按自然地平和一般土质综合考虑的，包含地沟的挖填土和夯实工作，执行本子目时不应再计算土方量。如遇有石方、矿渣、积水、障碍物等情况时可另行计算。

④本章中避雷针（图6.18）的安装、半导体少长针消雷装置安装均已考虑了高空作业的因素。

⑤高层建筑物屋顶的防雷接地装置应执行"避雷网安装"子目，电缆支架的接地线安装应执行户内接地母线敷设子目。

(2) 工程量计算规则

①避雷针依据材质、规格、技术要求（安装部位），按设计图示数量计算，以"根"为计量单位。独立避雷针安装以"基"为计量单位。长度、高度、数量均按设计规定。

套用下列定额子目：

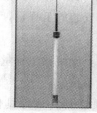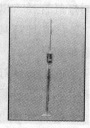

图6.18 避雷针

a. 避雷针安装在烟囱上。避雷针安装在烟囱上，预算定额按照避雷针安装的高度，即烟囱的高度分别列出相应子目，工作内容包括预埋铁件、螺栓或支架、安装固定、补漆。

b. 避雷针装在建筑物上。预算定额中根据针长，按在平屋面上、装在墙上分别列出相应子目，工作内容同安装在烟囱上。水塔顶的避雷针安装套用平屋面上安装定额。

c. 避雷针安在金属容器及构筑物上。定额中根据针长、按在金属容器顶、壁和构筑物上（木杆上、水泥杆上、金属构架上）分别列项，工作内容同前。如避雷针安装在木杆或水泥杆上，定额中已包括圆钢引下线安装及材料价值。

d. 独立避雷针安装。定额中，按照避雷针高度分别列项，以"基"计量。工作内容包括：组装、焊接、吊装、找正、固定、补漆。

②接地母线、避雷线依据材质、规格，按设计图示尺寸计算，以m为计量单位。在工程计价时，接地母线、避雷线敷设长度按设计图水平和垂直规定长度另加3.9%的附加长度（包括转弯、上下波动、避绕障碍物、搭接头所占长度）。

避雷网长度=按图示尺寸计算的长度×(1+3.9%)

接地母线的长度=按图示尺寸计算的长度×(1+3.9%)

【知识拓展】

沿混凝土块敷设时，需另计混凝土块制作。

计算主材费时应另增加规定的损耗率。

接地母线安装，一般以断接卡子所在高度为母线的计算起点，算至接地极处。

③避雷引下线依据材质、规格、技术要求（引下形式）按设计图示尺寸计算，以m为计量单位。

在计算避雷引下线工程量时，应从接闪器算到断接卡子的部分，因此需注意断接卡子的位置。同时，不要忘记统计断接卡子的数量。

a. 断接卡子制作安装以"套"为计量单位，按设计规定装设的断接卡子数量计算，接地检查井内的断接卡子安装按每井一套计算。

b. 避雷引下线可利用金属构件引下，可沿建筑物构筑物引下，可利用建筑物主筋引下。当利用建筑物内主筋作接地引下线时，每一柱子内按焊接两根主筋考虑，如果焊接主筋数超过两根时，可按比例调整。

④均压环敷设以 m 为单位计算，主要考虑利用圈梁内主筋作均压环接地连线，焊接是按两根主筋考虑，超过两根时，可按比例调整。长度按设计需要作均压接地的圈梁中心线长度，以延长米计算。

⑤柱子主筋与圈梁连接以"处"为计量单位，每处按两根主筋与两根圈梁钢筋分别焊接连接考虑。如果焊接主筋和圈梁钢筋超过两根时，可按比例调整，需要连接的柱子主筋和圈梁钢筋处数按规定设计计算。

⑥接地极依据材质、规格，按设计图示数量计算，以"根"为计量单位。其长度按设计长度计算，设计无规定时，每根长度按 2.5 m 计算。若设计有管帽时，管帽另按加工件计算。

⑦接地跨接线

接地跨接是接地母线、引下线、接地极等遇有障碍时，需跨越而相连的接头线称为跨接。接地跨接线以"处"为计量单位，按规程规定凡需作接地跨接线的工程内容，每跨接一次按一处计算，户外配电装置构架均需接地，每副构架按一处计算。

定额中接地跨接线安装包括接地跨接线安装、构架接地、钢铝窗接地等三项。

a. 接地跨接一般出现在建筑物伸缩缝、沉降缝处，吊车钢轨作为接地线时的轨与轨联结处，为防静电管道法兰盘连接处，通风管道法兰盘连接处等，如图 6.19（a）、6.19（b）所示。

b. 按规程规定凡需作接地跨接线的工程，每跨接一次按一处计算，户外配电装置构架均需接地，每副构架按"一处"计算。

c. 钢窗、铝窗接地以"处"为计量单位（高层建筑六层以上的金属窗设计一般要求接地），按设计规定接地的金属窗数进行计算，以"处"为计量单位。

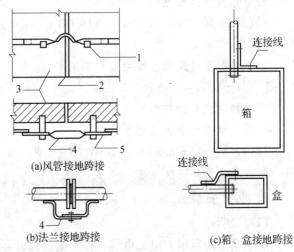

图 6.19 接地跨接线示意图

d. 金属线管通过箱、盘、柜、盒等焊接的连接线，线管与线管连接管箍处的连接线，定额已包括其安装工作，不得再算跨接。如图 6.19（c）所示。

⑧半导体少长针消雷装置依据型号、高度，按设计图示数量计算，以"套"为计量单位。

【例题 6.4】如图 6.20 所示某防雷及接地工程，设计说明如下：

①图示标高以室外地坪±0.00 计算。不考虑墙厚，也不考虑引下线与避雷网、引下线与断接卡子的连接耗量。

②避雷网均采用－25×4 镀锌扁钢，ⓒ～ⓓ/③～④部分标高为 24 m，其余部分标高均为 21 m。

③引下线利用建筑物柱内主筋引下，每一处引下线均需焊接 2 根主筋。每一引下线离地坪 1.8 m 处设一断接卡子。

④户外接地母线均采用－40×4 镀锌扁钢，埋深 0.7 m。

⑤接地极采用∟50×50×5镀锌角钢制作，$L=2.5$ m。
⑥接地电阻要求小于10 Ω。

试计算避雷网、引下线、断接卡子、接地母线、接地极的工程量？

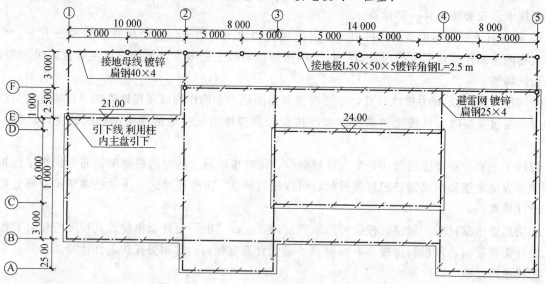

图6.20 防雷及接地平面图

解

避雷网敷设工程量

$\{[(2.5+10+2.5)×4+10+(10+8+14+8)×2+14×2+(24-21)×4]×(1+3.9\%)\}$ m = 197.41 m

引下线利用建筑物柱内主筋引下工程量

$[(21-1.8)×3]$ m = 57.6 m

角钢接地极制作安装9根

户外接地母线敷设工程量

$\{[(5×8)+(3+2.5)+3+3+(0.7+1.8)×3]×(1+3.9\%)\}$ m = 61.30 m

断接卡子制作安装3套。

5. 电缆安装

(1) 说明

①本章适用范围：电力电缆和控制电缆敷设，电缆桥架安装，电缆阻燃盒安装，电缆保护管敷设等。

②本章的电缆敷设适用于10kV以内的电力电缆和控制电缆敷设。子目系按平原地区和厂内电缆工程的施工条件编制的，未考虑在积水区、水底、井下等特殊条件下的电缆敷设，厂外电缆敷设工程按第十章中的相应项目另计工地运输。

③电缆如在一般山地、丘陵地区敷设，人工费乘以系数1.3。该地段所需的施工材料如固定桩、夹具等按实另计。

④电缆敷设中未考虑因波形敷设增加长度、弛度增加长度、电缆绕梁（柱）增加长度以及电缆与设备连接、电缆接头等必要的预留长度，该增加长度应计入工程量内。

⑤本章的电力电缆头均按铝芯电缆考虑，铜芯电力电缆头按同截面电缆头子目乘以系数1.2，双屏蔽电缆头制作安装人工费乘以系数1.05。

⑥电力电缆敷设均按三芯（包含三芯连地）考虑，五芯电力电缆敷设子目乘以系数1.3，六芯电力电缆敷设子目乘以系数1.6，每增加一芯子目增加30%，以此类推。单芯电力电缆敷设按同截

面电缆子目乘以系数 0.67。截面 400 mm² 以外至 800 mm² 的单芯电力电缆敷设按 400 mm² 电力电缆子目执行。800~1000 mm² 的单芯电力电缆敷设按 400 mm² 电力电缆子目乘以系数 1.25 执行。240 mm² 以外的电缆头的接线端子为异形端子,需要单独加工,应按实际加工价计算。

⑦电缆沟挖填方亦适用于电气管道沟等的挖填方工作。

⑧桥架安装:

a. 玻璃钢梯式桥架和铝合金梯式桥架子目均按不带盖考虑,如这两种桥架带盖,则分别执行玻璃钢槽式桥架和铝合金槽式桥架子目。

b. 钢制桥架主结构设计厚度如大于 3 mm,人工、机械乘以系数 1.2。

c. 不锈钢桥架安装,执行钢制桥架子目乘以系数 1.1。

⑨本章电缆敷设系综合子目,已将裸包电缆、铠装电缆、屏蔽电缆等因素考虑在内,因此凡 10 kV 以内的电力电缆和控制电缆均不分结构形式和型号,一律按相应的电缆截面和芯数执行子目。

⑩本章未包含下列工作内容:

隔热层、保护层的制作安装;电缆冬季施工的加温工作和在其他特殊施工条件下的施工措施费和施工降效增加费。

⑪本章中的电缆支架制作安装只适用于大型电缆支架的制作安装。

⑫电缆沟挖填中的"含建筑垃圾土"系指建筑物周围及施工道路区域内的土质中含有建筑碎块或含有砌筑留下的砂浆等,称为建筑垃圾土。电缆沟挖填不包含恢复路面。

⑬塑料电缆槽、混凝土电缆槽安装未包含各种电缆槽和接线盒材料。电缆槽的挖填土方及铺砂盖砖另行计算。宽 100 mm 以内的金属槽安装,可执行加强塑料槽子目。固定支架及吊杆另计。

⑭电缆防腐不包含挖沟和回填土。电缆刷色相漆按一遍考虑。电缆缠麻层的人工可执行电缆剥皮子目,另计麻层材料费。

⑮户内干包式电力电缆头制作安装未包含终端盒、保护盒、铅套管和安装支架。干包电缆头不装"终端盒"时,称为"简包终端头",适用于一般塑料和橡皮绝缘低压电缆。

⑯户内浇注式电力电缆终端头制作安装未包含电缆终端盒和安装支架。浇注式电缆头主要用于油浸纸绝缘电缆。

⑰户内热缩式电力电缆终端头制作安装未包含安装支架和防护罩。热缩式电缆头适用于 0.5~10.0 kV 的交联聚乙烯电缆和各种电缆。

⑱户外浇注式电力电缆终端头制作安装未包含安装支架、托箍、螺栓和防护(防雨)罩。适用于 0.5~10.0 kV 的各种电力电缆户外终端头的制作安装。

⑲浇注式、热缩式电力电缆中间头制作安装未包含保护盒、铅套管和安装支架。

⑳控制电缆终端头制作安装未包含铅套管和固定支架。中间头制作安装未包含中间头保护盒。

㉑电缆沟盖板揭、盖基价,按每揭或每盖一次以延长米计算。如又揭又盖,则按两次计算。

(2)计算规则:

①电缆沟挖填土方

依据土质按设计图示尺寸以体积计算,以 m³ 为计量单位。

电缆沟有设计断面图时,按图计算土石方量;电缆沟无设计断面图时,按下式计算土石方量。

a. 两根电缆以内土石方量如图 6.21 所示。

$$V = SL$$

$S = [(0.6+0.4) \times 0.9/2]$ m² $= 0.45$ m²

即每 1 m 沟长,$V=0.45$ m³。沟长按设计图计算。

b. 每增加一根电缆时,沟底宽增加 170 mm。也即每

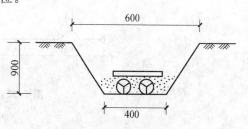

图 6.21　电缆沟示意图

米沟长增加 0.153 m³ 土石方量。见表 6.10。

表 6.10 直埋电缆的挖、填土（石）方量   单位：m³

项目	电缆根数	
	1～2	每增一根
每米沟长挖方量	0.45	0.153

注：1. 两根以内的电缆沟，系按上口宽度 600 mm、下口宽度 400 mm、深度 900 mm 计算的常规土方量（深度按规范的最低标准）。
2. 每增加一根电缆，其宽度增加 170 mm。
3. 以上土方量系按埋深从自然地坪起算，如设计埋深超过 900 mm 时，多挖的土方量应另行计算。

②人工开挖路面依据路面材质、厚度按设计图示尺寸以面积计算，以 m² 为计量单位。

根据 2012 年天津市电气设备安装工程定额，在计算电缆工程人工开挖路面的工程量时，不需计算体积，只按照图示尺寸计算面积即可，可根据厚度进行列项。

③电缆沟铺沙盖砖、盖保护板依据电缆沟中埋设电缆的根数按设计图示尺寸以长度计算，以 m 为计量单位。

④电缆沟揭（盖）板：依据沟盖板长度按设计图示尺寸以长度计算，以 m 为计量单位。

⑤电缆敷设：依据型号、规格、敷设方式，按设计图示尺寸以长度计算，以 m 为计量单位。

计算方法为（图 6.22）

$$L=(L1+L2+L3+L4+L5+L6+L7)\times(1+2.5\%)$$

式中　$L1$——水平长度；

　　　$L2$——垂直及斜长度；

　　　$L3$——预留（驰度）长度；

　　　$L4$——穿墙基及进入建筑物长度；

　　　$L5$——沿电杆、沿墙引上（引下）长度；

　　　$L6$、$L7$——电缆中间头及电缆终端头长度；

　　　2.5%——电缆曲折弯余系数。（驰度、波形弯度、交叉）。

电缆敷设长度应根据敷设路径的水平和垂直敷设长度，按表 6.11 规定增加附加长度。

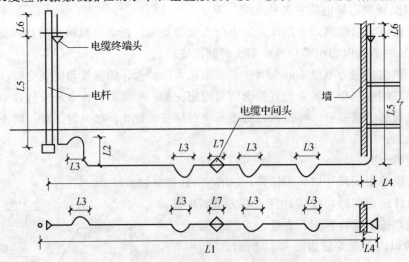

图 6.22 电缆长度组成平、剖面示意图

表 6.11　电缆敷设附加长度

单位：m/根

序号	项目	预留（附加）长度	说明
1	电缆敷设驰度、波形弯度、交叉	2.5%	按电缆全长计算
2	电缆进入建筑物	2.0 m	规范规定最小值
3	电缆进入沟内或吊架时引上（下）预留	1.5 m	规范规定最小值
4	变电所进线、出线	1.5 m	规范规定最小值
5	电力电缆终端头	1.5 m	规范规定最小值
6	电缆中间接头盒	两端各留 2.0 m	检修余量最小值
7	电缆进控制、保护屏及模拟盘等	高+宽	按盘面尺寸
8	高压开关柜及低压配电盘、箱	2.0 m	盘下进出线
9	电动机	0.5 m	从电机接线盒起算
10	厂用变压器	3.0 m	从地坪起算
11	电缆绕过梁柱等增加长度	按实计算	按被绕物的断面情况计算增加长度
12	电梯电缆与电缆架固定点	每处 0.5 m	规范规定最小值

注：电缆附加及预留的长度是电缆敷设长度的组成部分，应计入电缆长度工程量之内

⑥塑料电缆槽、混凝土电缆槽安装按设计图示尺寸以长度计算，以 m 为计量单位。

⑦电缆终端头及中间头均以个为计量单位。电力电缆和控制电缆均按一根电缆有两个终端头考虑。中间电缆头设计有图示的，按设计确定；设计没有规定的，按实际情况计算（或按平均 250 m 一个中间头考虑）。

⑧电缆防火堵洞，以"处"为计量单位。电缆防火隔板安装，以 m^2 为计量单位。电缆防火涂料，按设计图示尺寸以质量计算，以 kg 为计量单位。电缆阻燃槽盒安装按设计图示尺寸以长度计算，以 m 为计量单位。

⑨电缆防护按设计图示尺寸以长度计算，以 m 为计量单位。

⑩电缆保护管：依据材质、规格，按设计图示尺寸以长度计算，以 m 为计量单位。

电缆保护管埋地敷设，其土方量凡有施工图注明的，按施工图计算；无施工图的一般按沟深 0.9 m、沟宽按最外边的保护管两侧边缘外各增加 0.3 m 工作面计算。

电缆保护管长度，除按设计规定长度计算外，遇有下列情况，应按以下规定增加保护管长度：

横穿道路时，按路基宽度两端各增加 2 m。

垂直敷设时，管口距地面增加 2 m。

穿过建筑物外墙时，按基础外缘以外增加 1 m。

穿过排水沟时，按沟壁外缘以外增加 1 m。

⑪电缆桥架依据型号、规格、材质、类型，按设计图示尺寸以长度计算，以 m 为计量单位。

⑫电缆支架依据材质、规格，按设计图示质量计算，以 t 为计量单位。

⑬顶管依据其长度，按数量计算，以"根"为计量单位。

6．变压器安装

(1) 说明

①本章适用范围：油浸电力变压器、干式变压器、整流变压器、自耦式变压器、带负荷调压变压器、电炉变压器、整流变压器及消弧线圈安装工程。

②电炉变压器安装按同容量电力变压器安装子目乘以系数 2.0，整流变压器安装按同容量电力

变压器安装子目乘以系数1.60。

③变压器油是按设备带来考虑的,但施工中变压器油的过滤损耗及操作损耗已包括在有关子目中。

④变压器安装过程中放注油、油过滤所使用的油罐,已摊入油过滤子目中。

⑤变压器的器身检查:4 000 kV·A以内是按吊芯检查考虑,4 000 kV·A以外是按吊钟罩考虑的,如果4 000 kV·A以外的变压器需进行吊芯检查,机械费乘以系数2.0。

⑥干式变压器安装中按不带保护外罩考虑,如带有保护外罩,人工费和机械费乘以系数1.2。

⑦整流变压器、消弧线圈、并联电抗器的干燥按同容量变压器干燥子目执行,电炉变压器干燥按同容量变压器干燥子目乘以系数2.0。

⑧变压器干燥棚的搭拆工作,若发生时可按实计算。

⑨油样的耐压试验已列入变压器系统调试子目中;化验和色谱分析,需要时按实计算。

⑩瓦斯继电器的检查及试验已列入变压器系统调整试验子目内。

⑪消弧线圈的干燥按同容量电力变压器干燥执行,以"台"为计量单位。

图6.23 变压器

(2)工程量计算规则

①油浸电力变压器、干式变压器依据名称、型号、容量(kVA),按设计图示数量计算,以"台"为计量单位。

②整流变压器、自耦式变压器、带负荷调压变压器依据名称、型号、规格、容量(kVA),按设计图示数量计算,以"台"为计量单位。

③电炉变压器、消弧线圈依据名称、型号、容量(kVA),按设计图示数量计算,以"台"为计量单位。

④变压器油过滤不论过滤多少次,直到过滤合格为止,以t为计量单位,其具体计算方法如下:

变压器安装基价未包括绝缘油的过滤,需要过滤时,可按制造厂提供的油量计算。

油断路器及其他充油设备的绝缘油过滤,可按制造厂规定的充油量按下式计算:

$$油过滤数量(t)=设备油重(t)\times(1+损耗率)$$

⑤变压器干燥:通过试验判定需要干燥的变压器才能列此项目,依据容量(kV·A),以"台"为计量单位。

7. 配电装置安装

(1)说明

①本章适用范围:各种断路器、真空接触器、隔离开关、负荷开关、互感器、电抗器、电容器、滤波装置、高压成套配电柜、组合型成套箱式变电站等安装工程。

②配电设备安装的支架、抱箍及延长轴、轴套、间隔板等,按设计图示数量计算,执行铁构件制作安装或成品价。

③设备本体所需的绝缘油、六氟化硫气体、液压油等均按设备带有考虑。

④设备安装所需的地脚螺栓按土建预埋考虑,不包含二次灌浆。

⑤互感器安装系按单相考虑,不包含抽芯及绝缘油过滤,特殊情况另作处理。

⑥电抗器安装系按三相叠放、三相平放和二叠一平的安装方式综合考虑,不论何种安装方式,均不作换算,一律执行本子目。干式电抗器安装子目适用于混凝土电抗器、铁芯干式电抗器和空心电抗器等干式电抗器的安装。

⑦高压成套配电柜安装系综合考虑，不分容量大小，也不包含母线配制及设备干燥。

⑧低压无功补偿电容器屏（柜）安装按第四章中的相应子目计算。

⑨组合型成套箱式变电站主要是指 10 kV 以内的箱式变电站，一般布置形式为变压器在箱的中间，箱的一端为高压开关位置，另一端为低压开关位置。组合型低压成套配电装置其外形像一个大型集装箱，内装 6~24 台低压配电箱（屏），箱的两端开门，中间为通道，称为集装箱式低压配电室，执行第四章中的相应子目。

⑩每套滤波装置包括三台组架安装，不包括设备本身及铜母线的安装，其工程量应按第三章中的相应基价另行计算。

⑪高压成套配电柜和箱式变电站安装均未包括基础槽钢、母线及引下线的配置安装。

（2）工程量计算规则

①油断路器、真空断路器、SF6 断路器、空气断路器、真空接触器依据名称、型号、容量（A），按设计图示数量计算，以"台"为计量单位。

②隔离开关、负荷开关依据名称、型号、容量（A），按设计图示数量计算，以"组"为计量单位。

③互感器依据名称、型号、规格、类型，按设计图示数量计算，以"台"为计量单位。

④高压熔断器依据名称、型号、规格，按设计图示数量计算，以"组"为计量单位。

⑤避雷器依据名称、型号、规格、电压等级，按设计图示数量计算，以"组"为计量单位。

⑥干式电抗器依据名称、型号、规格、质量，按设计图示数量计算，以"组"为计量单位。

⑦干式电抗器干燥：依据每组质量，按设计图示数量计算，以"组"为计量单位。

⑧油浸电抗器依据名称、型号、容量（kV·A），按设计图示数量计算，以"组"为计量单位。

⑨油浸电抗器干燥：依据容量（kV·A），按设计图示数量计算，以"组"为计量单位。

⑩移相及串联电容器、集合式并联电容器：依据名称、型号、规格、质量，按设计图示数量计算，以"个"为计量单位。

⑪并联补偿电容器组架依据名称、型号、规格、结构，按设计图示数量计算，以"台"为计量单位。

⑫交流滤波装置组架依据名称、型号、规格、回路，按设计图示数量计算，以"台"为计量单位。

⑬高压成套配电柜依据名称、型号、规格、母线设置方式、回路，按设计图示数量计算，以"台"为计量单位。

⑭组合型成套箱式变电站依据名称、型号、容量（kV·A），按设计图示数量计算，以"台"为计量单位。

8. 母线安装

母线、绝缘子是变配电设备之间连接线和支持母线的绝缘瓷器。母线有硬母线和软母线两类。软母线用于高于 35 kV 的高压侧，10 kV 变配电站内一般均用硬母线。母线按照材质可分为铜母线、铝母线、钢母线三种。母线按形状可分为带形、槽型、封闭插接及重型几种。

（1）说明

①本章适用范围：软母线、带形母线、槽形母线、共箱母线、低压封闭式插接母线槽、重型母线安装工程。

②组线合软母安装不包含两端铁构件制作安装和支持瓷瓶、带形母线的安装。组合软导线的跨距是按标准跨距综合考虑的，如实际跨距与子目不符时不作换算。

③软母线安装是按单串绝缘子考虑，如设计为双串绝缘子，人工费乘以系数 1.08。耐张绝缘子串的安装已包括在软母线安装内。

④两跨软母线间的跳引线安装，不论两端的耐张线夹是螺栓式或压接式，均执行软母线跳线，不得换算。

⑤软母线的引下线、跳线、设备连线均按导线截面分别执行子目,不区分引下线、跳线和设备连线。软母线经终端耐张线夹引下(不经T形线夹或并沟线夹引下)与设备连接的部分均执行引下线子目,不得换算。

⑥带形钢母线安装执行同规格的铜母线安装。

⑦带形母线伸缩接头和铜过渡板均按成品考虑,子目只考虑安装。

⑧高压共箱母线和低压封闭式插接母线槽均按制造厂供应的成品考虑,子目只包含现场安装。封闭式插接母线槽如果在竖井内安装,人工费和机械费乘以系数2.0。

⑨低压封闭式插接母线槽每节之间的接地连线设计规格不同时允许换算。

⑩带形母线、槽形母线安装均不包括支持瓷瓶安装和钢构件配置安装,其工程量应分别按设计成品数量执行本章和第四章中的相应子目。

(2)工程量计算规则

①共箱母线依据型号、规格,按设计图示尺寸以长度计算,以m为计量单位。

②重型母线依据型号、容量(A),按设计图示尺寸以质量计算,以t为计量单位。

③重型铝母线接触面加工指铸造件需加工接触面时,可以按其接触面大小,以"片"为计量单位。

④母线伸缩接头及铜过渡板安装,按设计图示数量,均以"个"为计量单位。

⑤槽形母线与设备连接分别以连接不同的设备,按设计图示数量,以"台"或"组"为计量单位。槽形母线及固定槽形母线的金具按设计用量加损耗率计算。

⑥低压(指380 V以内)封闭式插接母线槽:依据不同型号、容量(A)按设计图示尺寸计算,以m为计量单位,长度按设计母线的轴线长度计算,分线箱以"台"或"组"为计量单位,分别以电流大小按设计数量计算。

⑦软母线指直接由耐张绝缘子串悬挂部分,按软母线截面大小分别以"跨/三相"为计量单位。设计跨距不同时,不得调整。导线、绝缘子、线夹、弛度调节金具等均按施工图设计用量加基价规定的损耗率计算。软母线预留长度按表6.12计算。

表6.12 软母线安装预留长度　　　　　　　　　　　　单位:m/根

项目	耐张	跳线	引下线、设备连接线
预留长度	2.5	0.8	0.6

⑧软母线引下线,指由T形线夹或并沟线夹从软母线引向设备的连接线,以"跨"为计量单位,每三相为一跨。

⑨组合软母线安装,按三相为一组计算。跨距(包括水平悬挂部分和两端引下部分之和)系以45 m以内考虑的,实际跨度不同不得调整。导线、绝缘子、线夹、金具按设计图示数量加基价规定的损耗率计算。

⑩带形母线安装及带形母线引下线安装包括铜排、铝排,分别以不同截面和片数以"m/单相"为计量单位。母线和固定母线的金具均按图示数量加损耗率计算。

⑪硬母线配置安装预留长度按表6.13规定计算。

表6.13 硬母线配置安装预留长度　　　　　　　　　　　　单位:m/根

序号	项目	预留长度	说明
1	带形、槽形母线终端	0.3	从最后一个支持点算起
2	带形、槽形母线与分支线连接	0.5	分支线预留
3	带形母线与设备连接	0.5	从设备端子接口算起
4	多片重型母线与设备连接	1.0	从设备端子接口算起
5	槽形母线与设备连接	0.5	从设备端子接口算起

⑫穿墙套管安装不分水平、垂直安装,均以"个"为计量单位。

⑬悬垂绝缘子串安装,指垂直或V形安装的提挂导线、跳线、引下线、设备连接线或设备等所用的绝缘子串安装,按单、双串分别以"个"为计量单位。

⑭支持绝缘子安装分别按安装在户内、户外、单孔、双孔、四孔固定,以"个"为计量单位。

⑮设备连接线安装,指两设备间的连接部分。不论引下线、跳线、设备连接线,均应分别按导线截面、三相为一组计算工程量。

9. 建筑弱电工程

建筑弱电工程包含种类繁多,在套取定额时需结合安装工程预算定额的第十三册《建筑智能化系统设备安装工程》及第二册《电气设备安装工程》综合考虑。其工程量计算方法与强电部分基本相同,因篇幅所限,本书不再对建筑智能化系统设备安装工程展开,仅对常用的部分计算规则进行说明。

(1) 室内电话线路

①电话管线的敷设。电话管线分明敷、暗敷,按管径大小和管材分类,以m为单位计算。

电话管线的工程量的计算方法和定额应用,均与强电工程中配管配线工程相同。定额可执行《天津市安装工程预算基价》(2012)第二册第十二章配管、配线的相应定额子目。

接线箱与分线盒的计算方法与动力照明线路相同。

②电话机插座安装。电话机插座不论接线板式、插口式、瓷接头式,不论明装与暗装,均以"个"计量。

明装与暗装均需计算一个插座盒的安装。

插座安装定额可套用第二册第十三章"照明器具安装"相应子目。

插座盒安装执行第二册第十二章"配管、配线"相应子目。

③电话室内交接箱、分线盒、壁龛(接头箱、端子箱、过路箱、分线箱)的安装。

a. 交接箱。不设电话站的用户单位,用一个箱直接与市话网电缆连接,并通过箱的端子分配给单位内部分线盒(箱)时,该箱称为交接箱。交接箱可明装,也可暗装。

交接箱以"个"为单位,按照电话对数分档,箱、盒计算未计价材料价值。

b. 壁龛。市内电话线路需分配到各室,或转折、过墙、接头时,用分线箱,又叫接头箱、过路箱、端子箱。当暗装时通称为壁龛。壁龛箱体用木质、铁质制作,内装电话接线端子板一对作分线用。所装电话对数较少的盒也称接线盒或分线盒,可明装也可暗装。

壁龛、分线盒的安装,均以"个"计量。箱、盒为未计价材料。

【例题6.5】如图6.24所示,某旅社电话工程,三层楼,层高3.2 m,电话总分线盒XF601-20装在二楼楼梯间,电话线用HBV-2×1,主线管PVC20,支线管PVC15,全暗敷TP插座安装高度0.4 m,话机用户自备。试列出相关子目。

解 可列项如下:

电话分线盒安装XF-20,个

PVC20管暗敷,m

PVC15管暗敷,m

管内穿电话线HBV-2×1,m

接线盒暗装,个

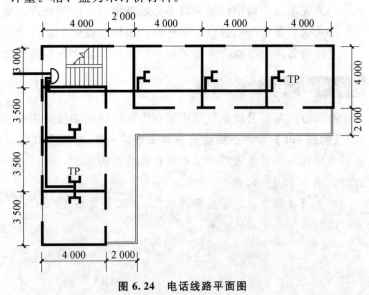

图6.24 电话线路平面图

电话插座盒暗装，个

电话插座安装，个

其中管线的计算方法与第二册配管配线相同。

(2) 有线电视系统

①电视共用天线：依据名称、型号，按设计图示数量计算，以"副"为计量单位。

②前端机柜：依据名称，按设计图示数量计算，以"个"为计量单位。

③电视墙：依据名称、监视器数量，按设计图示数量计算，以"套"为计量单位。

④前端射频设备：依据名称、类型、频道数量，按设计图示数量计算，以"套"为计量单位。

⑤卫星地面站接收设备：依据名称、类型，按设计图示数量计算，以"台"为计量单位。

⑥光端设备：依据名称、类别、类型，按设计图示数量计算，以"台"为计量单位。

⑦有线电视系统管理设备：依据名称、类别，按设计图示数量计算，以"台"为计量单位。

⑧播控设备：依据名称、功能、规格，按设计图示数量计算，以"台"为计量单位。

⑨传输网络设备：依据名称、功能、安装位置，按设计图示数量计算，以"个"为计量单位。

⑩分配网络设备：依据名称、功能、安装形式，按设计图示数量计算，以"个"为计量单位。

⑪射频传输电缆：依据名称、规格、安装环境、安装方式，按设计图示数量计算，以 m 为计量单位。

⑫卫星天线：依据规格、安装方式，按设计图示数量计算，以"副"为计量单位。

(3) 火灾自动报警系统

①探测器的安装。点型探测器分为多线制和总线制，不分规格、型号、安装位置和方式，以"只"为计量单位。

红外线探测器以"对"为计量单位，成对使用。

火焰探测器、可燃气体探测器分为多线制和总线制，部分规格、型号、安装位置和方式，以"只"为计量单位。

线形探测器按环绕、正弦及直线综合考虑，不分线制及保护形式，以 m 为计量单位。

②区域火灾报警装置安装，分为台式、壁挂式、落地式几种，以"台"为计量单位。

③联动控制器，分为多线制和总线制，依据安装方式，以"台"为计量单位。

③按钮，包括消火栓按钮、手动报警按钮、气体灭火起/停按钮，以"只"为计量单位。

④控制模块（接口），即中继器，依据单输出和多输出，按照输出数量，以"只"为计量单位。

⑤报警模块（接口），不起控制作用，只起监视、报警作用，以"只"为计量单位。

⑥火灾事故广播中的扬声器不分规格型号，按吸顶式与壁挂式，以"只"为计量单位。

⑦火灾事故中的功放机、录音机，按柜内或台上，以"台"为计量单位。

⑧报警备用电源综合考虑了规格、型号，以"台"为计量单位。

6.3.4 定额计价案例

本部分以某办公楼电气照明工程为例，说明如何采用定额计价方法编制预算。

【例题 6.6】某办公楼建筑安装工程中的电气照明工程，本书选取其中的三张图纸，即设计说明、系统图、一层平面图。其中设计说明如图 6.25 所示，系统图如图 6.26 所示，一层电气照明平面图如图 6.27 所示。

本办公楼共 3 层，首层层高 3.6 m，二层层高 3.3 m，三层层高 3.6 m。本书仅选取首层进行计算。具体信息详见设计说明。

图例及设备材料表

图例	名称	型号及规格	安装地点及高度	备注
■	配电箱 1AL1/2AL1	铁质	楼道间 暗装 下皮距地 1.6 m	
■	配电箱 AL1		暗装 下皮距地 1.6 m	
■	配电箱 AL2		暗装 下皮距地 1.6 m	
■	配电箱 AL3		暗装 下皮距地 1.6 m	
	防水吸顶灯	40/40	卫生间 楼道 吸顶安装	防水型灯口
	吸顶灯	2×60W	装 下皮距地 2.5 m	
	应急灯			蓄电池供电时间大于30 min
	电度表	GP410US,10A	室内 暗装 下皮距地 0.3 m	
	一般插座		暗装 下皮距地 1.4 m	
TV	电视配电箱		暗装 下皮距地 1.4 m	
	电话插座		暗装 下皮距地 0.3 m	
	电话终端		下皮距地 0.3 m	
K	空调插座	GP416US,16A	室内 吊顶安装 下皮距地 0.3 m 2.2 m	
	嵌顶式荧光灯	2×36W	办公室 吊顶安装	不吊顶处采用盒式荧光灯 单板、双板、三板
	嵌顶式荧光灯	3×36W	办公室 吊顶安装	不吊顶处采用盒式荧光灯
	照明开关	GP31(2,3)/1,10A	全部,下皮距地 1.4 m 距门边 0.2 m 嵌装	
	安全出口标志灯		门口上方 0.2 m	蓄电池供电时间大于30 min
	MEB等电位端子箱	300×300×160	进户处嵌墙安装 距地 0.3 m	
	等电位点	88×88×53	卫生间 下皮距地 0.5 m	

工程主持人		月 日	工程名称		工号	
主任工程师		月 日	工程项目		分号	
专业负责人		月 日		办公楼		
审 核		月 日	图名		图号	电施-1
设 计		月 日		说明及图例		
副 图		月 日				

电气设计说明

一、概述：1. 电气设计包括：低压配电、照明、分体式空调电源及保护接地装置等。

2. 电源由室外变电站引入，采用W-1KV型电缆埋深为0.8 m。电源电压为380/220V，室内采用三相五线制供电系统。

二、低压配电、空调、照明：照明配电箱、均为墙上安装，箱下皮距地1.6 m；

2. 导线颜色：根据要求本图为三相供电。L1、L2、L3各相颜色分别为黄、绿、红色；N线为兰色；PE线黄绿色。

各户为单相供电，单相负荷平衡接在三相上。未标注导线截面按三相上导线截面者为2.5 mm²。

3. 该工程中所用管均为KBG钢管，电气设备选择及安装见本图图例，设备材料表。

三、电话、有线电视通讯、有线电视电缆、穿保护管进入建筑。图中电话电视插座均为暗装，安装高度为距地边距距地0.3 m。

电话线：ZRRWP(2×1.0)KBG16 (2-3)ZRRWP(2×1.0)KBG20 (4-6)ZRRWP(2×1.0) KBG25

电视线：干线为SYWV75-9KBG25 支线为SYWV75-5KBG20电视、电视均埋地引入但需加装浪涌保护器。

四、接地设计：

1. 该工程采用N-S系统，三相正采用综合接地。接地电阻小于1 Ω。接地极采用基础钢筋，若接地电阻达不到要求，另加人工接地体。

2. 各种金属管道任入户外均作总电位连接连接DZM接线箱与进户钢筋采用电气焊连接，接地极与进户管道的连接均采用BV-1×2.5PC16

3. 各种金属管道均与等电位连接箱可靠连接，卫生间等电位接由接线盒至各金属管体至金属管道穿管钢筋。作法详98D01。

暗敷设至金属管道附近各设灯出接线盒。空调插座安装时以建筑预留的空调板穿管或空调穿端子配合。

五、施工时应与土建专业密切配合。

图6.25 某电气照明工程设计说明

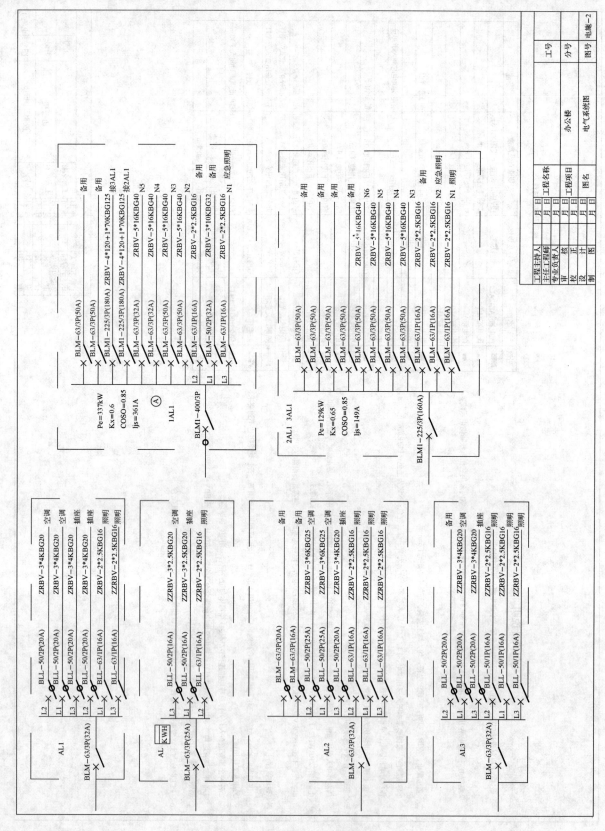

图6.26 某电气照明工程系统图

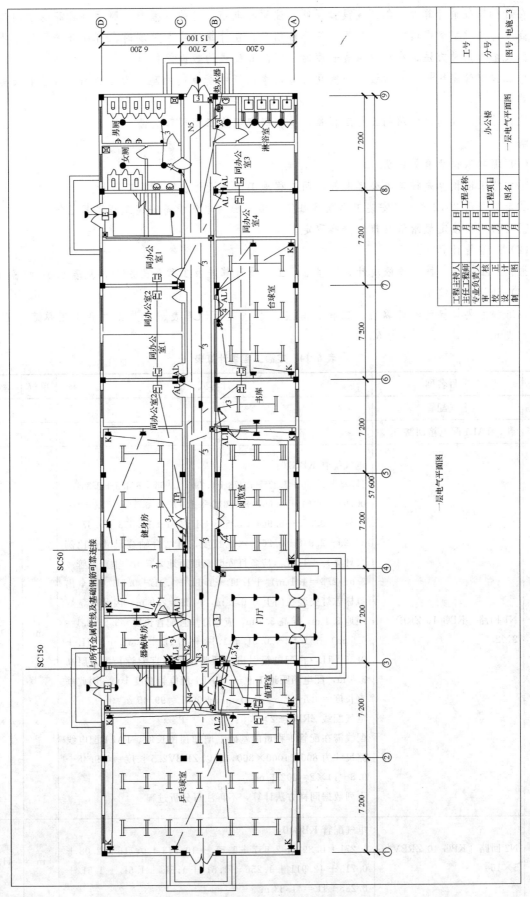

图 6.27 某电气照明工程平面图

在进行工程量计算前仔细阅读设计说明,注意配电箱、开关、插座、照明灯具等的图例符号及安装高度,注意配管配线的材质、规格等详细信息。在计算管线水平度时,可综合采用用轴线尺寸和比例尺量取两种方法;在计算垂直长度时注意配管配线的敷设部位。

本工程配管配线均为暗敷设。为简化计算,本图纸中所有门的高度为2.9 m,图纸上未画出的项目均不计算。

试计算该工程的电气照明工程工程量,并编制定额施工图预算文件。

解

(1) 编制依据及有关说明

①本施工图预算是按某办公楼电气照明工程施工图及设计说明计算工程量。

②定额采用2012《××安装工程预算基价》第二册《电气设备安装工程预算基价》。

③材料价格按定额附录及市场价格取定。

(2) 工程量计算

根据施工图样,按分项依次计算工程量,工程量计算表及工程量汇总表,见表6.14和表6.15。

(3) 计价文件编制

该工程主要材料费用计算表、工程预算表、措施项目计算表、安装工程费用汇总表分别见表6.16、表6.17、表6.18和表6.19。

表6.14 定额工程量计算表

序号	项目名称	计算式	单位	数量
(一)	电气配管			
1	1AL1配电箱回路		m	
(1)	N1回路[KBG 16 ZRBV-2×2.5]	电气配管KBG16: 1.525+4.586+1.47+1.473+0.79+1.565+6.455+2.354+0.793+1.61+4.607+1.615+1.172+0.515+7.982+1.577+0.975+6.964+3.558+10.711+14.553+0.675+3.529+2.978+3.26(水平长度,可结合轴线尺寸和比例尺计算)+1.1L(应急灯安装高度距地2.5 m,垂直配管=3.6-2.5=1.1 m)+1.1L+1.1L+1.1L+0.5L(安全出口标志灯安装在门上方0.2 m,门高=2.9 m,因此应急灯距地3.1 m,层高3.6 m,应急灯垂直配管长度=3.6-3.1=0.5 m)+1.1L+0.5L+1.1L+1.1L+0.5L+1.1L+0.36+1L(由配电箱引出沿顶敷设的垂直配管长度,层高3.6 m,配电箱距地1.6 m,1AL1配电箱高度1 m,因此垂直长度=3.6-1.6-1=1 m)+0.5L=99.45 m 电气配线 ZRBV-2×2.5: 配线需在配管工程量的基础上增加预留长度。1AL1配电线路尺寸为800×1000×300,所以ZRBV2.5长度=(99.45+0.8+1)×2=202.5 m 下列数据同样方法计算,不再注写分析过程	m	99.45
(2)	N2回路[KBG 40 ZRBV-5×16]	电气配管KBG40: 1.271+0.892+2.957+1.5L+10.243+0.716+2.08+0.715+12.911+1.256+1.5L+1.5L+1.5L+1.5L+0.285+1L=41.83 m	m	41.83

续表 6.14

序号	项目名称	计算式	单位	数量
(3)	N3 回路 [KBG 40 ZRBV－5×16]	电气配管 KBG40： 1.5L+1.5L+1.5L+1.5L+1.5L+1.685+1.6+4.659+ 1.09+6.226+1.009+1.499+3.446+17.238+1.549+ 1.5L+1.5L+1.5L+1L=53 m	m	53
(4)	N4 回路 [KBG 40 ZRBV－5×16]	2.168+3.482+1.5L+1.442+1.96+1.5L+1.5L+0.314+ 1L=14.87 m	m	14.87
(5)	N5 回路 [KBG 40 ZRBV－5×16]	9.232+1.504+1.013+17.062+4.033+11.338+3.772+ 3.65+2.626+0.35+1L=55.58 m	m	55.58
2	AL1 配电箱回路		m	
(1)	空调回路 [KBG 20 ZRBV－3×4]	1.691+1.461+1.969+0.3L+1.6L+2.158+2.891+5.36+ 7.661+0.3L+1.6L+5.125+2.369+3.186+2.484+ 4.412+0.3L+1.6L+0.3L+1.6L=48.37 m	m	48.37
(2)	插座回路 [KBG 20 ZRBV－3×4]	0.675+1.075+1.964+0.3L+0.3L+0.3L+1.6L+4.257+ 4.48+1.6L+3.231+2.897+1.471+1.684+0.3L+0.3L+ 0.3L+10.101+1.667+3.042+0.3L+0.3L+0.3L+1.6L= 44.04 m	m	44.04
(3)	照明回路 [KBG 16 ZRBV－2×2.5]	1.51+2.951+1.818+2.2L+1.5L+2.006+1.588+2.951+ 3.465+2.951+3.465+2.951+3.465+2.951+3.134+ 2.2L+2.2L+1.5L+2.2L+4.03+4.03+3.295+3.579+ 4.03+1.303+2.341+2.2L+2.2L+1.5L=75.51 m	m	75.51
3	AL2 配电箱回路		m	
(1)	空调回路 [KBG 25 ZRBV－3×6]	5.316+10.184+8.823+10.184+0.3L+1.6L+0.3L+ 0.3L+0.3L+0.3L+0.3L=37.91 m	m	37.91
(2)	插座回路 [KBG 20 ZRBV－3×4]	4.697+3.673+2.843+0.758+0.3L+0.3L+1.6L= 14.47 m	m	14.47
(3)	照明回路 [KBG 16 ZRBV－2×2.5]	1.643+1.5L+12.089+12.089+8.593+12.089+5.085+ 1.5L+1.5L=56.09 m	m	56.09
4	AL3 配电箱回路		m	
(1)	空调插座回路 [KBG 20 ZRBV－3×4]	3.062+3.817+2.843+1.795+0.3L+0.3L+0.3L+1.6L+ 0.3L+1.6L=15.92 m	m	15.92
(2)	照明回路 [KBG 16 ZRBV－2×2.5]	2.144+3.455+2.988+2.997+2.997+3.455+2.621+ 2.425+3.327+3.663+2.178+2.24+46.256+0.422+ 0.422+1.5L+1.5L+1.021+1.236+0.647+6.855+ 3.563+2.2L+2.2L+2.2L+2.2L+1.986+2.043+0.885+ 1.676+2.2L+2.2L+1.5L+1.548+1.73+3.19+1.432+ 4.143+3.19+2.2L+2.2L+2.2L+2.2L+2.2L=143.24 m	m	143.24
5	AL 配电箱回路		m	
(1)	空调回路 [KBG 20 ZRBV－3×2.5]	1.258+9.354+4.031+2.219+3.073+1.6L+0.3L+ 0.3L+1.6L=23.74 m	m	23.74

续表 6.14

序号	项目名称	计算式	单位	数量
(2)	插座回路 [KBG 20 ZRBV-3×2.5]	0.688+2.518+0.3L+0.3L+0.3L+1.6L=5.71 m	m	5.71
(3)	照明回路 [KBG 16 ZRBV-2×2.5]	1.115+1.861+2.078+3.465+3.408+1.861+2.078+1.861+2.078+7.823+1.484+1.52+0.259+2.951+2.2L+1.5L+2.2L+1.5L+2.2L=43.44 m	m	43.44
6	电话线回路 [KBG 16 ZRVVP-2×1]	2.6+1.513+9.653+0.431+1.71+0.3L+1.4L+0.687+0.3L+7.954+2.158+6.177+3.744+0.3L+0.3L+0.3L+0.3L+15.187+1.928+1.683+0.3L+0.3L+0.3L=59.52 m	m	59.52
(二)	电气设备			
1	配电箱			
(1)	1AL1 [800×1000×300]	1 台	台	1
(2)	AL1 配电箱 [600×500×300]	1+1+1	台	3
(3)	AL2 配电箱 [600×500×300]	1	台	1
(4)	AL3 配电箱 [600×500×300]	1	台	1
(5)	AL 配电箱 [600×500×300]	1+1+1+1+1+1	台	6
(6)	电话配电箱 [450×250×100]	1	台	1
2	照明灯具			
(1)	普通吸顶灯	1+1+1+1+1+1+1+1+1+1+1+1+1+1+1+1+1+1+1+1+1+1+1	套	23
(2)	防水吸顶灯	1+1+1+1+1+1+1	套	7
(3)	应急灯	1+1+1+1+1+1+1+1	套	8
(4)	隔删式双管荧光灯	1+1+1+1+1+1+1+1+1+1+1+1+1+1+1+1+1+1+1+1+1+1+1+1+1+1+1+1+1+1+1+1+1+1+1+1+1+1+1+1+1+1+1+1+1	套	45
(5)	隔删式三管荧光灯	1+1+1+1+1+1+1+1+1	套	9
(6)	安全出口标志灯	1+1+1+1	套	4
3	开关插座			
(1)	照明开关 [双联单控暗开关]	1+1+1+1+1+1+1+1+1+1+1+1	套	12

续表 6.14

序号	项目名称	计算式	单位	数量
(2)	一般插座［单相二三眼安全型插座］	1+1+1+1+1+1+1+1+1+1+1+1	套	12
(3)	空调插座	1+1+1+1+1+1+1+1+1+1+1	套	11
(4)	电话插座［单相二三眼安全型插座］	1+1+1+1+1+1+1+1+1+1+1	套	11
4	接线盒			
(1)	开关盒		个	35
(2)	接线盒		个	114
(3)	信息插座底盒（接线盒）		个	11

表 6.15 定额工程量汇总表

序号	项目名称	单位	数量
1	照明配电箱安装［800×1 000×300］	台	1
2	照明配电箱安装［600×500×300］	台	11
3	电话配电箱［450×250×100］	台	1
4	电线管 KBG16	m	477.25
5	电线管 KBG20	m	152.25
6	电线管 KBG25	m	37.91
7	电线管 KBG40	m	165.28
8	管内穿线 ZRBV2.5	m	1 075.03
9	管内穿线 ZRBV4	m	401.4
10	管内穿线 ZRBV6	m	117.02
11	管内穿线 ZRBV16	m	950.36
12	ZRVVP 1	m	120.45
13	普通吸顶灯	套	23
14	防水吸顶灯	套	7
15	应急灯	套	8
16	隔删式双管荧光灯	套	45
17	隔删式三管荧光灯	套	9
18	安全出口标志灯	套	4
19	照明开关［双联单控暗开关］	套	12
20	一般插座［单相二三眼安全型插座］	套	12
21	空调插座	套	11
22	电话插座［单相二三眼安全型插座］	套	11
23	接线盒		
(1)	开关盒	个	35
(2)	接线盒	个	114
(3)	信息插座底盒（接线盒）	个	11

表 6.16 主要材料费用表

序号	材料名称和规格	单位	数量	单价/元	金额/元
1	照明配电箱安装 [800×1000×300]	台	1	670	670
2	照明配电箱安装 [600×500×300]	台	11	500	5500
3	电话配电箱 [450×250×100]	台	1	300	300
4	电线管 KBG16	m	477.25×1.03=491.57	2	983.14
5	电线管 KBG20	m	152.25×1.03=156.82	3.68	577.09
6	电线管 KBG25	m	37.91×1.03=39.05	4.62	180.40
7	电线管 KBG40	m	165.28×1.03=170.24	13.75	2 340.78
8	管内穿线 ZRBV2.5	m	1075.03×1.16=1247.03	1.89	2 356.89
9	管内穿线 ZRBV4	m	401.4×1.1=441.54	2.15	949.31
10	管内穿线 ZRBV6	m	117.02×1.05=122.87	3.11	382.13
11	管内穿线 ZRBV16	m	950.36×1.05=997.88	8.44	8 422.11
12	ZRVVP1	m	120.45×1.08=130.09	6	780.54
13	普通吸顶灯	套	23×1.01=23.23	58	1 347.34
14	防水吸顶灯	套	7×1.01=7.07	78	551.46
15	应急灯	套	8×1.01=8.08	69	557.52
16	隔删式双管荧光灯	套	45×1.01=45.45	350	15 907.5
17	隔删式三管荧光灯	套	9×1.01=9.09	559	5 081.31
18	安全出口标志灯	套	4×1.01=4.04	180	727.2
19	照明开关 [双联单控暗开关]	套	12×1.02=12.24	33	403.92
20	一般插座 [单相二三眼安全型插座]	套	12×1.02=12.24	33	403.92
21	空调插座 [三孔]	套	11×1.02=11.22	20	224.4
22	电话插座	套	11×1.02=11.22	60	673.2
23	开关盒	个	35×1.02=35.7	4	142.8
24	接线盒	个	114×1.02=116.28	4	465.12
25	信息插座底盒（接线盒）	个	11×1.01=11.11	4	44.44

注：主材价格采用市场价格，仅用作计算演示使用

电气设备安装工程计量与计价

表 6.17 工程预算表

序号	定额编号	工程及费用名称	单位	工程量数量	造价单价	造价合价	未计价材料费单价	未计价材料费合价	人工费单价	人工费合价	总价分析 材料费单价	材料费合价	机械费单价	机械费合价	管理费单价	管理费合价
1	2-266	成套配电箱安装悬挂嵌入式（半周长 2.5）	台	1	292.51	292.51	670	670	215.6	215.6	39.91	39.91	6.58	6.58	30.42	30.42
2	2-265	成套配电箱安装悬挂嵌入式（半周长 1.5）	台	11	262.89	2 891.79	500	5 500	177.1	1 948.1	60.8	668.8			24.99	274.89
3	2-264	成套配电箱安装悬挂嵌入式	台	1	214.99	214.99	300	300	138.6	138.6	56.83	56.83			19.56	19.56
4	2-975	电线管敷设砖、混凝土结构（DN20）	100 m	6.295	602.79	3 794.56			454.3	2 859.82	51.51	324.26	32.88	206.98	64.1	403.51
5	2-976	电线管敷设砖、混凝土结构（DN25）	100 m	0.379 1	841.4	318.97	4.62	180.4	654.5	248.12	62.54	23.71	32.01	12.13	92.35	35.01
		KBG 电线管（DN16）	m	156.82			3.68	577.09								
		KBG 电线管（DN20）	m	491.57			2	983.14								
6	2-978	电线管敷设砖、混凝土结构（DN40）	100 m	1.652 8	1 160.87	1 918.69			888.58	1 468.65	88.5	146.27	58.41	96.54	125.38	207.23
		KBG 电线管（DN25）	m	170.24			13.75	2 340.78								
		KBG 电线管（DN40）	m	10.750 3												
7	2-1174	管内穿线照明线路（铜芯 2.5 mm² 以内）ZRBV2.5	100 m	1 247.03	110.17	1 184.36	1.89	2 356.89	77	827.77	22.31	239.84			10.86	116.75

199

续表 6.17

序号	定额编号	工程及费用名称	单位	工程量数量	造价单价	造价合价	未计价材料费单价	未计价材料费合价	人工费单价	人工费合价	材料费单价	材料费合价	机械费单价	机械费合价	管理费单价	管理费合价
8	2—1175	管内穿线照明线路（铜芯 4 mm² 以内）ZRBV4	100 m	4.014	84.04	337.34			53.9	216.35	22.53	90.44			7.61	30.55
9	2—1202	管内穿线动力线路（铜芯 6 mm² 以内）ZRBV6	100 m	1.1702	90.79	106.24	2.15	949.31	61.6	72.08	20.5	23.99			8.69	10.17
10	2—1204	管内穿线动力线路（铜芯 16 mm² 以内）ZRBV16	100 m	9.5036	121.38	1 153.55	3.11	382.13	84.7	804.95	24.73	235.02			11.95	113.57
11	2—1215	管内穿线多芯软导线（三芯 1 mm² 以内）ZRVVP1	100 m	997.88	91.16	109.8	8.44	8 422.11	63.14	76.05	19.11	23.02			8.91	10.73
12	2—1392	半球形吸顶灯	10 套	130.09	254.64	585.67	6	780.54	166.32	382.54	64.85	149.16			23.47	53.98
13	2—1412	防水防尘灯（吸顶式）	10 套	2.3	309.11	216.38	58	1 347.34	227.92	159.54	49.03	34.32			32.16	22.51
14	2—1580	标志、诱导装饰灯安装（墙壁式）应急灯	10 套	0.7	276.38	221.1	78	551.46	187.11	149.69	62.87	50.3			26.4	21.12
15	2—1581	标志、诱导装饰灯安装（嵌入式）安全出口标志灯	套	0.8	288.14	115.26	69	557.52	218.68	87.47	38.6	15.44			30.86	12.34
			套	8.08			180	727.2								
				4.04												

续表 6.17

序号	定额编号	工程及费用名称	单位	工程量 数量	造价 单价	造价 合价	未计价材料费 单价	未计价材料费 合价	人工费 单价	人工费 合价	材料费 单价	材料费 合价	机械费 单价	机械费 合价	管理费 单价	管理费 合价
16	2—1633	成套荧光灯安装（吸顶式双管）	10套	4.5	263.68	1186.56			210.21	945.95	23.81	107.15			29.66	133.47
17	2—1634	成套荧光灯安装（吸顶式三管）	10套	0.9			350	15 907.5	234.85	211.37	23.81	21.43			33.14	29.83
18	2—1652	板式暗开关（单控双联）照明开关	10套	1.2	291.8	262.62	559	5 081.31	68.53	82.24	3.66	4.39			9.67	11.6
		三管荧光灯	10套	9.09	81.86	98.23										
19	2—1684	单相暗插座 15A（5孔）	10套	1.2	103.28	123.94	33	403.92	84.7	101.64	6.63	7.96			11.95	14.34
20	2—1693	单相暗插座 30A（3孔）	10套	1.1	111.76	123.94	33	403.92	83.16	91.48	6.71	7.38			11.73	12.9
		一般插座	套	12.24												
21	13—120	电话出线口（插座型单联）	套	11.22	3.91	43.01	20	224.4	3.08	33.88	0.4	4.4			0.43	4.73
		空调插座	个	11.22												
22	2—1385	接线盒（暗装）	10个	11.4	51.81	590.63	4	465.12	34.65	395.01	12.27	139.88			4.89	55.75
		电话插座	个	11												
23	2—1386	开关盒（暗装）	10个	3.5	47.86	167.51	4	142.8	36.96	129.36	5.68	19.88			5.22	18.27
24	13—4	信息插座底盒（接线盒）	个	11.11	12.3	135.3	4	44.44	10.78	118.58					1.52	16.72
		信息插座	个	11												
	合计					16 180.77		49 972.52		11 764.84		2 433.78		322.23		1 659.95

201

表 6.18 措施项目计算表

工程名称：某办公楼电气照明工程　　　　　　　　　　　　　　　　　　　　　年　月　日

序号	项目名称	计算基数	费率/%	金额/元
1	安全文明施工措施费	人工费＋材料费＋机械费	1.2	174.25
2	其中：人工费	1	16	27.88
3	脚手架措施费	人工费	5	588.24
4	其中：人工费	3	25	147.06
5	措施费合计	1＋3	—	762.49
6	其中人工费合计	2＋4	—	174.94

注：本案例只计算了措施费中的安全文明施工措施费和脚手架措施费，措施费计算项目应以实际发生为准

表 6.19 工程费用汇总表

工程名称：某办公楼电气照明工程　　　　　　　　　　　　　　　　　　　　　年　月　日

序号	费用名称	计算公式	费率/%	金额/元
1	施工图预算子目计价合计	∑（工程量×编制期预算基价）＋主材费＋设备费	—	66 153.29
2	其中：人工费	∑（工程量×编制期预算基价中人工费）	—	11 764.84
3	施工措施费合计	∑施工措施项目计价	—	762.49
4	其中：人工费	∑施工措施项目计价中人工费	—	174.94
5	小计	1＋3	—	66 915.78
6	其中：人工费	2＋4	—	11 939.78
7	规费	6	44.21%	5 278.58
8	利润	6	24.81%	2 962.26
9	其中：施工装备费	6	11%	1 313.38
10	税金	5＋7＋8	3.44%	2 585.39
11	含税造价	5＋7＋8＋10	—	77 742.01

6.4　电气设备安装工程清单模式下的计量与计价

6.4.1　清单内容及注意事项

电气设备安装工程清单工程量计算规则应以 2013 年《通用安装工程工程量计算规范》（GB 50856—2013）附录 D "电气设备安装工程"及相关内容为依据。

"附录 D　电气设备安装工程"包括：

D.1　变压器安装

D.2　配电装置安装

D.3　母线安装

D.4　控制设备及低压电器安装

D.5　蓄电池安装

D.6　电机检查接线及调试

D.7　滑触线装置安装

D.8　电缆安装

D.9　防雷及接地装置
D.10　10 kV以下架空配电线路
D.11　配管、配线
D.12　照明器具安装
D.13　附属工程
D.14　电气调整试验
D.15　相关问题及说明

6.4.2　清单项目工程量计算方法

清单项目工程量的计算方法与定额计价基本一致，只是在清单计价模式下，需按照规范中规定的工程量计算规则进行计算。与定额工程量计算规则不同的是，除另有说明外，所有清单项目的工程量应以实体工程量为准，并以完成后的净值计算；投标人投标报价时，应在单价中考虑施工中的各种损耗和需要增加的工程量。

6.4.3　清单项目工程量计算规则

根据《通用安装工程工程量计算规范》（GB 50856—2013）的相关规定，"电气设备安装工程"适用于10 kV以下变配电设备及线路的安装工程、车间动力电气设备及电气照明、防雷及接地装置安装、配管配线、电气调试等。

因在电气设备安装工程中，清单计价模式下的工程量计算方法与定额计价模式下的计算方法类似，因此，本节不再对计算规则详细展开说明，只选取部分计算规则进行介绍。

1. 控制设备及低压电器安装（编码：030404）（部分）

控制设备及低压电器安装的工程量计算规则见表6.20。

表6.20　控制设备及抵押电器安装（部分）

项目编码	项目名称	项目特征	计量单位	工程量计算规则	工作内容
030404001	控制屏	1. 名称 2. 型号 3. 规格 4. 种类 5. 基础型钢形式、规格 6. 接线端子材质、规格 7. 端子板外部接线材质、规格 8. 小母线材质、规格 9. 屏边规格	台	按设计图示数量计算	1. 本体安装 2. 基础型钢制作、安装 3. 端子板安装 4. 焊、压接线端子 5. 盘柜配线、端子接线 6. 小母线安装 7. 屏边安装 8. 补刷（喷）油漆 9. 接地
030404002	继电、信号屏				
030404003	模拟屏				
030404004	低压开关柜（屏）				1. 本体安装 2. 基础型钢制作、安装 3. 端子板安装 4. 焊、压接线端子 5. 盘柜配线、端子接线 6. 屏边安装 7. 补刷（喷）油漆 8. 接地

续表 6.20

项目编码	项目名称	项目特征	计量单位	工程量计算规则	工作内容
030404005	弱电控制返回屏				1. 本体安装 2. 基础型钢制作、安装 3. 端子板安装 4. 焊、压接线端子 5. 盘柜配线、端子接线 6. 小母线安装 7. 屏边安装 8. 补刷（喷）油漆 9. 接地
030404006	箱式配电室	1. 名称 2. 型号 3. 规格 4. 质量 5. 基础规格、浇筑材质 6. 基础型钢形式、规格	套	按设计图示数量计算	1. 本体安装 2. 基础型钢制作、安装 3. 基础浇筑 4. 补刷（喷）油漆 5. 接地
030404007	硅整流柜	1. 名称 2. 型号 3. 规格 4. 容量（A） 5. 基础型钢形式、规格			1. 本体安装 2. 基础型钢制作、安装 3. 补刷（喷）油漆 4. 接地
030404008	可控硅柜	1. 名称 2. 型号 3. 规格 4. 容量（kW） 5. 基础型钢形式、规格			
030404009	低压电容器柜	1. 名称 2. 型号 3. 规格 4. 基础型钢形式、规格 5. 接线端子材质、规格 6. 端子板外部接线材质、规格 7. 小母线材质、规格 8. 屏边规格	台	按设计图示数量计算	1. 本体安装 2. 基础型钢制作、安装 3. 端子板安装 4. 焊、压接线端子 5. 盘柜配线、端子接线 6. 小母线安装 7. 屏边安装 8. 补刷（喷）油漆 9. 接地
030404010	自动调节励磁屏				
030404011	励磁灭磁屏				
030404012	蓄电池屏（柜）				
030404013	直流馈电屏				
030404014	事故照明切换屏				
030404015	控制台	1. 名称 2. 型号 3. 规格 4. 基础型钢形式、规格 5. 接线端子材质、规格 6. 端子板外部接线材质、规格 7. 小母线材质、规格			1. 本体安装 2. 基础型钢制作、安装 3. 端子板安装 4. 焊、压接线端子 5. 盘柜配线、端子接线 6. 小母线安装 7. 补刷（喷）油漆 8. 接地

续表 6.20

项目编码	项目名称	项目特征	计量单位	工程量计算规则	工作内容
030404016	控制箱	1. 名称 2. 型号 3. 规格 4. 基础形式、材质、规格 5. 接线端子材质、规格 6. 端子板外部接线材质、规格 7. 安装方式			1. 本体安装 2. 基础型钢制作、安装 3. 焊、压接线端子 4. 端子接线 5. 补刷（喷）油漆 6. 接地
030404017	配电箱				
030404018	插座箱	1. 名称 2. 型号 3. 规格 4. 安装方式	台		本体安装
030404019	控制开关	1. 名称 2. 型号 3. 规格 4. 接线端子材质、规格 5. 额定电流（A）	个		1. 本体安装 2. 焊、压接线端子 3. 接线
030404030	分流器	1. 名称 2. 型号 3. 规格 4. 容量（A） 5. 接线端子材质、规格	个	按设计图示数量计算	1. 本体安装 2. 焊、压接线端子 3. 接线
030404031	小电器	1. 名称 2. 型号 3. 规格 4. 接线端子材质、规格	个（套、台）		
030404032	端子箱	1. 名称 2. 型号 3. 规格 4. 安装部位	台		1. 本体安装 2. 接线
030404033	风扇	1. 名称 2. 型号 3. 规格 4. 安装方式	台		1. 本体安装 2. 调速开关安装
030404034	照明开关	1. 名称 2. 材质 3. 规格 4. 安装方式	个		1. 开关安装 2. 接线
030404035	插座	1. 名称 2. 材质 3. 规格 4. 安装方式	个		1. 插座安装 2. 接线

续表 6.20

项目编码	项目名称	项目特征	计量单位	工程量计算规则	工作内容
030404036	其他电器	1. 名称 2. 规格 3. 安装方式	个 (套、台)		1. 安装 2. 接线

注：1. 控制开关包括：自动空气开关、刀型开关、铁壳开关、胶盖刀闸开关、组合控制开关、万能转换开关、风机盘管三速开关、漏电保护开关等

2. 小电器包括：按钮、电笛、电铃、水位电气信号装置、测量表计、继电器、电磁锁、屏上辅助设备、辅助电压互感器、小型安全变压器等

3. 其他电器安装指：本节未列的电器项目

4. 其他电器必须根据电器实际名称确定项目名称，明确描述工作内容、项目特征、计量单位、计算规则

5. 盘、箱、柜的外部进出线预留长度见表 6.21

表 6.21 盘、箱、柜的外部进出线预留长度表

序号	项目	预留长度	说明
1	各种箱、柜、盘、板、盒	高+宽	盘面尺寸
2	单独安装的铁壳开关、自动开关、刀开关、启动器、箱式电阻器、变阻器	0.5	从安装对象中心算起
3	继电器、控制开关、信号灯、按钮、熔断器等小电器	0.3	从安装对象中心算起
4	分支接头	0.2	分支线预留

2. 配管、配线

根据 2013 年《通用安装工程计量规范》的规定，电线、电缆、母线均应按设计要求、规范、施工工艺规程规定的预留量及附加长度应计入工程量。

配管配线的工程量计算规则见表 6.22。

表 6.22 配管、配线（编码：030411）

项目编码	项目名称	项目特征	计量单位	工程量计算规则	工作内容
030411001	配管	1. 名称 2. 材质 3. 规格 4. 配置形式 5. 接地要求 6. 钢索材质、规格	m	按设计图示尺寸以长度计算	1. 电线管路敷设 2. 钢索架设（拉紧装置安装） 3. 预留沟槽 4. 接地
030411002	线槽	1. 名称 2. 材质 3. 规格			1. 本体安装 2. 补刷（喷）油漆
030411003	桥架	1. 名称 2. 型号 3. 规格 4. 材质 5. 类型 6. 接地			1. 本体安装 2. 接地

续表 6.22

项目编码	项目名称	项目特征	计量单位	工程量计算规则	工作内容
030411004	配线	1. 名称 2. 配线形式 3. 型号 4. 规格 5. 材质 6. 配线部位 7. 配线线制 8. 钢索材质、规格	m	按设计图示尺寸以单线长度计算	1. 配线 2. 钢索架设（拉紧装置安装） 3. 支持体（夹板、绝缘子、槽板等）安装
030411005	接线箱	1. 名称 2. 材质 3. 规格 4. 安装形式	个	按设计图示数量计算	本体安装
030411006	接线盒				

注：1. 配管、线槽安装不扣除管路中间的接线箱（盒）、灯头盒、开关盒所占长度
2. 配管名称指：电线管、钢管、防爆管、塑料管、软管、波纹管等
3. 配管配置形式指：明、暗配、吊顶内、钢结构支架、钢索配管、埋地敷设、水下敷设、砌筑沟内敷设等
4. 配线名称指：管内穿线、瓷夹板配线、塑料夹板配线、绝缘子配线、槽板配线、塑料护套配线、线槽配线、车间带形母线等
5. 配线形式指：照明线路、动力线路、木结构、顶棚内、砖、混凝土结构、沿支架、钢索、屋架、梁、柱、墙、跨屋架、梁、柱
6. 配线保护管遇到下列情况之一时，应增设管路接线盒和拉线盒：(1) 管长度每超过 30 m，无弯曲；(2) 管长度每超过 20 m，有 1 个弯曲；(3) 管长度每超过 15m，有 2 个弯曲；(4) 管长度每超过 8m，有 3 个弯曲。垂直敷设的电线保护管遇到下列情况之一时，应增设固定导线用的拉线盒：(1) 管内导线截面为 50 mm^2 及以下，长度每超过 30 m；(2) 管内导线截面为 70～95 mm^2，长度每超过 20 m；(3) 管内导线截面为 120～240 mm^2，长度每超过 18m。在配管清单项目计量时，设计无要求时上述规定可以作为计量接线盒、拉线盒的依据
7. 配管安装中不包括凿槽、刨沟的工作内容，应按本附录 D.13 相关项目编码列项
8. 配线进入箱、柜、板的预留长度见表 6.23。

表 6.23　配线进入箱、柜、板的预留长度表

序号	项目	预留长度/m	说明
1	各种箱、柜、盘、板	高+宽	按盘面尺寸
2	单独安装（无箱、盘）的铁壳开关、闸刀开关、启动器、线槽进出线盒等	0.3	从安装对象中心起算
3	由地面管子出口引至动力接线箱	1.0	从管口计算
4	电源与管内导线连接（管内穿线与软、硬母线接点）	1.5	从管口计算
5	出户线	1.5	从管口计算

3. 照明器具

照明器具安装的工程量计算规则见表 6.24。

表 6.24 照明器具安装（编码：030412）

项目编码	项目名称	项目特征	计量单位	工程量计算规则	工作内容
030412001	普通灯具	1. 名称 2. 型号 3. 规格 4. 类型	套	按设计图示数量计算	本体安装
030412002	工厂灯	1. 名称 2. 型号 3. 规格 4. 安装形式			
030412003	高度标志（障碍）灯	1. 名称 2. 型号 3. 规格 4. 安装部位 5. 安装高度			
030412004	装饰灯	1. 名称 2. 型号 3. 规格 4. 安装形式			
030412005	荧光灯				
030412006	医疗专用灯	1. 名称 2. 型号 3. 规格			
030412007	一般路灯	1. 名称 2. 型号 3. 规格 4. 灯杆材质、规格 5. 灯架形式及臂长 6. 附件配置要求 7. 灯杆形式（单、双） 8. 基础形式、砂浆配合比 9. 杆座材质、规格 10. 接线端子材质、规格 11. 编号 12. 接地要求	套	按设计图示数量计算	1. 基础制作、安装 2. 立灯杆 3. 杆座安装 4. 灯架及灯具附件安装 5. 焊、压接线端子 6. 补刷（喷）油漆 7. 灯杆编号 8. 接地
030412008	中杆灯	1. 名称 2. 灯杆的材质及高度 3. 灯架的型号、规格 4. 附件配置 5. 光源数量 6. 基础形式、浇筑材质 7. 杆座材质、规格 8. 接线端子材质、规格 9. 铁构件规格 10. 编号 11. 灌浆配合比 12. 接地要求			1. 基础浇筑 2. 立灯杆 3. 杆座安装 4. 灯架及灯具附件安装 5. 焊、压接线端子 6. 铁构件安装 7. 补刷（喷）油漆 8. 灯杆编号 9. 接地

续表 6.24

项目编码	项目名称	项目特征	计量单位	工程量计算规则	工作内容
030412009	高杆灯	1. 名称 2. 灯杆高度 3. 灯架形式（成套或组装、固定或升降） 4. 附件配置 5. 光源数量 6. 基础形式、浇筑材质 7. 杆座材质、规格 8. 接线端子材质、规格 9. 铁构件规格 10. 编号 11. 灌浆配合比 12. 接地要求	套	按设计图示数量计算	1. 基础浇筑 2. 立杆 3. 杆座安装 4. 灯架及灯具附件安装 5. 焊、压接线端子 6. 铁构件安装 7. 补刷（喷）油漆 8. 灯杆编号 9. 升降机构接线调试 10. 接地
030412010	桥栏杆灯	1. 名称 2. 型号 3. 规格 4. 安装形式	套	按设计图示数量计算	1. 灯具安装 2. 补刷（喷）油漆
030412011	地道涵洞灯				

注：1. 普通灯具包括：圆球吸顶灯、半圆球吸顶灯、方形吸顶灯、软线吊灯、座灯头、吊链灯、防水吊灯、壁灯等
   2. 工厂灯包括：工厂罩灯、防水灯、防尘灯、碘钨灯、投光灯、泛光灯、混光灯、密闭灯等
   3. 高度标志（障碍）灯包括：烟囱标志灯、高塔标志灯、高层建筑屋顶障碍指示灯等
   4. 装饰灯包括：吊式艺术装饰灯、吸顶式艺术装饰灯、荧光艺术装饰灯、几何型组合艺术装饰灯、标志灯、诱导装饰灯、水下（上）艺术装饰灯、点光源艺术灯、歌舞厅灯具、草坪灯具等。
   5. 医疗专用灯包括：病房指示灯、病房暗脚灯、紫外线杀菌灯、无影灯等
   6. 中杆灯是指安装在高度≤19m 的灯杆上的照明器具
   7. 高杆灯是指安装在高度＞19m 的灯杆上的照明器具

4. 防雷及接地装置

防雷及接地装置的工程量计算规则见表 6.25。

表 6.25　防雷及接地装置（编码：030409）

项目编码	项目名称	项目特征	计量单位	工程量计算规则	工作内容
030409001	接地极	1. 名称 2. 材质 3. 规格 4. 土质 5. 基础接地形式	根（块）	按设计图示数量计算	1. 接地极（板、桩）制作、安装 2. 基础接地网安装 3. 补刷（喷）油漆

续表 6.25

项目编码	项目名称	项目特征	计量单位	工程量计算规则	工作内容
030409002	接地母线	1. 名称 2. 材质 3. 规格 4. 安装部位 5. 安装形式	m	按设计图示尺寸以长度计算（含附加长度）	1. 接地母线制作、安装 2. 补刷（喷）油漆
030409003	避雷引下线	1. 名称 2. 材质 3. 规格 4. 安装部位 5. 安装形式 6. 断接卡子、箱材质、规格	m	按设计图示尺寸以长度计算（含附加长度）	1. 避雷引下线制作、安装 2. 断接卡子、箱制作、安装 4. 利用主钢筋焊接 5. 补刷（喷）油漆
030409004	均压环	1. 名称 2. 材质 3. 规格 4. 安装形式	m	按设计图示尺寸以长度计算（含附加长度）	1. 均压环敷设 2. 钢铝窗接地 3. 柱主筋与圈梁焊接 4. 利用圈梁钢筋焊接 5. 补刷（喷）油漆
030409005	避雷网	1. 名称 2. 材质 3. 规格 4. 安装形式 5. 混凝土块标号	m	按设计图示尺寸以长度计算（含附加长度）	1. 避雷网制作、安装 2. 跨接 3. 混凝土块制作 4. 补刷（喷）油漆
030409010	浪涌保护器	1. 名称 2. 规格 3. 安装形式 4. 防雷等级	个	按设计图示数量计算	1. 本体安装 2. 接线 3. 接地
030409011	降阻剂	1. 名称 2. 类型	kg	按设计图示数量以质量计算	1. 挖土 2. 施放降阻剂 3. 回填土 4. 运输

注：接地母线、引下线、避雷网附加长度见表 6.26

表 6.26 地母线、引下线、避雷网附加长度表

项目	预留长度/m	说明
接地母线、引下线、避雷网附加长度	3.9%	接地母线、引下线、避雷网全长计算

5. 电缆安装

根据 2013 年《通用安装工程计量规范》的规定，电缆也应按设计要求、规范、施工工艺规程规定的预留量及附加长度应计入工程量。

电缆的工程量计算规则见表 6.27。

表 6.27 电缆安装（编码：030408）

项目编码	项目名称	项目特征	计量单位	工程量计算规则	工作内容
030408001	电力电缆	1. 名称 2. 型号 3. 规格 4. 材质 5. 敷设方式、部位 6. 电压等级 7. 地形	m	按设计图示尺寸以长度计算（含预留长度及附加长度）	1. 电缆敷设 2. 揭（盖）盖板
030408002	控制电缆				
030408003	电缆保护管	1. 名称 2. 材质 3. 规格 4. 敷设方式			保护管敷设
030408004	电缆槽盒	1. 名称 2. 材质 3. 规格 4. 型号			槽盒安装
030408005	铺砂、盖保护板（砖）	1. 种类 2. 规格			1. 铺砂 2. 盖板（砖）
030408006	电力电缆头	1. 名称 2. 型号 3. 规格 4. 材质、类型 5. 安装部位 6. 电压等级（kV）	个	按设计图示数量计算	1. 电力电缆头制作 2. 电力电缆安装 3. 接地
030408007	控制电缆头	1. 名称 2. 型号 3. 规格 4. 材质、类型 5. 安装方式			
030408008	防火堵洞	1. 名称 2. 材质 3. 方式 4. 部位	处	按设计图示数量计算	安装
030408009	防火隔板		m²	按设计图示尺寸以面积计算	
030408010	防火涂料		kg	按设计图示尺寸以质量计算	
030408011	电缆分支箱	1. 名称 2. 型号 3. 规格 4. 基础形式、材质、规格	台	按设计图示数量计算	1. 本体安装 2. 基础制作、安装

注：电缆敷设预留及附加长度见表 6.28。

表 6.28 电缆敷设预留及附加长度表

序号	项目	预留长度/m	说明
1	电缆敷设弛度、波形弯度、交叉	2.5%	按电缆全长计算
2	电缆进入建筑物	2.0	规范规定最小值
3	电缆进入沟内或吊架时引上（下）预留	1.5	规范规定最小值
4	变电所进线、出线	1.5	规范规定最小值
5	电力电缆终端头	1.5	检修余量最小值
6	电缆中间接头盒	两端各留2.0	检修余量最小值
7	电缆进控制、保护屏及模拟盘、配电箱等	高＋宽	按盘面尺寸
8	高压开关柜及低压配电盘、箱	2.0	盘下进出线
9	电缆至电动机	0.5	从电动机接线盒起算
10	厂用变压器	3.0	从地坪起算
11	电梯电缆与电缆架固定点	每处0.5	规范规定最小值
12	电缆绕过梁柱等增加长度	按实计算	按被绕物的断面情况计算增加长度

6. 变压器安装

变压器安装的工程量计算规则见表 6.29。

表 6.29 变压器安装（编码：030401）

项目编码	项目名称	项目特征	计量单位	工程量计算规则	工作内容
030401001	油浸电力变压器	1. 名称 2. 型号 3. 容量（kVA） 4. 电压（kV） 5. 油过滤要求 6. 干燥要求 7. 基础型钢形式、规格 8. 网门、保护门材质、规格	台	按设计图示数量计算	1. 本体安装、调试 2. 基础型钢制作、安装 3. 油过滤 4. 干燥 5. 接地 6. 网门、保护门制作、安装 7. 补刷（喷）油漆
030401002	干式变压器	1. 名称 2. 型号 3. 容量（kVA） 4. 电压（kV） 5. 油过滤要求 6. 干燥要求 7. 基础型钢形式、规格 8. 网门、保护门材质、规格 9. 温控箱型号、规格	台	按设计图示数量计算	1. 本体安装、调试 2. 基础型钢制作、安装 3. 温控箱安装 4. 接地 5. 网门、保护门制作、安装 6. 补刷（喷）油漆
030401003	整流变压器	1. 名称 2. 型号 3. 容量（kVA） 4. 电压（kV） 5. 油过滤要求 6. 干燥要求 7. 基础型钢形式、规格 8. 网门、保护门材质、规格	台	按设计图示数量计算	1. 本体安装、调试 2. 基础型钢制作、安装 3. 油过滤 4. 干燥 5. 网门、保护门制作、安装 6. 补刷（喷）油漆
030401004	自耦变压器				
030401005	有载调压变压器				

续表 6.29

项目编码	项目名称	项目特征	计量单位	工程量计算规则	工作内容
030401006	电炉变压器	1. 名称 2. 型号 3. 容量（kVA） 4. 电压（kV） 5. 基础型钢形式、规格 6. 网门、保护门材质、规格			1. 本体安装、调试 2. 基础型钢制作、安装 3. 网门、保护门制作、安装 4. 补刷（喷）油漆
030401007	消弧线圈	1. 名称 2. 型号 3. 容量（kVA） 4. 电压（kV） 5. 油过滤要求 6. 干燥要求 7. 基础型钢形式、规格			1. 本体安装、调试 2. 基础型钢制作、安装 3. 油过滤 4. 干燥 5. 补刷（喷）油漆

7. 配电装置安装

配电装置安装的工程量计算规则见表 6.30。

表 6.30 配电装置安装（编码：030402）（部分）

项目编码	项目名称	项目特征	计量单位	工程量计算规则	工作内容
030402001	油断路器	1. 名称 2. 型号 3. 容量（A） 4. 电压等级（kV） 5. 安装条件 6. 操作机构名称及型号 7. 基础型钢规格 8. 接线材质、规格 9. 安装部位 10. 油过滤要求	台	按设计图示数量计算	1. 本体安装、调试 2. 基础型钢制作、安装 3. 油过滤 4. 补刷（喷）油漆 5. 接地
030402002	真空断路器				1. 本体安装、调试 2. 基础型钢制作、安装 3. 补刷（喷）油漆 4. 接地
030402003	SF6 断路器				
030402004	空气断路器	1. 名称 2. 型号 3. 容量（A） 4. 电压等级（kV） 5. 安装条件 6. 操作机构名称及型号 7. 接线材质、规格 8. 安装部位			
030402005	真空接触器				1. 本体安装、调试 2. 补刷（喷）油漆 3. 接地
030402006	隔离开关		组		
030402007	负荷开关				
030402008	互感器	1. 名称 2. 型号 3. 规格 4. 类型 5. 油过滤要求	台		1. 本体安装、调试 2. 干燥 3. 油过滤 4. 接地

8. 母线安装

母线安装的工程量计算规则见表 6.31。

表 6.31　母线安装（编码：030403）

项目编码	项目名称	项目特征	计量单位	工程量计算规则	工作内容
030403001	软母线	1. 名称 2. 材质 3. 型号 4. 规格 5. 绝缘子类型、规格	m	按设计图示尺寸以单相长度计算（含预留长度）	1. 母线安装 2. 绝缘子耐压试验 3. 跳线安装 4. 绝缘子安装
030403002	组合软母线				
030403003	带形母线	1. 名称 2. 型号 3. 规格 4. 材质 5. 绝缘子类型、规格 6. 穿墙套管材质、规格 7. 穿通板材质、规格 8. 母线桥材质、规格 9. 引下线材质、规格 10. 伸缩节、过渡板材质、规格 11. 分相漆品种			1. 母线安装 2. 穿通板制作、安装 3. 支持绝缘子、穿墙套管的耐压试验、安装 4. 引下线安装 5. 伸缩节安装 6. 过渡板安装 7. 刷分相漆
030403004	槽形母线	1. 名称 2. 型号 3. 规格 4. 材质 5. 连接设备名称、规格 6. 分相漆品种		按设计图示尺寸以中心线长度计算	1. 母线制作、安装 2. 与发电机、变压器连接 3. 与断路器、隔离开关连接 4. 刷分相漆
030403005	共箱母线	1. 名称 2. 型号 3. 规格 4. 材质			1. 母线安装 2. 补刷（喷）油漆
030403006	低压封闭式插接母线槽	1. 名称 2. 型号 3. 规格 4. 容量（A） 5. 线制 6. 安装部位			
030403007	始端箱、分线箱	1. 名称 2. 型号 3. 规格 4. 容量（A）	台	按设计图示数量计算	1. 本体安装 2. 补刷（喷）油漆

续表 6.31

项目编码	项目名称	项目特征	计量单位	工程量计算规则	工作内容
030403008	重型母线	1. 名称 2. 型号 3. 规格 4. 容量（A） 5. 材质 6. 绝缘子类型、规格 7. 伸缩器及导板规格	t	按设计图尺寸以质量计算	1. 母线制作、安装 2. 伸缩器及导板制作、安装 3. 支持绝缘子安装 4. 补刷（喷）油漆

注：1. 软母线安装预留长度见表 6.32

表 6.32 软母线安装预留长度表

项目	耐张	跳线	引下线、设备连接线
预留长度	2.5	0.8	0.6

2. 硬母线配置安装预留长度见表 6.33

表 6.33 硬母线配置安装预留长度

序号	项目	预留长度/m	说明
1	带形、槽形母线终端	0.3m	从最后一个支持点算起
2	带形、槽形母线与分支线连接	0.5m	分支线预留
3	带形母线与设备连接	0.5m	从设备端子接口算起
4	多片重型母线与设备连接	1.0 m	从设备端子接口算起
5	槽形母线与设备连接	0.5m	从设备端子接口算起

6.4.3 清单计价案例

【例题 6.7】某办公楼电气照明工程，计算图纸和设计说明见例 6.6。试根据现行的《通用安装工程工程量计算规范》（GB 50856—2013）和《建设工程工程量清单计价规范》（GB 50500—2013），并根据例 6.6 计算的工程量，编制分部分项工程量清单计价表、分部分项工程量清单综合单价分析表等清单文件。

解 按照现行的规范、《××市安装工程预算基价》（2012）、主材查阅相应造价信息，并根据例 6.6 中计算的工程量，编制分部分项工程量清单与计价表，综合单价分析表等。

分部分项工程综合单价分析表、分部分项工程量清单计价表见表 6.34、表 6.35。

表 6.34 分部分项工程量清单与计价表

工程名称：某办公楼电气照明工程　　　　　标段：　　　　　　　　第 1 页　共 1 页

序号	项目编码	项目名称	项目特征描述	计量单位	工程量	金额/元 综合单价	金额/元 合价	其中：暂估价
1	030404017001	配电箱	配电箱 800×1000×300	台	1	1 111.32	1 111.32	
2	030404017002	配电箱	配电箱 600×500×300	台	11	885.13	9 736.43	
3	030404017003	配电箱	配电箱 450×250×100	台	1	610.66	610.66	
4	030411001002	配管	1. 名称：电线管 2. 材质：KBG 3. 规格：20	m	152.25	12.95	1 971.64	

续表 6.34

序号	项目编码	项目名称	项目特征描述	计量单位	工程量	金额/元 综合单价	合价	其中：暂估价
5	030411001003	配管	1. 名称：电线管 2. 材质：KBG 3. 规格：25	m	37.91	17.69	670.63	
6	030411001004	配管	1. 名称：电线管 2. 材质：KBG 3. 规格：40	m	165.28	31.9	5 272.43	
7	030411001001	配管	1. 名称：电线管 2. 材质：KBG 3. 规格：16	m	477.25	11.22	5 354.75	
8	030411004002	配线	1. 名称：管内穿线 2. 材质：ZRBV 3. 规格：4 mm^2	m	401.4	3.58	1 437.01	
9	030411004003	配线	1. 名称：管内穿线 2. 材质：ZRBV 3. 规格：6 mm^2	m	117.02	4.6	538.29	
10	030411004004	配线	1. 名称：管内穿线 2. 材质：ZRBV 3. 规格：16 mm^2	m	950.36	10.66	10 130.84	
11	030411004005	配线	1. 名称：管内穿线 2. 材质：ZRVVP 3. 规格：1	m	120.45	7.83	943.12	
12	030411004001	配线	1. 名称：管内穿线 2. 材质：ZRBV 3. 规格：2.5 mm^2	m	1 075.03	3.83	4 117.36	
13	030412001002	普通灯具		套	7	125.42	877.94	
14	030412001001	普通灯具		套	23	95.52	2 196.96	
15	030412004002	装饰灯		套	4	225.71	902.84	
16	030412004001	装饰灯		套	8	110.24	881.92	
17	030412005002	荧光灯		套	9	609.98	5 489.82	
18	030412005001	荧光灯		套	45	394.38	17 747.1	
19	030404034001	照明开关		个	12	30.87	370.44	
20	030404035002	插座		个	11	36.3	399.3	
21	030404035001	插座		个	12	49.83	597.96	
22	030502004001	电视、电话插座		个	11	67.23	739.53	
23	030502003001	分线接线箱（盒）		个	11	23.78	261.58	
24	030411006001	接线盒		个	149	11.6	1728.4	
			本页小计				74 088.27	
			合计				74 088.27	

表 6.35　综合单价分析表

工程名称：办公楼电气照明工程　　　　标段：　　　　　　　　第 1 页　共 23 页

项目编码	030404017001	项目名称	配电箱	计量单位	台	工程量	1

清单综合单价组成明细

定额编号	定额项目名称	定额单位	数量	单价				合价			
				人工费	材料费	机械费	管理费和利润	人工费	材料费	机械费	管理费和利润
2-266	悬挂嵌入式半周长（2.5 m）	台	1	215.6	39.91	6.58	83.91	215.6	39.91	6.58	83.91
人工单价				小计				215.6	39.91	6.58	83.91
综合工二类工 77 元/工日				未计价材料费				670			
				清单项目综合单价				1 016			

材料费明细	主要材料名称、规格、型号	单位	数量	单价/元	合价/元	暂估单价/元	暂估合价/元
	配电箱 800×1 000×300	台	1	670	670		
	其他材料费			—	39.91	—	0
	材料费小计			—	709.91	—	0

工程名称：办公楼电气照明工程　　　　标段：　　　　　　　　第 2 页　共 23 页

项目编码	030404017002	项目名称	配电箱	计量单位	台	工程量	11

清单综合单价组成明细

定额编号	定额项目名称	定额单位	数量	单价				合价			
				人工费	材料费	机械费	管理费和利润	人工费	材料费	机械费	管理费和利润
2-265	悬挂嵌入式半周长（1.5 m）	台	11	177.1	60.8	0	68.93	1 948.1	668.8	0	758.23
人工单价				小计				1 948.1	668.8	0	758.23
综合工二类工 77 元/工日				未计价材料费				5 500			
				清单项目综合单价				806.83			

材料费明细	主要材料名称、规格、型号	单位	数量	单价/元	合价/元	暂估单价/元	暂估合价/元
	配电箱 600×500×300	台	11	500	5 500		
	其他材料费			—	668.8	—	0
	材料费小计			—	6 168.8	—	0

续表 6.35

工程名称：办公楼电气照明工程　　　标段：　　　第 3 页　共 23 页

| 项目编码 | 030404017003 | 项目名称 | 配电箱 | 计量单位 | 台 | 工程量 | 1 |

清单综合单价组成明细

定额编号	定额项目名称	定额单位	数量	单价				合价			
				人工费	材料费	机械费	管理费和利润	人工费	材料费	机械费	管理费和利润
2-264	悬挂嵌入式半周长（1.0 m）	台	1	138.6	56.83	0	53.95	138.6	56.83	0	53.95
人工单价				小计				138.6	56.83	0	53.95
综合工二类工 77 元/工日				未计价材料费				300			
清单项目综合单价								549.38			

材料费明细	主要材料名称、规格、型号	单位	数量	单价/元	合价/元	暂估单价/元	暂估合价/元
	配电箱 450×250×100	台	1	300	300		
	其他材料费			—	56.83	—	0
	材料费小计			—	356.83	—	0

工程名称：办公楼电气照明工程　　　标段：　　　第 4 页　共 23 页

| 项目编码 | 030411001002 | 项目名称 | 配管 | 计量单位 | m | 工程量 | 629.5 |

清单综合单价组成明细

定额编号	定额项目名称	定额单位	数量	单价				合价			
				人工费	材料费	机械费	管理费和利润	人工费	材料费	机械费	管理费和利润
2-975	电线管敷设砖、混凝土结构暗配管公称口径（20 mm 以内）	100 m	6.295	454.3	51.51	32.88	176.81	2 859.82	324.26	206.98	1 113.03
人工单价				小计				2 859.82	324.26	206.98	1 113.03
综合工二类工 77 元/工日				未计价材料费				1 560.23			
清单项目综合单价								9.63			

材料费明细	主要材料名称、规格、型号	单位	数量	单价/元	合价/元	暂估单价/元	暂估合价/元
	电线管 DN16	m	491.57	2	983.14		
	电线管 DN20		156.82	3.68	577.09		
	其他材料费			—	324.26	—	0
	材料费小计			—	1 884.49	—	0

续表 6.35

工程名称：办公楼电气照明工程　　　　　标段：　　　　　第 5 页　共 23 页

| 项目编码 | 030411001003 | 项目名称 | 配管 | 计量单位 | m | 工程量 | 37.91 |

清单综合单价组成明细

定额编号	定额项目名称	定额单位	数量	单价				合价			
				人工费	材料费	机械费	管理费和利润	人工费	材料费	机械费	管理费和利润
2-976	电线管敷设砖、混凝土结构暗配管公称口径（25 mm 以内）	100 m	0.3791	654.5	62.54	32.01	254.73	248.12	23.71	12.13	96.57
人工单价			小计					248.12	23.71	12.13	96.57
综合工二类工 77 元/工日			未计价材料费					180.4			
			清单项目综合单价					14.8			

材料费明细	主要材料名称、规格、型号	单位	数量	单价/元	合价/元	暂估单价/元	暂估合价/元
	电线管 DN25	m	39.05	4.62	180.4		
	其他材料费			—	23.71	—	0
	材料费小计			—	204.11	—	0

工程名称：办公楼电气照明工程　　　　　标段：　　　　　第 6 页　共 23 页

| 项目编码 | 030411001004 | 项目名称 | 配管 | 计量单位 | m | 工程量 | 165.28 |

清单综合单价组成明细

定额编号	定额项目名称	定额单位	数量	单价				合价			
				人工费	材料费	机械费	管理费和利润	人工费	材料费	机械费	管理费和利润
2-978	电线管敷设砖、混凝土结构暗配管公称口径（40 mm 以内）	100 m	1.65	888.58	88.5	58.41	345.84	1 468.65	146.27	96.54	571.60
人工单价			小计					1 468.65	146.27	96.54	571.60
综合工二类工 77 元/工日			未计价材料费					2 340.78			
			清单项目综合单价					27.98			

材料费明细	主要材料名称、规格、型号	单位	数量	单价/元	合价/元	暂估单价/元	暂估合价/元
	电线管 DN40	m	170.24	13.75	2 340.78		
	其他材料费			—	146.27	—	0
	材料费小计			—	2 487.05	—	0

续表 6.35

工程名称：办公楼电气照明工程　　　　标段：　　　　　　第 7 页　共 23 页

项目编码	030411004001	项目名称	配线	计量单位	m	工程量	1075.03

清单综合单价组成明细

定额编号	定额项目名称	定额单位	数量	单价				合价			
				人工费	材料费	机械费	管理费和利润	人工费	材料费	机械费	管理费和利润
2—1174	照明线路导线截面（2.5 mm² 以内）铜芯	100 m	10.75	77	22.31	0	29.96	827.77	239.84	0	322.07
人工单价				小计				827.77	239.84	0	322.07
综合工二类工 77 元/工日				未计价材料费				2 356.89			
清单项目综合单价								3.49			

材料费明细	主要材料名称、规格、型号	单位	数量	单价/元	合价/元	暂估单价/元	暂估合价/元
	绝缘导线 2.5 mm²	m	1247.03	1.89	2 356.89		
	其他材料费			—	239.84	—	0
	材料费小计			—	2 596.73	—	0

工程名称：办公楼电气照明工程　　　　标段：　　　　　　第 8 页　共 23 页

项目编码	030411004002	项目名称	配线	计量单位	m	工程量	401.4

清单综合单价组成明细

定额编号	定额项目名称	定额单位	数量	单价				合价			
				人工费	材料费	机械费	管理费和利润	人工费	材料费	机械费	管理费和利润
2—1175	照明线路导线截面（4 mm² 以内）铜芯	100 m	4.01	53.9	22.53	0	20.98	216.35	90.44	0	84.13
人工单价				小计				216.35	90.44	0	84.13
综合工二类工 77 元/工日				未计价材料费				949.31			
清单项目综合单价								3.34			

材料费明细	主要材料名称、规格、型号	单位	数量	单价/元	合价/元	暂估单价/元	暂估合价/元
	绝缘导线 4 mm²	m	441.54	2.15	949.31		
	其他材料费			—	90.44	—	0
	材料费小计			—	1 039.75	—	0

续表 6.35

工程名称：办公楼电气照明工程　　标段：　　第9页　共23页

项目编码	030411004003	项目名称	配线	计量单位	m	工程量	117.02

清单综合单价组成明细

定额编号	定额项目名称	定额单位	数量	单价				合价			
				人工费	材料费	机械费	管理费和利润	人工费	材料费	机械费	管理费和利润
2-1202	动力线路（铜芯）导线截面（6 mm² 以内）	100 m	1.17	61.6	20.5	0	23.97	72.08	23.99	0	28.04
人工单价				小计				72.08	23.99	0	28.04
综合工二类工 77元/工日				未计价材料费				382.13			
清单项目综合单价								4.33			

材料费明细	主要材料名称、规格、型号	单位	数量	单价/元	合价/元	暂估单价/元	暂估合价/元
	铜芯绝缘导线 6 mm²	m	122.87	3.11	382.13		
	其他材料费			—	23.99	—	0
	材料费小计			—	406.12	—	0

工程名称：办公楼电气照明工程　　标段：　　第10页　共23页

项目编码	030411004004	项目名称	配线	计量单位	m	工程量	950.36

清单综合单价组成明细

定额编号	定额项目名称	定额单位	数量	单价				合价			
				人工费	材料费	机械费	管理费和利润	人工费	材料费	机械费	管理费和利润
2-1204	动力线路（铜芯）导线截面（16 mm² 以内）	100 m	9.50	84.7	24.73	0	32.96	804.95	235.02	0	313.24
人工单价				小计				804.95	235.02	0	313.24
综合工二类工 77元/工日				未计价材料费				8 422.11			
清单项目综合单价								10.29			

材料费明细	主要材料名称、规格、型号	单位	数量	单价/元	合价/元	暂估单价/元	暂估合价/元
	铜芯绝缘导线 16 mm²	m	997.88	8.44	8 422.11		
	其他材料费			—	235.02	—	0
	材料费小计			—	8 657.13	—	0

续表 6.35

工程名称：办公楼电气照明工程　　　　标段：　　　　　　第 11 页　共 23 页

| 项目编码 | 030411004005 | 项目名称 | 配线 | 计量单位 | m | 工程量 | 120.45 |

清单综合单价组成明细										
定额编号	定额项目名称	定额单位	数量	单价				合价			
				人工费	材料费	机械费	管理费和利润	人工费	材料费	机械费	管理费和利润
2—1215	多芯软导线二芯 导线截面（1.0 mm² 以内）	100 m	1.2	63.14	19.11	0	24.58	76.05	23.02	0	10.73
人工单价			小计				76.05	23.02	0	10.73
综合工二类工 77 元/工日			未计价材料费						780.54		
清单项目综合单价										7.64	

材料费明细	主要材料名称、规格、型号	单位	数量	单价/元	合价/元	暂估单价/元	暂估合价/元
	铜芯多股绝缘导线 1.0 mm²	m	130.09	6	780.54	—	0
	其他材料费				—	23.02	—	0
	材料费小计				—	803.56	—	0

工程名称：办公楼电气照明工程　　　　标段：　　　　　　第 12 页　共 23 页

| 项目编码 | 030412001001 | 项目名称 | 普通灯具 | 计量单位 | 套 | 工程量 | 23 |

清单综合单价组成明细										
定额编号	定额项目名称	定额单位	数量	单价				合价			
				人工费	材料费	机械费	管理费和利润	人工费	材料费	机械费	管理费和利润
2—1392	半圆球吸顶灯 灯罩直径（250 mm 以内）	10 套	2.3	166.32	64.85	0	64.73	382.54	149.16	0	53.98
人工单价			小计				382.54	149.16	0	53.98
综合工二类工 77 元/工日			未计价材料费						1 347.34		
清单项目综合单价										90.52	

材料费明细	主要材料名称、规格、型号	单位	数量	单价/元	合价/元	暂估单价/元	暂估合价/元
	成套灯具	套	23.23	58	1 347.34	—	0
	其他材料费				—	149.16	—	0
	材料费小计				—	1 496.5	—	0

续表 6.35

工程名称：办公楼电气照明工程　　　　标段：　　　　　　　　第 13 页　共 23 页

| 项目编码 | 030412001002 | 项目名称 | 普通灯具 | 计量单位 | 套 | 工程量 | 7 |

清单综合单价组成明细

定额编号	定额项目名称	定额单位	数量	单价				合价			
				人工费	材料费	机械费	管理费和利润	人工费	材料费	机械费	管理费和利润
2-1412	防水防尘灯吸顶式	10 套	0.7	227.92	49.03	0	88.71	159.54	34.32	0	22.51
人工单价				小计				159.54	34.32	0	22.51
综合工二类工 77 元/工日				未计价材料费						551.46	
清单项目综合单价										118.56	

材料费明细	主要材料名称、规格、型号	单位	数量	单价/元	合价/元	暂估单价/元	暂估合价/元
	成套灯具	套	7.07	78	551.46		
	其他材料费			—	34.32	—	0
	材料费小计			—	585.78	—	0

工程名称：办公楼电气照明工程　　　　标段：　　　　　　　　第 14 页　共 23 页

| 项目编码 | 030412004001 | 项目名称 | 装饰灯 | 计量单位 | 套 | 工程量 | 8 |

清单综合单价组成明细

定额编号	定额项目名称	定额单位	数量	单价				合价			
				人工费	材料费	机械费	管理费和利润	人工费	材料费	机械费	管理费和利润
2-1580	标志诱导装饰灯安装墙壁式	10 套	0.8	187.11	62.87	0	72.82	149.69	50.3	0	21.12
人工单价				小计				149.69	50.3	0	21.12
综合工二类工 77 元/工日				未计价材料费						557.52	
清单项目综合单价										104.61	

材料费明细	主要材料名称、规格、型号	单位	数量	单价/元	合价/元	暂估单价/元	暂估合价/元
	成套灯具	套	8.08	69	557.52		
	其他材料费			—	50.3	—	0
	材料费小计			—	607.82	—	0

续表 6.35

工程名称：办公楼电气照明工程　　　　　　标段：　　　　　　第 15 页　共 23 页

| 项目编码 | 030412004002 | 项目名称 | 装饰灯 | 计量单位 | 套 | 工程量 | 4 |

清单综合单价组成明细

定额编号	定额项目名称	定额单位	数量	单价				合价			
				人工费	材料费	机械费	管理费和利润	人工费	材料费	机械费	管理费和利润
2-1581	标志诱导装饰灯安装嵌入式	10套	0.4	218.68	38.6	0	85.11	87.47	15.44	0	12.34
人工单价				小计				87.47	15.44	0	12.34
综合工二类工 77 元/工日				未计价材料费				727.2			
清单项目综合单价								219.12			

材料费明细	主要材料名称、规格、型号	单位	数量	单价/元	合价/元	暂估单价/元	暂估合价/元
	成套灯具	套	4.04	180	727.2		
	其他材料费			—	15.44	—	0
	材料费小计			—	742.64	—	0

工程名称：办公楼电气照明工程　　　　　　标段：　　　　　　第 16 页　共 23 页

| 项目编码 | 030412005001 | 项目名称 | 荧光灯 | 计量单位 | 套 | 工程量 | 45 |

清单综合单价组成明细

定额编号	定额项目名称	定额单位	数量	单价				合价			
				人工费	材料费	机械费	管理费和利润	人工费	材料费	机械费	管理费和利润
2-1633	荧光灯具安装成套型 吸顶式双管	10套	4.5	210.21	23.81	0	81.81	945.95	107.15	0	133.47
人工单价				小计				945.95	107.15	0	133.47
综合工二类工 77 元/工日				未计价材料费				15 907.5			
清单项目综合单价								388.05			

材料费明细	主要材料名称、规格、型号	单位	数量	单价/元	合价/元	暂估单价/元	暂估合价/元
	成套灯具	套	45.45	350	15 907.5		
	其他材料费			—	107.15	—	0
	材料费小计			—	16 014.65	—	0

续表 6.35

工程名称：办公楼电气照明工程　　　　　　标段：　　　　　　　　第 17 页　共 23 页

项目编码	030412005002	项目名称	荧光灯	计量单位	套	工程量	9

<table>
<tr><th colspan="8">清单综合单价组成明细</th></tr>
<tr><th rowspan="2">定额编号</th><th rowspan="2">定额项目名称</th><th rowspan="2">定额单位</th><th rowspan="2">数量</th><th colspan="4">单价</th></tr>
<tr><th>人工费</th><th>材料费</th><th>机械费</th><th>管理费和利润</th></tr>
<tr><td>2-1634</td><td>荧光灯具安装 成套型吸顶式 三管</td><td>10 套</td><td>0.9</td><td>234.85</td><td>23.81</td><td>0</td><td>91.41</td></tr>
</table>

	合价			
	人工费	材料费	机械费	管理费和利润
	211.37	21.43	0	29.83

人工单价	小计	211.37	21.43	0	29.83
综合工二类工 77 元/工日	未计价材料费	5081.31			
	清单项目综合单价	602.91			

材料费明细	主要材料名称、规格、型号	单位	数量	单价/元	合价/元	暂估单价/元	暂估合价/元
	成套灯具	套	9.09	559	5 081.31		
	其他材料费			—	21.43		0
	材料费小计			—	5 102.74	—	0

工程名称：办公楼电气照明工程　　　　　　标段：　　　　　　　　第 18 页　共 23 页

项目编码	030404034001	项目名称	照明开关	计量单位	个	工程量	12

<table>
<tr><th colspan="8">清单综合单价组成明细</th></tr>
<tr><th rowspan="2">定额编号</th><th rowspan="2">定额项目名称</th><th rowspan="2">定额单位</th><th rowspan="2">数量</th><th colspan="4">单价</th></tr>
<tr><th>人工费</th><th>材料费</th><th>机械费</th><th>管理费和利润</th></tr>
<tr><td>2-1652</td><td>扳式暗开关（单控）双联</td><td>10 套</td><td>1.2</td><td>68.53</td><td>3.66</td><td>0</td><td>26.67</td></tr>
</table>

	合价			
	人工费	材料费	机械费	管理费和利润
	82.24	4.39	0	11.6

人工单价	小计	82.24	4.39	0	11.6
综合工二类工 77 元/工日	未计价材料费	403.92			
	清单项目综合单价	44.51			

材料费明细	主要材料名称、规格、型号	单位	数量	单价/元	合价/元	暂估单价/元	暂估合价/元
	照明开关	只	12.24	33	403.92		
	其他材料费			—	4.39		0
	材料费小计			—	408.31	—	0

续表 6.35

工程名称：办公楼电气照明工程　　　　标段：　　　　　第19页　共23页

项目编码	030404035001	项目名称	插座	计量单位	个	工程量	12

清单综合单价组成明细

定额编号	定额项目名称	定额单位	数量	单价				合价			
				人工费	材料费	机械费	管理费和利润	人工费	材料费	机械费	管理费和利润
2-1684	单相暗插座 15A 5孔	10套	1.2	84.7	6.63	0	32.96	101.64	7.96	0	14.34
人工单价			小计					101.64	7.96	0	14.34
综合工二类工 77元/工日			未计价材料费					403.92			
			清单项目综合单价					47.28			

材料费明细	主要材料名称、规格、型号	单位	数量	单价/元	合价/元	暂估单价/元	暂估合价/元
	成套插座	套	12.24	33	403.92		
	其他材料费			—	7.96	—	0
	材料费小计			—	411.88	—	0

工程名称：办公楼电气照明工程　　　　标段：　　　　　第20页　共23页

项目编码	030404035002	项目名称	插座	计量单位	个	工程量	11

清单综合单价组成明细

定额编号	定额项目名称	定额单位	数量	单价				合价			
				人工费	材料费	机械费	管理费和利润	人工费	材料费	机械费	管理费和利润
2-1693	单相暗插座 30A 3孔	10套	1.1	83.16	6.71	0	32.36	91.48	7.38	0	12.9
人工单价			小计					91.48	7.38	0	12.9
综合工二类工 77元/工日			未计价材料费					224.4			
			清单项目综合单价					33.8			

材料费明细	主要材料名称、规格、型号	单位	数量	单价/元	合价/元	暂估单价/元	暂估合价/元
	成套插座	套	11.22	20	224.4		
	其他材料费			—	7.38	—	0
	材料费小计			—	231.78	—	0

续表 6.35

工程名称：办公楼电气照明工程　　　　标段：　　　　　　第 21 页　共 23 页

项目编码	030502004001	项目名称	电视、电话插座	计量单位	个	工程量	11

清单综合单价组成明细

定额编号	定额项目名称	定额单位	数量	单价				合价			
				人工费	材料费	机械费	管理费和利润	人工费	材料费	机械费	管理费和利润
13—120	电话出线口 插座型 单联	个	11	3.08	0.4	0	1.19	33.88	4.4	0	4.73
人工单价				小计				33.88	4.4	0	4.73
综合工二类工 77 元/工日				未计价材料费				673.2			
				清单项目综合单价				66.3			

材料费明细	主要材料名称、规格、型号	单位	数量	单价/元	合价/元	暂估单价/元	暂估合价/元
	电话出线口	个	11.22	60	673.2		
	其他材料费			—	4.4	—	0
	材料费小计			—	677.6		0

工程名称：办公楼电气照明工程　　　　标段：　　　　　　第 22 页　共 23 页

项目编码	030411006001	项目名称	接线盒	计量单位	个	工程量	149

清单综合单价组成明细

定额编号	定额项目名称	定额单位	数量	单价				合价			
				人工费	材料费	机械费	管理费和利润	人工费	材料费	机械费	管理费和利润
2—1386	暗装 开关盒	10 个	11.4	36.96	5.68	0	14.39	129.36	19.88		18.27
2—1385	暗装 接线盒	10 个	3.5	34.65	12.27	0	13.49	395.01	139.88		55.75
人工单价				小计				524.37	159.76		74.02
综合工二类工 77 元/工日				未计价材料费				607.92			
				清单项目综合单价				9.17			

材料费明细	主要材料名称、规格、型号	单位	数量	单价/元	合价/元	暂估单价/元	暂估合价/元
	开关盒	个	35.7	4	142.8		
	接线盒		116.28	4	465.12		
	其他材料费			—	159.76	—	0
	材料费小计			—	767.68		0

续表6.35

工程名称：办公楼电气照明工程　　　标段：　　　第23页 共23页

项目编码	030502003001	项目名称	分线接线箱（盒）	计量单位	个	工程量	11

清单综合单价组成明细

定额编号	定额项目名称	定额单位	数量	单价				合价			
				人工费	材料费	机械费	管理费和利润	人工费	材料费	机械费	管理费和利润
13-4	信息插座底盒（接线盒）砖墙内	个	11	10.78	0	0	4.19	118.58			16.72
人工单价				小计				118.58			16.72
综合工二类工77元/工日				未计价材料费				44.44			
				清单项目综合单价				23.07			

材料费明细	主要材料名称、规格、型号	单位	数量	单价/元	合价/元	暂估单价/元	暂估合价/元
	信息插座底盒或接线盒	个	11.11	4	44.44		
	材料费小计	—		44.44	—	0	

【重点串联】

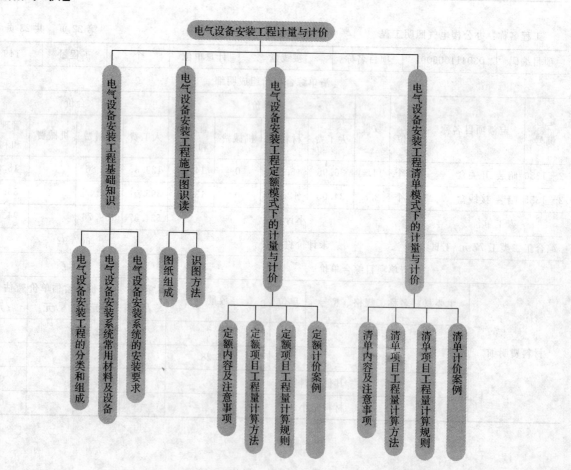

拓展与实训

职业能力训练

一、填空题

1. 4000KVA 以上的变压器需吊芯检查时，按定额_____乘以系数_____计算。
2. 照明线路中的导线截面大于或等于 6 mm² 时，应执行_____子目。
3. 避雷网安装的工程量以_____计量。
4. 计算控制设备及低压电器工程量时，各种箱、盘、柜、盒的外部进出线预留长度按_____。
5. 沿墙暗配线的符号是_____。
6. 直埋电缆，沟长 200 m，沟内埋 3 根电缆，则电缆沟的挖土（石）方量为_____。

二、单选题

1. BV（3×16+1×4）SC32－WC 表示的部分含义为（　　）。
   A. 铝芯塑料线，穿钢管埋地敷设　　　　B. 铜芯塑料线，穿钢管沿墙暗敷设
   C. 铝芯橡胶线，穿钢管埋地敷设　　　　D. 铜芯橡胶线，穿钢管沿墙暗敷设
2. 电缆进入高压开关柜、低压配电盘、箱的预留长度为（　　）。
   A. 2.0 m　　　　B. 0.5 m　　　　C. 高+宽　　　　D. 1.5 m
3. 电缆沟挖填土（石）方量，若沟底埋设 4 根电缆，电缆沟长 2m，则其土石方量为（　　）m³。
   A. 0.9　　　　B. 1.206　　　　C. 1.512　　　　D. 1.58

三、简答题

1. 建筑照明电气系统由哪几部分组成？各部分的作用是什么？
2. 常用的导线材料有哪些？它在工程中如何表示？
3. 常见的低压控制和保护电器设备有哪些？它们一般用于哪些情况？
4. 电器配管敷设的方式有哪几种？施工时各有何要求？
5. 了解施工图中线路敷设和灯具的标注方式。
6. 建筑照明电气安装配管工程量计算规则是什么？项目名称如何编制？
7. 简要说明电气工程中配管配线工程量计算一般应按什么样的顺序进行计算。

工程模拟训练

1. 练习：试读图 6.28。

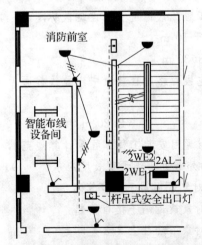

图 6.28　电气照明工程平面图

2. 某办公楼照明工程局部平面布置如图 6.29 所示。建筑物为混合结构，层高 3.3 m。灯具为成套型，开关安装距楼地面 1.4 m；配电线路导线为 BV—2.5，穿电线管沿天棚、墙暗敷设，其中 2～3 根穿 MT15，4 根穿 MT20。试按工程量计算表式列出该房间轴线内的所有电气安装分项工程名称，计算出各分项工程量。

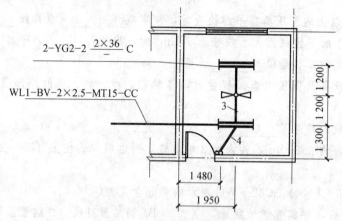

图 6.29　电气照明工程局部平面图

链接执考

[2013 年注册造价工程师技术与计量试题（单选题）]

1. 根据《通用安装工程工程量计算规范》有关项目编码规定，第四级编码表示（　　）。
   A. 各专业工程顺序码　　　　　　　B. 各分项工程顺序码
   C. 各分部工程顺序码　　　　　　　D. 清单项目名称顺序码

2. 编制工程量清单时，安装工程工程量清单计量根据的文件不包括（　　）
   A. 经审定通过的项目可行性研究报告
   B. 与工程相关的标准、规范和技术资料
   C. 经审定通过的施工组织设计
   D. 经审定通过的施工图纸

3. 电光源中光效最高、寿命长、视见分辨率高、对比度好，是太阳能路灯照明系统最佳光源的是（　　）。
   A. 荧光灯　　　B. 低压钠灯　　　C. 卤钨灯　　　D. 高压水银灯

4. 人防工程疏散通道上需设疏散标志灯，其间距规定为（　　）。
   A. 不大于 10 m　　　　　　　　B. 不大于 20 m
   C. 不大于 30 m　　　　　　　　D. 不大于 40 m

5. 暗配电线管路垂直敷设中，导线截面为 120～240 mm² 时，装设接线盒或拉线盒的距离为（　　）。
   A. 18 m　　　B. 20 m　　　C. 25 m　　　D. 30 m

6. 根据《通用安装工程工程量计算规范》，单独安装的铁壳开关、自动开关、箱式电阻器、交阻器的外部进出线预留长度应从（　　）。
   A. 安装对象最远端子接口算起
   B. 安装对象最近端子接口算起
   C. 安装对象下端往上 2/3 处算起
   D. 安装对象中心算起

(多选题)

1. 根据《通用安装工程工程量计算规范》，属于安装专业措施项目的有(　　)
   A. 脚手架搭拆
   B. 冬雨季施工增加
   C. 特殊地区施工增加
   D. 已完工程及设备保护

2. 电气照明工程安装施工时，配管配置形式包括(　　)。
   A. 埋地敷设
   B. 水下敷设
   C. 线槽敷设
   D. 砌筑沟内敷设

模块 7
通风空调工程计量与计价

【模块概述】

通风空调工程计量与计价是安装工程计量与计价的重要组成部分，主要研究通风管道及部件制作安装、通风空调设备安装、风口制作安装、空调部件及设备支架制作安装等的工程量计算规则及计价方法。本模块以计量规则和计价方法为主线，结合工程实例，应用最新的定额和规范，进行了定额计价模式和清单计价模式两种造价文件的编制。

【知识目标】

1. 通风空调系统的分类和组成；
2. 通风空调系统常用材料及设备；
3. 通风空调系统的安装要求；
4. 通风空调安装工程施工图识读方法；
5. 定额项目工程量计算方法；
6. 定额项目工程量计算规则；
7. 清单项目工程量计算方法；
8. 清单项目工程量计算规则。

【技能目标】

1. 熟悉通风空调系统的分类和组成；
2. 理解通风空调系统常用材料及设备；
3. 理解通风空调系统的安装要求；
4. 掌握通风空调安装工程施工图识读方法；
5. 掌握定额项目工程量计算方法；
6. 掌握定额项目工程量计算规则；
7. 掌握清单项目工程量计算方法；
8. 掌握清单项目工程量计算规则。

【课时建议】

8 课时

工程导入

某机器制造厂，3#厂房通风空调工程，你能通过阅读图纸，说出通风系统由哪些部分组成吗？各部分有什么特点和作用？编制预算时，会用定额项目工程量计算规则和清单项目工程量计算规则吗？两者有什么区别吗？

7.1 通风空调工程基础知识

7.1.1 通风空调系统的分类和组成

通风：主要是利用自然通风或机械通风的方法，为某房间或车间提供新鲜空气，满足工作人员的需要及生产工艺要求，稀释有害气体的浓度并不断排出有害物质及气体称为通风。

空气调节：简称空调，主要是通过空气处理，向房间送入净化的空气，并通过空气的过滤净化、加热、冷却、加湿、去湿等工艺过程满足人及生产的要求，对温度及湿度能实行控制，并提供足够的净化新鲜空气量。

1. 通风系统的分类

通风系统按其动力因素不同可分为自然通风和机械通风，按作用范围可分为全面通风、局部通风、混合通风等形式，也可按其工艺要求分为送风系统、排风系统、除尘系统。

（1）通风系统按其动力因素不同可分为自然通风和机械通风

① 自然通风主要是依靠风压和热压来使室内外的空气进行交换，从而改变室内空气环境。通风换气的方式如图 7.1 和图 7.2 所示。

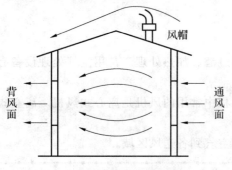

图 7.1 房间通风换气示意图（1）

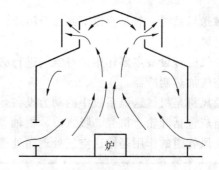

图 7.2 房间通风换气示意图（2）

② 依靠通风机所造成的压力，来迫使空气流通进行室内外空气交换的方式叫做机械通风。机械局部排风如图 7.3 所示，集中式岗位吹风如图 7.4 所示。

（2）通风系统按作用范围可分为全面通风、局部通风、混合通风等形式。

① 全面通风适用于：有害物产生位置不固定的地方、面积较大或局部通风装置影响操作、有害物扩散不受限制的房间或一定的区段内。这就是允许有害物散入车间，同时引入室外新鲜空气稀释房间内的有害物浓度，使其车间内的有害物的浓度降低到合乎卫生要求的允许浓度范围内，然后再从室内排出去。全面机械排风如图 7.5 所示。

② 局部通风：利用局部通风机或主要通风机产生的风压对局部地点进行通风的方法。

③ 混合通风的特点为：室外条件允许自然通风的情况下，机械通风系统关闭；当室外环境温度升高或降低至某一限度时，自然通风系统关闭而机械通风系统开启。自然通风对机械通风基本上无干扰。这种通风模式适用于一年四季气候变化比较明显的地区，在过渡季节进行自然通风，炎热的夏季和寒冷的冬季进行机械通风。

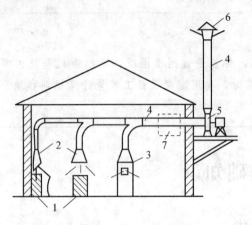
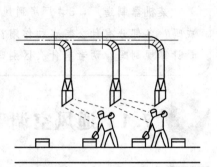

图 7.3 机械局部排风　　　　　　图 7.4 集中式岗位吹风示意图
1—工艺设备；2—局部排气罩；3—局部排气柜；4—风道；
5—通风机；6—排风帽；7—排气处理装置

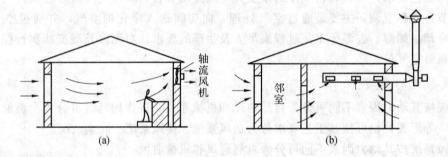

图 7.5 全面机械排风

2. 机械通风系统的组成

机械送风系统一般是由以下几部分组成。

①进风口。

②空气处理设备主要作用是对空气进行必要的过滤、加热处理。常用空气处理设备有：空气过滤器，空气加热制冷器。

③通风机是机械送风系统中的动力设备，在工程中常用的风机是离心式风机。离心式风机的基本构造组成包括叶轮、机壳、吸入口、机轴等部分。

④送风管道的作用是输送空气处理箱处理好的空气到各送风区域。

> **技术提示**
>
> 　　送风管道的形状有矩形和圆形两种，制作用材多为薄形镀锌钢板或玻璃钢复合材料等。送风管道的连接是用相同材质的管件（弯头、三通、四通等）法兰螺栓连接，法兰间加橡胶密封垫圈。

⑤送风口的作用是直接将送风管道送过来的经过处理的空气送至各个送风区域或工作点。

【知识拓展】

送风口的种类较多，但在一般的机械送风系统中多采用侧向式送风口，即将送风口直接开在送风管道的侧壁上，或使用条形风口及散流器。

⑥风量调节阀的作用是：用于机械送风系统的开、关和进行风量调节。

3. 空调系统的分类

空气调节系统根据不同的使用要求，可分为恒温恒湿空调系统、舒适性空调系统和除湿性空调系统。空调系统根据空气处理设备设置和集中程度可分为集中式空调系统、局部式空调系统、混合式空调系统3类。

（1）集中式空调系统

集中式空调系统是将处理空气的空调器集中安装在专用的机房内，空气加热、冷却、加湿和除湿用的冷源和热源，由专用的冷冻站和锅炉房供给，多适用于大型空调系统。

（2）局部式空调系统

局部式空调系统是将处理空气的冷源、空气加热加湿设备、风机和自动控制设备均组装在一个箱体内，可就近安装在空调房间，就地对空气进行处理，多用于空调房间布局分散和小面积的空调系统。

（3）混合式空调系统

混合式空调系统有诱导式空调系统和风机盘管空调系统两类，均由集中式和局部式空调系统组成。诱导式空调系统多用于建筑空间不大且装饰要求较高的旧建筑、地下建筑、航船、客机等场所。风机盘管空调系统多用于新建的高层建筑和需要增设空调的小面积、多房间的旧建筑等。

4. 集中式空调系统的组成

集中式空调系统由以下几部分组成：

①空气处理部分。

②空气输送部分。

③空气分配部分。

④辅助系统部分。

两次回风集中式空调系统如图7.6所示。

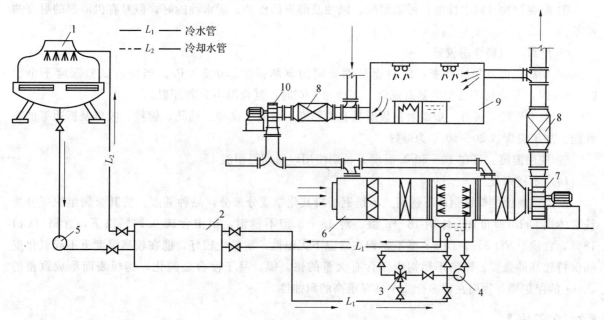

图7.6 两次回风集中式空调系统

1—冷却塔；2—冷水机组；3—三通混合阀；4—冷水泵；5—冷却水泵；
6—空调箱；7—送风机；8—消声器；9—空调房间；10—回风机

7.1.2 通风空调系统常用材料及设备

1. 通风空调系统常用材料

通风与空调工程的风管和部、配件所用材料，一般可分为金属材料和非金属材料两类。金属材料主要有普通酸洗薄钢板俗称黑铁皮、镀锌薄钢板和型钢等黑色金属材料。当有特殊要求如防腐、防火等要求时，可用铝板、不锈钢板和耐火材料板等材料。

非金属材料有硬聚氯乙烯板、硬塑板、玻璃钢和复合材料板等。在建筑工程中，为了节省金属，也可用砖、混凝土、炉渣石膏板和木丝板等材料制作风道和风口。用土建材料筑成的风道和风口，由土建部门施工。

(1) 普通薄钢板

普通薄钢板由碳素软钢经热轧或冷轧制成。热轧钢板表面为蓝色发光的氧化铁薄膜，性质较硬而脆，加工时易断裂，冷轧钢板表面平整光洁无光，性质较软，最适于通风空调工程。冷轧钢板钢号一般为 Q195、Q215、Q235。有板材和卷材，常用厚度为 0.5～2 mm，板材规格为 750 mm×1 800 mm、900 mm×1 800 mm 及 1 000 mm×2 000 mm 等。要求钢板表面平整、光滑、厚度均匀，允许有紧密的氧化铁薄膜，不能有结疤、裂纹等缺陷。

(2) 镀锌薄钢板

镀锌薄钢板是用普通薄钢板表面镀锌制成，俗称"白铁皮"。常用的厚度为 0.5～1.5 mm 其规格尺寸与普通薄钢板相同。在引进工程中常用镀锌钢板卷材，对风管的制作甚为方便。由于表面锌层起防腐作用，故一般不刷油防腐。因而常用作输送不受酸雾作用的潮湿环境中的通风系统及空调系统的风管和配件。要求所有品级镀锌钢板表面光滑洁净，表层有热镀锌层特有的镀锌层结晶花纹，钢板镀锌层厚度不小于 0.02 mm。

(3) 塑料复合钢板

塑料复合钢板是在 Q215、Q235 钢板表面喷涂一层厚度为 0.2～0.4 mm 的软质或半硬质聚氯乙烯塑料膜制成。它有单面覆层和双面覆层两种。其主要技术性能如下：

① 耐腐蚀性及耐水性能：可以耐酸、碱油及醇类的侵蚀、耐水性能好，但对有机溶剂的耐腐蚀性差。

② 绝缘、耐磨性能较好。

③ 剥离强度及深冲性能：塑料膜与钢板间的剥削强度≥0.2 MPa。当冲击试验深度不小于 0.5 mm 时，复合层不会发生剥离现象。当冷弯 180°时，复合层不分离开裂。

④ 加工性能：具有一般碳素钢板所具有的切断、弯曲、涤冲、钻孔、铆接、咬口及折边等加工性能。加工温度以 20～40 ℃为最好。

⑤ 使用温度：可在 10～60 ℃温度下长期使用，短期可耐温 120 ℃。

(4) 不锈钢板

耐大气腐蚀的镍铬钢叫不锈钢。不锈钢板按其化学成分来分，品种甚多。按其金属组织可分为铁素体钢 Cr13 型和奥氏体钢 18－8 型。对 18－8 型不锈钢，钢中含碳 0.14％以下，含铬（Cr）18％，含镍（Ni）8％。18－8 型不锈钢在常温下无磁性，耐热性较好，能在较高温度下不起氧化皮和保持较高的强度。镍铬不锈钢由于含有大量的铬、镍，易于使合金钝化，钢板表面形成致密的 Cr_2O_3 的保护膜，因而在很多介质中具有很高的耐蚀性。

【知识拓展】

镍铬钢在硝酸中，当浓度不高于95％和温度不超过70 ℃时是稳定的。在硫酸和硝酸中镍铬钢不稳定，在磷酸中只有当温度低于100 ℃和浓度不高于60％时才稳定，在苛性碱中（除熔融的碱外）镍铬钢是稳定的。在碱金属和碱土金属的氧化物溶液中，即使当沸腾时，镍铬钢也是稳定的。硫化氢、一氧化碳、常温下的氯、300 ℃以下的二氧化硫、氮的氧化物等对镍铬钢均无破坏性。

由于 18－8 型不锈钢具有强度高、耐蚀性好、可焊性好等优良性能，故用不锈钢板制成的风管和配件常用于化工、食品、医药、电子、仪表等工业的通风空调工程中。

> **技术提示**
>
> 不锈钢板的钢号较多，性能各异，其用途也各不相同，施工时要核实出厂合格证与设计要求的一致性。

(5) 铝及铝合金板

使用铝板制作风管一般以纯铝为主。铝板具有良好的塑性、导电、导热性能，并且在许多介质中有较高的稳定性。如铝板在稀硫酸、发烟硫酸、硫酸盐溶液、硝酸盐、铬酸盐和重铬酸盐的溶液中均是稳定的。

纯铝的产品有退火和冷却硬化两种。退火的塑性较好，强度较低，冷却硬化的塑性较差，而强度较高。为了改变铝的性能，在铝中加入一种或几种其他元素，如铜、镁、锰、锌等制成铝合金。铝合金板的强度比铝板的强度大幅度增加但化学耐蚀性不及铝板。

由于铝板具有良好的耐蚀性能和在摩擦时不易产生火花的优点，故它常用于化工环境的通风工程及通风工程中的防爆系统。在施工过程中，应核实板材的产品性能与设计要求的一致性。

(6) 硬聚氯乙烯塑料板

硬聚氯乙烯塑料是由聚氯乙烯树脂加入稳定剂、增塑剂、填料、着色剂及润滑剂等压制或压铸而成。它具有表面平整光滑、耐酸碱腐蚀性强，对各种酸碱类的作用均很稳定但对强氧化剂如浓硝酸、发烟硫酸和芳香族碳氢化合物以及氯化碳氢化合物是不稳定的。物理机械性能良好，易于二次加工成型等特点。

2. 通风系统常用的设备

(1) 空气加热制冷器

空气加热器是将经过过滤的比较洁净的空气加热到室内送风所需要的温度。在机械送风系统中，一般是将空气过滤器、空气加热器设置在同一个箱体中，这种箱体称作空气处理箱。

(2) 通风机

通风机是机械送风系统中的动力设备，在工程中常用的风机是离心式风机。离心式风机的基本构造组成包括叶轮、机壳、吸入口、机轴等部分，其叶轮的叶片根据出口安装角度的不同，分为前向叶片叶轮、径向叶片叶轮、后向叶片叶轮。

(3) 风量调节阀

风量调节阀的作用是：用于机械送风系统的开、关和进行风量调节。因为机械送风系统往往会有许多送风管道的分支，各送风分支管承担的风量不一定相等，所以在各分支管处需要设置风量调节阀，以便进行风量调节与平衡。在机械送风系统中，常用的风量调节阀有插板阀和蝶阀两种。插板阀一般用于通风机的出口和主干管上，作为开关；蝶阀主要设在分支管道上或室内送风口之前的支管上，用作调节各支管的送风量。

(4) 排风罩

排风罩的作用是将污浊或含尘的空气收集并吸入风道内。排风罩如果用在除尘系统中，则称作吸尘罩。排风罩的种类有以下几种。

①条缝罩。条缝罩多用于电镀槽、酸洗槽上的有害蒸汽的排除。因含有酸蒸汽的空气不能直接排入大气，所以一般要设中和净化塔对含酸蒸汽的空气进行净化处理，达标后才能排入室外的大气中。

②密闭罩。密闭罩是用于产生大量粉尘的设备上。它是将产生粉尘的设备尽可能的进行全部密闭，以隔断在生产过程中造成的一次尘化气流与室内二次尘化气流的联系，防止粉尘随室内气流飞扬传播而形成大面积的污染。可以想象，设备密闭得越好，只需要较小的风量就能获得理想的防尘

效果。

(5) 除尘器

用于排除有毒气体或含尘气体的机械排风系统，一般都要设置空气净化设备，以将有毒气体或含尘空气净化处理达标后排放到大气中，而工程中常用的净化设备主要是除尘器。除尘器是除掉空气中的粉尘的一种设备，下面介绍常用的重力沉降室除尘器：

重力沉降室除尘器实际是一个比通风管道的断面尺寸增大了若干倍的除尘小室。含尘空气由除尘小室的一端上方进入，由于小室的过流断面突然扩大，含尘空气的流动速度迅速降低。在含尘空气缓慢地由小室的一端流向另一端的过程中，空气中的粉尘粒子在重力的作用下，逐渐向灰斗里沉降，使得粉尘从空气中分离出来，而净化后的洁净空气由除尘小室的另一端的出口排出。在实际的应用中，为了提高除尘小室的除尘效果，常在除尘小室内部增设一些挡板。

(6) 喷水室喷水降温

喷水室内有喷水管、喷嘴、挡水板及集水池。其主要对通过喷水室的空气进行喷水。将具有一定温度的水通过水泵、喷水管再经喷嘴喷出雾状水滴与空气接触，使空气达到冷却的目的。

这种喷水降温的方法可由喷水的温度来决定是冷却减湿还是冷却加湿的过程。冷却加湿过程适用于纺织厂、化纤厂等一些车间，所以工业空调中较多使用这种冷却方式，但耗水量较大。

当冬季空气中含湿量降低时（一般指内陆气候干燥地区），对湿度有要求的建筑物内需对空气加湿，对生产工艺需满足湿度要求的车间或房间也需采用加湿的设备。加湿的方法有采用喷水室喷水加湿方法、喷蒸汽方法及电加湿法等。

7.1.3 通风空调系统的安装要求

1. 金属风管的制作安装

(1) 工艺流程

金属风管制作可按以下程序进行：

画线、剪切、咬口加工、卷圆或折方、接口成型（咬口或焊接）、装配法兰。

(2) 画线

接风管的设计尺寸确定板材的厚度，选定弯管节数，接口方式。采用计算、展开法下料，画定剪切线，作出剪切印迹。

风管在展开下料过程中，尽量节省材料、减少板材切口和咬口，要进行合理的排版。板料拼接时，不论咬接或焊接等，均不得有十字交叉缝。空气净化系统风管制作时，板材应减少拼接，矩形底边宽度≤900 mm 时，不得有接拼缝；当＞900 mm 时，减少纵向接缝，不得有横向拼接缝。并且板材加工前应除尽表面油污和积尘，清洗时要用中性洗涤剂。

画线开始必须规方（又称规角），以保证板料角为直角。画线方法和程序应严格，必须做到线平直、等分准确、交圈严密、尺寸正确，画线过程中应经常校核接合尺寸。画线包括：剪切线、折方线、翻边线、倒角线、留孔线、咬口线等。

(3) 板料剪切

板料上已作好展开图及清晰的留边尺寸下料边缘线的印迹。可进行下道剪切工序。使用手剪剪切钢板时板料厚度＜0.8 mm。其余的一般都用机具剪切。

(4) 咬口加工

① 制作风管和配件的钢板厚度 $\delta \leqslant 1.2$ mm 可采用咬口连接；$\delta > 1.2$ mm 宜采用焊接；翻边对焊宜采用气焊，镀锌钢板制作风管和配件，应采用咬口连接或铆接。

② 塑料复合板风管一般只能采用咬口和铆接方法，避免气焊和电焊烧毁塑料层，咬口机械不能有尖锐的棱边，以免造成伤痕，如果塑料层有被损伤的处，应及时刷漆保护。

③ 螺旋咬口风管在专用联合机械上制作。所用带钢宽度为135 mm，厚度为0.5～1.25 mm，材质为冷轧碳钢板及镀锌钢板。制成的圆形风管直径为100～1 000 mm。螺旋风管的最大制作长度可根据安装和运输条件决定，其长度允许偏差为±5 mm。

④ 风管上的测定孔和检查孔应按设计要求的部位在风管安装前装好，结合处应严密牢固。

【知识拓展】

不锈钢板风管咬接要求：

①不锈钢板风管壁厚δ≤1 mm时可采用咬口连接，δ>1 mm可采用电弧焊、氩弧焊，不得采用气焊。焊条应选择与母材相同类型的材质，机械强度不应低于母材的最低值。

②不锈钢板风管与配件的表面，不得有划伤、凹痕等缺陷，加工和堆放应避免与具有锈蚀性的碳素钢材料接触。

③制作较复杂形状的配件时可用纸板，先下好样板，再在不锈钢板上画线下料。

④不锈钢板加工尽量采用机械加工，做到一次成型，减少手工操作。如需要用手工锤击成型时，不用碳素钢制造的工具。

⑤不锈钢板经冷加工，会迅速增加强度，减低韧性，材料发生硬化。在拍打制作咬口时，注意不要拍反，以免改拍咬口时板材硬化，造成加工困难，甚至产生断裂现象。

（5）卷圆或折方

① 卷圆。手工卷圆时，按圆形风管的直径制成样板，将板料放置钢管或型钢上，从两侧向下敲打。随打随移动或转动，并用样板随时卡弧检查。板料厚度小于1 mm用木打板；板料厚度大于1 mm用铁打板；较厚的钢板一般以木锤、铁锤敲打。敲打过程中，应严格用样板先矫对初敲的两端圆弧度，两头起端的圆弧度和规定的圆弧度必须吻合。敲打用力应均匀、板料放平、放正，不可用力过大，不能在某一处过猛锤打。

对口与合口时，当风管（纵向）采用是咬口时，将其咬口缝朝上，下面垫在方钢条上，将两口插进咬口后，用木打板沿直线轻轻敲打，随着接缝逐渐咬口，适当加大击力，将咬口打紧压平。然后进行找圆平整，直到圆弧均匀为止。

机械卷圆时，用卷圆机进行。先将板料接口的两端用手工拍圆后，再送进卷圆机两辊间进行卷圆。调整上下两辊的间距，可以卷出各种直径的风管。

② 折方。矩形风管周长上设置一个或两个角咬口时，板料就须折方。

人工折方时，把画好折线的板料放在工作台上，折线对准槽钢的边，一般由两人分别站在板料两端一起操作。一手压住钢板料，另一手将板料向下压成直角，再用木打板进行拍打，直到打出直角棱角线，找平、找正为止。机械折方时，可用手动折方机，操作方便、简单。

（6）风管的闭合成型与接缝

制作风管时，采用咬接或焊接取决于板材的厚度及材质。在可能的情况下，应尽量采用咬接。因为咬接的口缝可以增加风管的强度，变形小、外形美观。风管采用焊接的特点是严密性好，但焊后往往容易变形，焊缝处容易锈蚀或氧化。在大于1.2 mm厚的普通钢板接缝用电焊；大于2 mm接缝时可采用气焊。

> **技术提示**
> 起高接头的加固法（即采用立咬口），可以节省角钢，但加工比较麻烦，类似起高单立咬口形式，接头处易漏风，目前使用的不多。

风管大边用角钢加固，只适用于风管大边超过规定而小边未超过规定的情况，其优点是施工方便，省工省料，明装风管较少使用，角钢规格与法兰相同。

对风管加固的质量要求：风管加固最起码要达到牢固。如果要达到优良，还需要做到整齐，每挡加固的间距应适宜、均匀、相互平行。

2. 风机盘管的安装

风机盘管有立式和卧式吊顶安装等；按安装方式分明装型和暗装型。其安装要点与要求如下。

①安装前应作水压试验，以检查其产品质量，性能应稳定，特别是检查电机的绝缘和风机性能以及叶轮转向是否符合设计要求，并检查各节点是否松动，防止产生附加噪声。

②风机盘管安装位置必须正确，螺栓应配制垫圈。风机盘管与风管连接处应用橡胶板连接，以保证严密性。

③卧式明装机组安装进出水管时，可在地面上先将进出水管接出机外，吊装后再与管道相接；也可在吊装后将面板和凝水盘取下，再进行连接。立式明装机组安装进出水管时，可将机组风口、面板取下进行安装。

④安装时，要注意机组和供回水管的保温质量，防止产生凝结水；机组凝水盘应排水畅通。

⑤风机盘管同热水管道应清洗排污后连接，最好在通向机组的供水文管上设置过滤器，防止堵塞热交换器。

⑥为便于拆卸、维修和更换风机盘管，顶棚应设置比暗装风机盘管每边尺寸均大250 mm的活动顶棚，活动顶棚内不得有龙骨挡位。

⑦闭式水系统和机组上应设排空气装置。

3. 除尘器的安装

除尘器安装时需要用支架或其他结构物来固定。支架按除尘器的类型、安装位置不同而异，可分为墙上、柱上、支座上和立架上安装等四类。

①在砖墙上安装。在砖墙上安装支架一般为根据墙壁所能承受力的情况来确定，墙厚240 mm及其以上方能设支架，安装支架的形式。支架应平整牢固，待水泥达到规定的强度后方可安装除尘器。

②在混凝土柱及钢柱上安装。一般用抱箍或长螺栓把型钢紧固在柱上。在钢柱上固定采用焊接还是螺栓连接的方式，应按设计要求进行。

③在砖砌支座上安装。建筑结构如平台、楼板等处（包括储尘室）安装均应在除尘器固定部位设置预埋件（或预埋圈），预埋件上的螺孔位置和直径应与除尘器一致，并在预埋前加工好。砖砌结构支座及除灰门等的缝隙应严密。

④立架安装。用立架固定除尘器这类支架一般用于安装在室外的除尘器，支架的设置应便于泄水、泄灰和清理杂物。支架的底脚下面常设有砖砌或混凝土浇筑的基础，支架应用地脚螺栓固定在基础上。中小型除尘器可整体安装，大型除尘器可以分段组装。

4. 空气过滤器的安装

粗效过滤器按使用滤料的不同有聚氨酯泡沫塑料过滤器、无纺布过滤器、金属网格浸油过滤器、自动浸油过滤器等。安装应考虑便于拆卸和更换滤料，并使过滤器与框架、框架与空调器之间保持严密。

金属网格浸油过滤器用于一般通风、空调系统，常采用LWP型过滤器。自动浸油过滤器只用于一般通风、空调系统，不能在空气洁净系统中采用，以防止将油雾（即灰尘）带入系统中。

自动卷绕式过滤器是用化纤卷材为过滤滤料，以过滤器前后压差为传感信号进行自动控制更换滤料的空气过滤设备，常用于空调和空气洁净系统。

中效过滤器的安装方法与粗过滤器相同，它一般安装在空调器内或特制的过滤器箱内。安装时应严密，并便于拆卸和更换。

高效过滤器是用超细玻璃棉纤维纸或超细石棉纤维纸，过滤粗、中效过滤器不能过滤的而且含量最多的1 μm以下的亚微米级微粒，保持洁净房间的洁净要求。

7.2 通风空调工程施工图识读

7.2.1 图纸组成

空调工程施工图的图纸组成与通风工程施工图图纸组成基本相同，有平面图、剖面图、系统轴测图、详图等图纸组成。根据空调的系统形式的不同，图纸的复杂程度和图纸张数都有很大区别。通常的新风加风机盘管的中央空调系统，其中有：

①风道布置平面图，水管道平面布置图。
②空调机房内管道的布置平面图。
③风管道断面的剖面图。
④风道的系统图。
⑤空调机房内工艺流程图。
⑥各个重要和复杂处的节点详图。

因为空调系统不同，图纸内容也不尽相同，下面介绍常用的空调系统的图纸内容。

1. 平面图

平面图是通风空调施工图的重要图纸之一，它包括各层空调平面图，空调机房平面图等。
系统平面图主要表明通风空调设备、系统风道、水管道的平面布置，其内容如下：
①以双线绘出的风道、异径管、弯头、检查口、测定孔、调节阀、防火阀、送排风口的位置。
②单线绘出的水管道、阀门、风机盘管、排气阀等的位置。
③空气处理设备的轮廓尺寸、各种设备定位尺寸。
④注明系统编号，注明送回风口的空气流动方向。
⑤注明风道的断面尺寸，水管道的直径。
⑥注明各设备、部件的名称、规格、型号等。
⑦其他一些需要注明的内容。

2. 剖面图

剖面图一般由空调系统剖面图、空调机房剖面图。
空调系统剖面图一般包括如下内容。
①对应于平面图的风道、设备、零部件的位置尺寸和有关工艺设备的位置尺寸。
②风道直径，风管标高，送排风口的形式、尺寸、标高和空气流向，设备中心标高，风管穿出屋面的标高，风帽标高。

【知识拓展】

空调机房剖面图一般包括如下内容。
①对应于平面图的通风机、过滤器、加热器、表冷器、喷水室、消声器、回风口及各种阀门部件的位置尺寸。
②设备中心标高、基础表面标高。
③风管、给排水管、冷热管道的标高。

3. 系统图表明

通风支管安装标高、走向、规格、支管数量，通风立管规格、出屋面高度等，风机规格、类型、安装方式等。

4. 通风空调详图

包括风口大样图；通风机减震台座平、剖面图等。

> **技术提示**
>
> 风口大样图主要表明风口尺寸、安装尺寸、边框材质、固定方式、固定材料、调节板位置、调节间距等。

通风机减震台座平面图表明台座材料类型、规格、布置尺寸。台座剖面图表明台座材料、规格（或尺寸）、施工安装要求、方式等。

5. 设计说明表明

风管采用的材质、规格、防腐和保温要求，通风机等设备采用类型、规格，风管上阀件类型、数量、要求，风管安装要求，通风机等设备基础要求等。

7.2.2 识图方法

为了尽快看懂空调工程的施工图，合理的安排施工顺序，须掌握以下几点。

首先，分清空调系统属于哪种类型。

其次，根据施工图提供的设备明细表掌握空调系统中设备的数量、规格、安装位置，以便安排施工程序。

在空调通风施工图中，有代表性的图纸基本上都是反映空调系统布置、空调机房布置、冷冻机房布置的平面图，因此，空调通风施工图的阅读基本上是从平面图开始的，先是总平面图，然后是其他的平面图。阅读辅助性图纸，阅读其他内容。

1. 通风空调工程施工图的识读

熟悉有关图例、符号，设计及施工说明，通过说明了解系统的组成形式，系统所用的材料、设备、保温绝热、刷油的做法及其他主要施工方法。识读通风空调工程施工图时，先读设计说明，对整个工程建立全面的概念。再识读原理图，了解水系统的工艺流程后，识读风管系统图。领会两种介质的工艺流程后，再读各层、各通风空调房间、制冷站、空调机房等的平面图。

在识读过程中，按介质的流动方向读原理图、系统图、平面图、相互结合交叉阅读，能达到较好效果。

（1）识读顺序

按照系统图或原理图、平面图、剖面图、大样图的顺序，并按照空气流动方向逐段识读，例如：可按进风口、进风管道、空气处理器或通风机、主干管、支管、送风口顺序识读。

（2）识读方法及注意事项

① 通过原理图或系统图了解工程概况、设备组成及连接关系。

② 平面图与剖面图结合识读。

③ 通过设备材料表和平、剖面图结合了解设备、材料技术参数、规格尺寸、数量。

④ 通过大样图了解系统细部尺寸。

⑤ 通过设计施工说明了解设计意图、材料材质、施工技术要求。

> **技术提示**
>
> ①空调通风平、剖面图中的建筑与相应的建筑平、剖面图是一致的，空调通风平面图是在本层天棚以下按俯视图绘制的。
>
> ②空调通风平、剖面图中的建筑轮廓线只是与空调通风系统相关的部分，同时还有各定位轴线编号、间距以及房间名称。

2. 设计施工说明

通风与空调施工图的设计说明内容有建筑概况、设计标准、系统及其设备安装要求、空调水系统、防排烟系统、空调冷冻机房等。

（1）建筑概况

介绍建筑物的面积、空调面积、高度和使用功能，对空调工程的要求。

（2）设计标准

室外气象参数，夏季和冬季的温湿度及风速。室内设计标准，即各空调房间夏季和冬季的设计温度、湿度、新风量要求及噪音标准等。

（3）空调系统及其设备

对整栋楼建筑的空调方式和各空调房间所采用的空调设备进行简要说明。对空调装置提出安装要求。

3. 空调水系统

系统类型、所选管材和保温材料的安装要求，系统防腐、试压和排污要求。

4. 其他

防排烟系统、机械送风、机械排风或排烟的设计要求和标准。

5. 空调

冷冻机房、冷冻机组、水泵等设备的规格型号、性能和台数，它们的安装要求。

平面图表示各层和各房间的通风与空调系统的风道、水管、阀门、风口和设备的布置情况，并确定他们的平面位置。包括风、水系统平面图。空间机房平面图，制冷机房平面图等。

剖面图主要表示设备和管道的高度变化情况，并确定设备和管道的标高、距地面的高度、管道和设备相互的垂直间距。

【知识拓展】

空调通风平、剖面图和系统图可以按建筑分层绘制，或按系统分系统绘制，必要时对同一系统可以分段进行绘制。

6. 风管系统图表示

风管系统在空间位置上的情况，并反映干管、支管、风口、阀门、风机等的位置关系，还标有风管尺寸、标高。与平面图结合可说明系统全貌。

7. 工艺图（原理图）

一般反应制冷站制冷原理和冷冻水、冷却水的工艺流程，使工艺施工人员对整个水系统或制冷工艺有全面了解。原理图（即工艺流程图）可不按比例绘制。

8. 详图

因上述图中未能反映清楚，国家或地区又无标准图，则用详图进行表示。

9. 材料表

材料（设备）表列出材料（设备）名称、规格或性能参数、技术要求、数量等。

【例题 7.1】某建筑物通风空调工程图纸如图 7.7～7.14 所示，试确定下列指标。

①通风系统设置的部位。

②剖面图中的尺寸。

③管道的走向。

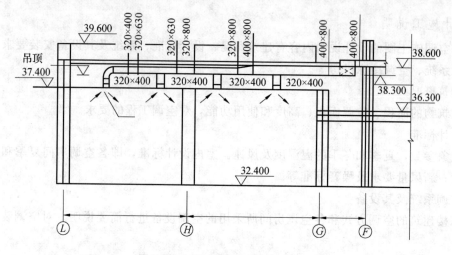

图 7.7 3—3 剖面图（单位：mm）

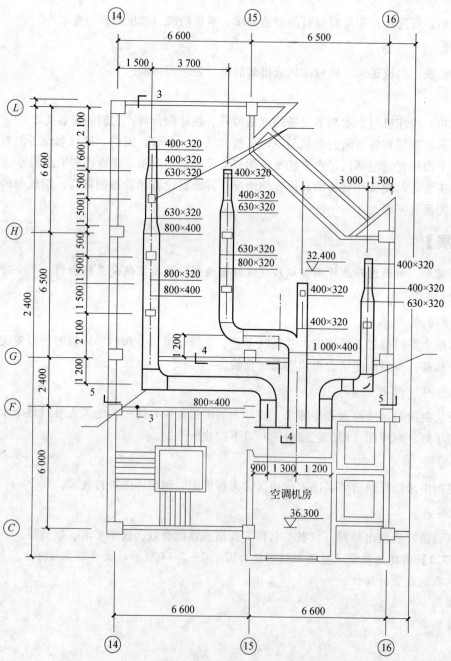

图 7.8 通风系统平面图（单位：mm）

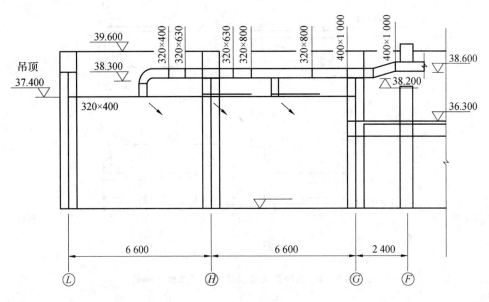

图 7.9　4—4 剖面图（单位：mm）

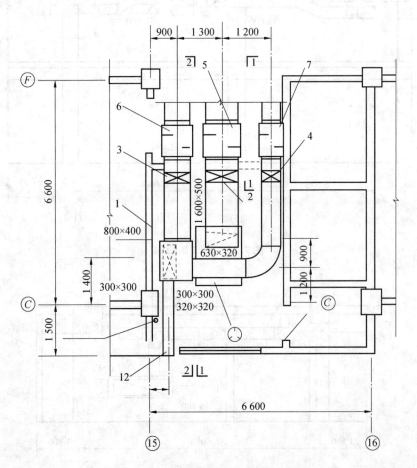

图 7.10　空调机房平面图（单位：mm）

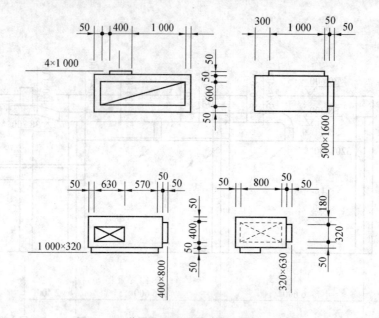

图 7.11 送风、回风联箱大样（单位：mm）

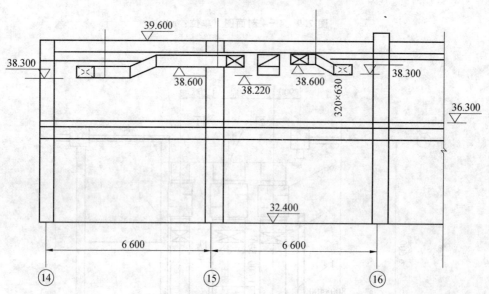

图 7.12 5—5 剖面图

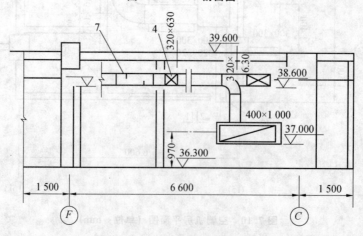

图 7.13 1—1 剖面图（单位：mm）

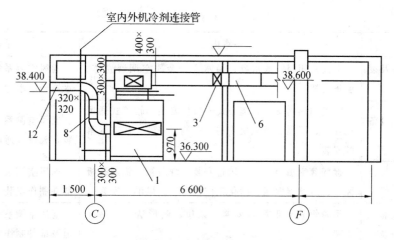

图 7.14　2—2 剖面图（单位：mm）

7.3　通风空调工程定额模式下的计量与计价

7.3.1　定额内容及注意事项

1. 定额主要内容及适用范围

（1）定额内容

定额模式下的施工图预算编制应使用各地区现行的安装工程预算定额和相应的材料价格。本部分内容主要套用《××省安装工程预算基价》第九册《通风空调工程》。

第九册《通风空调工程》主要包括：通风空调安装工程汇总的薄钢板风管、净化风管、铝板风管、不锈钢板风管、塑料风管、复合型风管的制作安装及玻璃钢风管安装，还包括与各种风管相配套的风阀、风口、风帽、风罩、消声器等部件制作安装和通风空调设备安装。通风空调工程量计算定额内容见表 7.1。

表 7.1　通风空调工程量计算定额主要内容

章目	各章内容	适用范围
第一章　薄钢板通风管道制作安装	镀锌薄钢板圆形通风管（咬口）、镀锌薄钢板矩形通风管、镀锌薄钢板矩形通风管（焊接）、柔性软风管、柔性软风管的阀门安装、弯头导流片、软管连接、风管检查孔、温度、风量测定孔	通风空调系统薄钢板通风管道制作安装
第二章　调节阀制作安装	调节阀制作、调节阀安装	通风空调系统调节阀制作、调节阀安装
第三章　风口制作安装	风口制作、风口安装	通风空调系统风口制作、风口安装
第四章　风帽制作安装	风帽制作安装、风帽（成品）安装、筒形风帽滴水盘、风帽筝绳、风帽泛水	通风空调系统风帽制作安装、筒形风帽滴水盘
第五章　罩类制作安装	皮带防护罩、电机防雨罩、各型风罩调节阀、升降式排气罩	通风空调系统皮带防护罩、电机防雨罩升降式排气罩
第六章　消声器制作安装	微孔板消声器、包复式消声器、片式消声器、全钢式消声弯头	通风空调系统消声器制作安装

续表 7.1

章目	各章内容	适用范围
第七章 空调部件及设备支架制作安装	钢板密闭门、滤水器、溢水盘、金属空调器壳体、设备支架	通风空调系统钢板密闭门、滤水器、溢水盘
第八章 通风空调设备安装	空气加热器安装、离心式通风机安装、轴流式通风机安装、屋顶式通风机安装、空调器安装、热空气幕的安装	通风空调系统离心式通风机安装，轴流式通风机安装
第九章 净化通风管道及部件制作安装	镀锌薄钢板矩形净化风管安装、静压箱、铝制孔板风口、过滤器框架、净化工作台安装、风淋室安装	通风空调系统净化通风管道部件制作安装
第十章 不锈钢板通风管道及部件制作安装	不锈钢板圆形风管安装、风口、圆形法兰、吊托支架	通风空调系统不锈钢板通风管道及部件制作安装
第十一章 铝板通风管道及部件制作安装	铝板圆形风管、铝板矩形风管、圆形法兰、矩形法兰	通风空调系统铝板圆形风管、铝板矩形风管
第十二章 塑料通风管道及部件制作安装	塑料圆形风管、塑料矩形风管、蝶阀、插板阀、槽边风罩、筒形风帽、柔性接口	通风空调系统塑料圆形风管、塑料矩形风管的制作与安装
第十三章 玻璃钢板通风管道及部件制作安装	玻璃钢板通风管道安装、玻璃钢板通风管道部件制作	通风空调系统玻璃钢板通风管道及部件制作安装
第十四章 复合型风管及部件制作安装	复合型矩形风管、复合型圆形风管	通风空调系统复合型矩形风管、复合型圆形风管的制作与安装

（2）适用范围

适用于工业与民用建筑的新建、扩建和整体更新改造项目中的通风、空调工程。

> **技术提示**
>
> 第九册《通风空调工程》与其他册定额的关系：
> ①各种通风空调设备的电气检查接线及调试及执行第二册。
> ②设备的基础灌浆和地脚螺栓的灌浆按第一册《机械设备安装工程》中相应定额另行计算。
> ③空调工程的水系统安装执行第八册。
> ④通风空调工程中的玻璃钢冷却塔等执行第一册。
> ⑤本册中风机设备指一般工业与民用通风空调系统中使用的风机，用于生产系统的风机安装执行第一册属于中压锅炉附属设备的应执行第三册《热力设备安装工程》。
> ⑥定额中为包括的刷油和绝热、防腐蚀项目，使用第十一册相应定额。

2. 通风管道定额应用注意事项

①镀锌薄钢板定额项目中的板材是按镀锌薄钢板编制的，如设计要求不同时，板材可以换算，其他不变。薄钢板、不锈钢、铝板及净化风管定额项目中的板材，如设计要求厚度不同者可以换算，但人工、机械台班不变。

②风管导流叶片不分单叶片或双叶片均套用同一定额项目。

③整个通风系统设计采用渐缩均匀送风者，圆形风管按平均直径、矩形风管按平均周长套用相应定额项目，其人工乘以系数 2.5。

④制作空气幕送风管时，按矩形风管平均周长套用相应定额项目，其人工乘以系数 3.0，其他不变。

⑤净化风管的空气洁净度按 100000 级标准编制；净化风管所用型钢按图纸要求镀锌时镀锌费

另列。

⑥不锈钢板风管要求使用手工氩弧焊时，其人工乘以系数 1.238，材料乘以系数 1.163，机械台班乘以系数 1.673。

⑦铝板风管要求使用手工氩弧焊时，其人工乘以系数 1.154，材料乘以系数 0.852，机械台班乘以系数 9.242。

⑧柔性软风管是指金属、涂塑化纤织物、聚酯、聚乙烯、聚氯乙稀薄膜、铝箔等材料制成的软风管。

⑨软管接头使用人造革而不使用帆布者可以换算。

⑩薄钢板通风管道定额项目中的法兰垫料，设计采用材料品种不同时可以换算，但人工不变。使用泡沫塑料时，每"kg"橡胶板换算为泡沫塑料"0.125 kg"；使用闭孔乳胶海绵时，每"kg"橡胶板换算为闭孔乳胶海绵"0.5 kg"。

⑪机制风管拼装执行相应风管制作安装项目，其中人工、机械乘以系数 0.6，材料费乘以 0.8（法兰、加固框、吊托支架已综合考虑，不另计算）。机制风管按设计图示以展开面积加 2% 损耗量计算材价。

⑫定额项目中的净化风管涂密封胶按全部口缝外表面涂抹考虑；设计要求口缝处不涂抹，而只在法兰处涂抹时，每 10 m^2 风管减少密封胶用量 1.5 kg 和人工 0.37 工日。

⑬净化圆形风管执行净化矩形风管相应定额项目。

⑭塑料风管制作安装定额项目中的规格是指直径为内径，周长为内周长；主体板材是指每 10 m^2 定额用量为 11.6 m^2；设计要求厚度不同时可以换算，但人工、机械不变；法兰垫料设计采用材料品种不同时可以换算，但人工不变。

⑮塑料风管管件制作的胎具摊销材料费，未包括在定额项目内，按下列规定计取：风管工程量在 30 m^2 以上的，每 10 m^2 风管的胎具摊销木材为 0.06 m^3；风管工程量在 30 m^2 以下的，每 m^2 风管的胎具摊销木材为 0.09 m^3。

【知识拓展】

在定额编制中，确定主要问题所依据的标准和规范：

《采暖通风和空气调节设计规范》（GBJ 19—87）

《通风与空调工程施工及验收规范》（GB 50243—97）

《暖通空调设计选用手册》

3. 通风空调设备定额应用注意事项

①风机减振台使用设备支架子目，定额中不包括减振器用量，其用量按设计图确定。

②冷冻机组站内的设备、管道安装套用综合定额第一册《机械设备安装工程》和第六册《工业管道工程》相应项目，管道起止计算至站外墙皮；外墙皮以外通往空调设备的供热、供冷、供水等管道小区内套用第八册《给排水、采暖、燃气工程》相应项目，小区外管道执行市政定额相应项目。为满足生产工艺要求的管道套用第六册《工业管道工程》相应项目。

③特殊材料通风机的安装（不锈钢、塑料通风机等）套用通风机安装子目；通风机安装包括机器驱动装置（电动机）的安装。

④通风空调系统中诱导器的安装按风机盘管套用相应子目。

⑤设备安装子目的定额基价中不包括设备费和应配备的地脚螺栓费用。

⑥通风及空调设备支架制作安装套用第五册工艺金属结构制作安装相应子目。

⑦调节阀制作定额项目按材质、阀口形状、阀芯形状及调节阀功能，分别以重量划分定额子目，调节阀安装定额项目按结构和周长划分定额子目。

⑧风口、散流器制作安装定额项目按风口结构、材质，分别以风口、散流器重量划分制作定额子目；风口、散流器安装，以风口、散流器周长划分定额子目。

⑨风帽制作安装定额项目按材质、风帽形状及结构,分别以风帽重量划分定额子目;其中风帽泛水以泛水面积划分定额子目。

⑩罩类制作安装定额项目按罩的功能划分子目。

4. 定额系数增加费的规定

①脚手架搭拆费按人工费的3%计取,其中人工费25%。

②高层建筑增加费(是指6层或20M以上的工业与民用建筑)见表7.2。

表 7.2 高层建筑增加费系数

层　　数	9层以下(30 m)	12层以下(40 m)	15层以下(50 m)	18层以下(60 m)	21层以下(70 m)
以人工费为计算基数%	1	2	3	4	5
层　　数	24层以下(80 m)	27层以下(90 m)	30层以下(100 m)	33层以下(110 m)	36层以下(120 m)
以人工费为计算基数%	6	8	10	13	16
层　　数	39层以(130 m)	42层以下(140 m)	45层以下(150 m)	48层以下(160 m)	51层以下(170 m)
以人工费为计算基数%	19	22	25	28	31

③超高增加费。按人工费15%计取。

④在有害身体健康的环境中施工降效增加费按直接工程费中人工费的10%计取。

7.3.2　定额项目工程量计算方法

1. 列项

根据施工图包括的分部分项内容,按所选预算基价中的分项工程子目划分排列分项工程项目。例如:

①通风管道制作安装。

②调节阀制作安装。

③风口制作安装。

④通风空调设备安装。

⑤消声器制作安装。

2. 计算工程量

列项后,应根据工程量计算规则逐项计算工程量,填写"工程量计算书"。在计算工程量时,应以一定的顺序计算,避免重复计算和漏算。一般应先地下后地上、先干线后支线的顺序。定额子目中已包括的项目不得重复列项,而未包括的项目也不得漏算。

3. 汇总工程量

工程量计算完毕后,应将同类型、同规格的项目进行合并、汇总,汇总后的工程量填入"工程量汇总表"。

7.3.3　定额项目工程量计算规则

1. 通风管道的工程量计算规则

①风管制作安装根据设计图所示管道规格不同,按不同截面形状的展开面积计算,不扣除检查孔、送风口、吸风口、测定孔等所占面积;风管、管口咬口重叠部分已包括在定额内,不另增加。

圆形、矩形直风管的展开面积,如图7.15所示。

圆形直风管展开面积:$F = \pi D L$

矩形直风管展开面积：$F = 2(A+B)L$

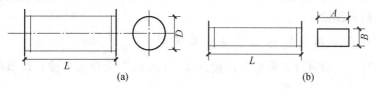

图 7.15　圆形矩形直风管

②风管长度一律以图示中心线长度为准（主管与支管以其中心线交点划分），包括弯头、三通、变径管、天圆地方等管件的长度，但不包括部件所占长度。

圆形异径管、矩形异径管（大小头）展开面积，如图 7.16 所示。

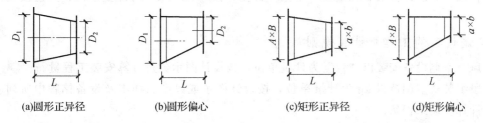

(a)圆形正异径　　　　(b)圆形偏心　　　　(c)矩形正异径　　　　(d)矩形偏心

图 7.16　异径管

圆形异径管展开面积：$F = \dfrac{(D_1+D_2)}{2}\pi L$

矩形异径管展开面积：$F = (A+B+a+b)L$

天圆地方展开面积，如图 7.17 所示。

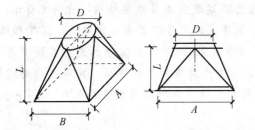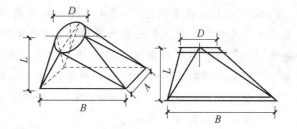

图 7.17　天圆地方

天圆地方展开面积：$L \geqslant 5D$　$F = \left[\dfrac{D\pi}{2}+A+B\right]L$

③风管直径或周长按图示尺寸为准展开（塑料风管、复合型材料的风管直径或周长以内直径或内周长为准）。

④渐缩管：圆形风管按平均直径计算；矩形风管按平均周长计算。

⑤柔性软风管按设计图中心线长度计算，包括弯头、三通、变径管、天圆地方等管件的长度，但不包括部件所占长度；以"m"为单位计量。

⑥柔性软风管阀门安装，以"个"为单位计量。

⑦在计算风管长度时，应减去部件（风管阀门、风口、风帽、罩类、风压箱、消声器等）所占位置的长度，部分通风部件的长度如下：

蝶阀：$L=150$ mm。

止回阀：$L=300$ mm。

密闭式对开多叶调节阀：$L=210$ mm。

圆形风管防火阀：$L=$风管直径 $D+240$ mm。

矩形风管防火阀：$L=$风管高度 $B+240$ mm。

⑧空调风管保温工程的工程量计算参照绝热工程中管道绝热工程量计算规则进行计算,也可以采用查表法计算保温工程量。

2. 通风管道部件制作安装的工程量计算规则

①碳钢调节阀制作工程量以"重量"计量,按"100 kg"为计量单位;调节阀重量按设计图示规格型号,采用国际通用部件重量。

②碳钢调节阀安装工程量以"个"为计量单位,未包含除锈、刷油工程量。

③若碳钢调节阀为成品时,以"个"为计量单位,只计算安装费。

④密闭式对开多叶调节阀与手动式对开多叶调节阀套用同一子目。

⑤塑料调节阀制作安装工程量以"重量"计量,按"100 kg"为计量单位;重量按设计图示规格型号。

3. 空调设备的工程量计算规则

①通风及空调设备安装以"台"为计量单位,按设计图示数量计算安装工程量。

②分段组装式空调器以 kg 为计量单位,按设计图示或以产品样本及设备铭牌中所列质量(各段质量)计算安装工程量。

③滤水器、溢水盘、金属空调器壳体以 kg 为计量单位,按图示数量计算。

④过滤器、净化工作台、风淋室、洁净室以"台"为计量单位,按图示数量计算。

7.3.4 定额计价案例

本部分以某 3#厂房通风空调工程为例,说明如何采用定额计价方法编制预算。

【例题 7.2】某机器制造厂,3#厂房通风空调工程为新建现浇 4 层框架结构,开间 6.0 m,层高 5.2 m。风管安装在 3.5 m 高的吊顶内。产品生产工艺要求此厂房内要有一定温度、湿度和洁度的空气。通风空调系统由新风口吸入新鲜空气,经新风管进入 ZK-1 金属叠加式空气调节器内,将空气处理后,有镀锌钢板($\delta=1$)制作的五支风管,用方形直流片式散流器,向房间均匀送风。风管用铝箔玻璃棉毡绝热,厚度 $\delta=100$。风管用吊架吊在房间顶板上(顶板底高 5.0 m),并安装在房间吊顶内(吊顶高 3.5 m)。

金属叠加式空气调节器分 6 个段室:风机段、喷淋段、过滤段、加热段、空气冷处理段和中间段等,其外形尺寸为 3 342×1 620×2 109,共 1 200 kg。其供风量为 8 000~12 000 m³/h。由 FJZ—30 型制冷机组、冷水箱、泵两台与 DN100 及 DN70 的冷水管、回水管相连,组成供应冷冻水系统。由 DN32 和 DN25 蒸汽动力管和凝结水管相连,组成供热系统。由配管配线配电箱柜组成控制系统。

试计算该通风系统的工程量,并编制定额施工图预算文件。

解

(1) 编制依据及有关说明

①本施工图预算是按某机器制造厂,3#厂房通风空调工程施工图及设计说明计算工程量。

②定额采用《××省安装工程预算定额》第九册《通风空调工程》。

③材料价格按定额取定,缺项材料参照市场价格。

(2) 图纸分析

本通风空调工程在 3#厂房底层⑥~⑧轴线之间,通风工程平面图及 I—I 剖面如图 7.18 所示,通风工程剖面图如图 7.19 所示,通风工程系统图如图 7.20 所示。各个通风管道的尺寸见通风工程平面图,通风管道的标高值见系统图。

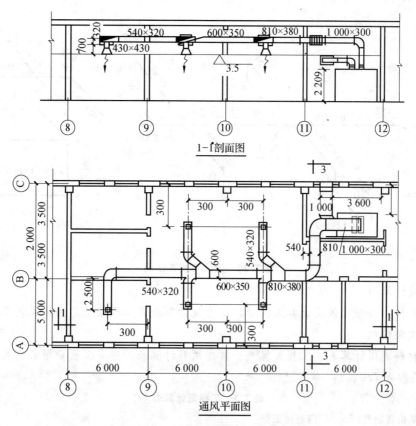

图 7.18 通风工程平面图及剖面

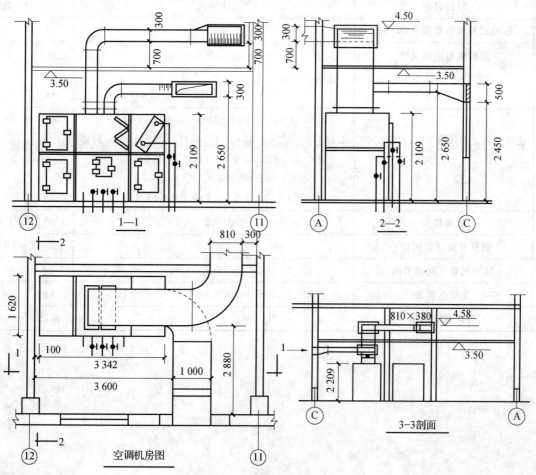

图 7.19 通风工程剖面图

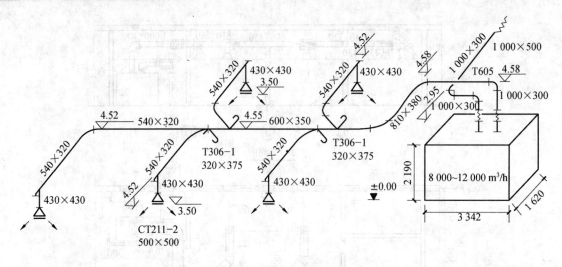

图 7.20 通风工程系统图

(3)工程量计算

根据施工图样,按分项依次计算工程量,工程量计算表及工程量汇总表,见表 7.3 和表 7.4。

(4)计价文件编制

工程主要材料费用计算表、工程预算表、措施项目计算表、安装工程费用汇总表分别见表 7.5、表 7.6、表 7.7 和表 7.8。

表 7.3 工程量计算表

工程名称:某机器制造厂 3#厂房通风工程

序号	项目名称	计算式	单位	数量
1	落地式空调节器重 1 200 kg		台	1
2	玻璃钢板矩形风管 $\delta=1\ 000\times500$	$(1+0.5)\times2\times0.8$	m²	2.4
	支架 2 个	$[1.1+(5-2.65)\times2]\times2\times1.459$	kg	16.92
3	玻璃钢板矩形风管 $\delta=1\ 000\times300$	$(1+0.3)\times2\times(2.88-0.8+0.5+$ $3.342/2+0.5+2.65-2.1\ 0.3/2-0.2)(1+0.3)\times$ $2\times(3.5-2.209\ 0.7+0.3/2-0.2+4+1)$	m²	31.70
	支架 4+3 个	$1.1+(5-2.65)\times2\times4\times1.459+$ $1.1+(5-3.5-0.7)\times2\times3\times1.459$	kg	45.67
4	帆布接头	$(1+0.3)\times2\times0.2\times3$	m²	1.56
5	钢百叶窗(新风口)	1×0.5	m²	0.5
6	矩形风管三通调节阀	$4\times12.23(T306-1)$	kg	48.92
7	支架总重量	$9.32+65.36+10.07+18.97+45.67+16.92$	kg	166.31
8	通风系统调试		系统	1

表 7.4 工程量汇总表

工程名称：某机器制造厂 3#厂房通风工程

序号	项目名称	单位	数量
1	落地式空调节器	台	1
2	玻璃钢板矩形风管（δ＝1 000 ×500）	m²	2.4
3	玻璃钢板矩形风管（δ＝1 000 ×300）	m²	31.70
4	帆布接头	m²	1.56
5	钢百叶窗（新风口）	m²	0.5
6	矩形风管三通调节阀	kg	48.92
7	支架总重量	kg	166.31
8	通风系统调试	系统	1

表 7.5 主要材料费用计算表

工程名称：某机械制造厂 3#厂房通风空调工程

序号	材料名称和规格	单位	数量	单价/元	金额/元
1	落地式空调节器	台	1×1.00＝1	1 350	1 350
2	玻璃钢板矩形风管（δ＝1 000 ×500）	m²	2.4×1.32＝3.17	487.13	1 544.20
3	玻璃钢板矩形风管（δ＝1 000 ×300）	m²	31.70×1.32＝41.84	487.13	20 381.51
5	钢百叶窗（新风口）	m²	0.5×1.00＝0.5	25	12.5
6	矩形风管三通调节阀	kg	48.92×0.87＝42.56	38	1 617.28

工程名称：某机械制造厂3IHJ厂房通风空调工程

表 7.6 工程预算表

单位：元 年 月 日

序号	定额编号	工程及费用名称	工程量		造价		未计价材料费		人工费		总价分析					
			单位	数量	单价/元	合价/元	单价/元	合价/元	单价/元	合价/元	材料费		机械费		管理费	
											单价/元	合价/元	单价/元	合价/元	单价/元	合价/元
1	9—305	落地式空调节器	10 台	0.1	296.28	296.28			779.71	779.71	3.14	3.14	0	0	296.28	296.28
2	9—415	落地式空调节器	台	1			1350	1350								
		玻璃钢板矩形风管 (1000×500)	m²	0.24	272.46	64.55			125.42	30.10	86.41	20.73	9.57	2.29	47.65	11.43
3	9—415	玻璃钢板矩形风管 (1000×500)	10 m²	3.17	272.46	852.79	20381.51	487.13	125.42	397.58	86.41	273.91	9.57	30.33	47.65	151.05
		镀锌钢板矩形风管 (1000×300)	10 m²	3.17	314.06	489.91		1544.20	119.47	186.37	96.78	150.97	52.42	81.77	45.39	70.80
4	9—407	柔性接口	m²	1.56			129.76	202.43								
5	9—137	钢百叶窗	10 m²	0.05	376.23	188.11	25	12.5	97.78	48.89	210.58	105.29	30.72	15.36	37.15	18.57
6	9—69	矩形风管三通调节阀	100kg	0.4892	3030.9	1482.68	38		1479.07	723.56	387.50	189.56	602.29	294.62	562.04	274.94
		合计	kg	42.56		3 374.38		25 107.92		1 617.28							

256

表7.7 措施项目计算表

工程名称：某机械制造厂3#厂房通风空调工程　　　　　　　　　　年　月　日

序号	项目名称	计算基数	费率/%	金额/元
1	安全文明施工费	人工费	3	64.98
2	临时设施费	人工费	4.5	97.47
3	冬、雨季施工增加费	人工费	0.3	12.99
4	措施费合计	1+2+3	—	175.44

注：本案例只计算了措施费中的安全文明施工措施费、临时设施费和冬、雨季施工增加费，措施费计算项目应以实际发生为准。

表7.8 工程费用汇总表

工程名称：某机械制造厂3#厂房通风空调工程　　　　　　　　　　年　月　日

序号	费用名称	计算基数	费率/%	金额/元
1	施工图预算子目计价合计	按工程预算表计算	—	28 482.3
2	其中：人工费	按工程预算表计算	—	2 166.21
3	施工措施费合计	∑施工措施项目计价	—	175.44
4	其中：人工费	∑施工措施项目计价中人工费	—	212.36
5	小计	1+3	—	28 657.74
6	其中：人工费	2+4	—	2 378.57
7	企业管理费	6×相应费率	25	594.64
8	规费	6×相应费率	5.57	132.48
9	小计	7+8	—	727.12
10	利润	6×相应利率	17	404.35
11	动态调整费			0
12	税金	(5+9+10+11)×相应税率	3.44	1024.74
13	含税造价	5+9+10+11+12	—	30 813.96

7.4 通风空调工程清单模式下的计量与计价

7.4.1 清单内容设置

通风空调工程量计算规则应以《通用安装工程工程量计算规范》(GB 50856—2013)附录G"通风空调工程"及相关内容为依据。

"附录G 通风空调工程"包括：

G.1 通风及空调设备及部件制作安装

G.2 通风管道制作安装

G.3 通风管道部件制作安装

G.4 通风工程检测、调试

G.5 相关问题及说明

7.4.2 清单项目工程量计算方法

清单项目工程量的计算方法与定额计价基本一致，只是在清单计价模式下，需按照规范中规定的工程量计算规则进行计算。与定额工程量计算规则不同的是，除另有说明外，所有清单项目的工程量应以实体工程量为准，并以完成后的净值计算；投标人投标报价时，应在单价中考虑施工中的各种损耗和需要增加的工程量。

7.4.3 清单项目工程量计算规则

1. 通风及空调设备及部件制作安装工程量计算规则

通风及空调设备及部件制作安装工程量计算规则，应按表 7.9 的规定执行。

表 7.9 通风及空调设备及部件制作安装

项目编码	项目名称	项目特征	计量单位	工程量计算规则	工作内容
030701001	空气加热器（冷却器）	1. 名称 2. 型号 3. 规格 4. 质量 5. 安装形式 6. 支架材质、规格	台	按设计图示数量计算	1. 本体安装、调试 2. 设备支架制作、安装 3. 补刷（喷）油漆
030701002	除尘设备				
030701003	空调器	1. 名称 2. 型号 3. 规格 4. 安装形式 5. 质量 6. 隔振垫（器）、支架形式、材质	台（组）		1. 本体安装、调试 2. 设备支架制作、安装 3. 补刷（喷）油漆
030701004	风机盘管	1. 名称 2. 型号 3. 规格 4. 安装形式 5. 隔振器、支架形式、材质 6. 试压要求	台		1. 本体安装、调试 2. 设备支架制作、安装 3. 试压 4. 补刷（喷）油漆
030701005	表冷器	1. 名称 2. 型号 3. 规格	台		1. 本体安装 2. 型钢制作、安装 3. 过滤器安装 4. 挡水板安装 5. 调试及运转 6. 补刷（喷）油漆
030701006	密闭门	1. 名称 2. 型号 3. 规格 4. 形式 5. 支架形式、材质	个		1. 本体制作 2. 本体安装 3. 支架制作、安装
030701007	挡水板				
030701008	滤水器、溢水盘				
030701009	金属壳体				

续表7.9

项目编码	项目名称	项目特征	计量单位	工程量计算规则	工作内容
030701010	过滤器	1. 名称 2. 型号 3. 规格 4. 类型 5. 框架形式、材质	1. 台 2. m²	1. 以台计量,按设计图示数量计算 2. 以面积计量,按图示尺寸以过滤面积计算	1. 本体安装 2. 框架制作、安装 3. 补刷(喷)油漆
030701011	净化工作台	1. 名称 2. 型号 3. 规格 4. 类型	台	按设计图示数量计算	1. 本体安装、调试 2. 补刷(喷)油漆
030701012	风淋室	1. 名称 2. 型号 3. 规格 4. 类型 5. 质量			
030701013	洁净室				
030701014	除湿机	1. 名称 2. 型号 3. 规格 4. 类型			本体安装
030701015	人防过滤吸收器	1. 名称 2. 规格 3. 形式 4. 材质 5. 支架形式、材质			1. 过滤吸收器安装 2. 支架制作、安装

【知识拓展】

通风空调设备清单项目特征描述

通风空调设备安装工程量清单项目特征,风机的形式应描述离心式、轴流式、屋顶式、卫生间通风器等;空调器的安装位置应描述吊顶式、落地式、墙上式、窗式、分段组装式,标出单台设备质量;风机盘管的安装应描述安装位置等。

通风及空调设备部件制作安装工程量清单项目特征,挡水板的制作安装,其材质特征应描述材料种类及规格,钢材应描述热轧或冷轧等;过滤器安装应描述初效、中效、高效等,区分特征分别编制清单项目。

2. 通风管道制作安装

通风管道制作安装工程量清单计算规则,应按表7.10的规定执行。

表 7.10 通风管道制作安装

项目编码	项目名称	项目特征	计量单位	工程量计算规则	工作内容
030702001	碳钢通风管道	1. 名称 2. 材质 3. 形状 4. 规格 5. 板材厚度 6. 管件、法兰等附件及支架的设计要求 7. 接口形式	m²	按设计图示内径尺寸以展开面积计算	1. 风管、管件、法兰、零件、支吊架制作、安装 2. 过跨风管落地支架制作、安装
030702002	净化通风管道				
030702003	不锈钢板通风管道	1. 名称 2. 形状 3. 规格 4. 板材厚度 5. 管件、法兰等附件及支架的设计要求 6. 接口形式		按设计图示内径尺寸以展开面积计算	1. 风管、管件、法兰、零件、支吊架制作、安装 2. 过跨风管落地支架制作、安装
030702004	铝板通风管道				
030702005	塑料通风管道				
030702006	玻璃钢板通风管道	1. 名称 2. 形状 3. 规格 4. 板材厚度 5. 支架的形式、材质 6. 接口形式	m²	按设计图示内径尺寸以展开面积计算	1. 风管、管件安装 2. 支吊架制作安装 3. 过跨风管落地支架制作、安装
030702007	复合型风管	1. 名称 2. 材质 3. 形状 4. 规格 5. 板材厚度 6. 接口形式 7. 支架的形式、材质			
030702008	柔性软风管	1. 名称 2. 材质 3. 规格 4. 风管接头、支架形式、材质	1. m 2. 节	1. 以 m 计量,按设计图示中心线以长度计算 2. 以节计量,按设计图示数量计算	1. 风管安装 2. 风管接头安装 3. 支吊架制作、安装
030702009	弯头倒流叶片	1. 名称 2. 材质 3. 规格 4. 形式	1. m² 2. 组	1. 以面积计量,按设计图示以展开面积 m² 计算 2. 以组计量,按设计图示数量计算	1. 制作 2. 组装
030702010	风管检查孔	1. 名称 2. 材质 3. 规格	1. kg 2. 个	1. 以 kg 计量,按风管检查孔计算 2. 以个计量,按设计图示数量计算	1. 制作 2. 安装

续表 7.10

项目编码	项目名称	项目特征	计量单位	工程量计算规则	工作内容
030702011	温度、风量测定孔	1. 名称 2. 材质 3. 规格 4. 设计要求	个	按设计图示数量计算	1. 制作 2. 安装

3. 通风管道部件制作安装

通风管道部件制作安装工程量清单计算规则，应按表 7.11 的规定执行。

表 7.11 通风管道部件制作安装

项目编码	项目名称	项目特征	计量单位	工程量计算规则	工作内容
030703001	碳钢阀门	1. 名称 2. 型号 3. 规格 4. 质量 5. 类型 6. 支架形式、材质	个	按设计图示数量计算	1. 阀体制作 2. 阀体安装 3. 支架制作、安装
030703002	柔性软风管阀门	1. 名称 2. 规格 3. 材质 4. 类型			
030703003	铝蝶阀	1. 名称 2. 规格 3. 质量 4. 类型			阀体安装
030703004	不锈钢蝶阀				
030703005	塑料阀门	1. 名称 2. 型号 3. 规格 4. 类型			
030703006	玻璃钢蝶阀				
030703007	碳钢风口、散流器、百叶窗	1. 名称 2. 型号 3. 规格 4. 质量 5. 类型 6. 形式	个	按设计图示数量计算	1. 风口制作、安装 2. 散流器制作、安装 3. 百叶窗安装
030703008	不锈钢风口、散流器、百叶窗	1. 名称 2. 型号 3. 规格 4. 质量 5. 类型 6. 形式			
030703009	塑料风口、散流器、百叶窗				

续表 7.11

项目编码	项目名称	项目特征	计量单位	工程量计算规则	工作内容
030703010	玻璃钢风口	1. 名称 2. 型号 3. 规格 4. 类型 5. 形式			风口安装
030703011	铝及铝合金风口、散流器				1. 风口制作、安装 2. 散流器制作、安装
030703012	碳钢风帽	1. 名称 2. 规格 3. 质量 4. 类型 5. 形式 6. 风帽筝绳、泛水设计要求			1. 风帽制作、安装 2. 筒形风帽滴水盘制作、安装 3. 风帽筝绳制作、安装 4. 风帽泛水制作、安装
030703013	不锈钢风帽				
030703014	塑料风帽				
030703015	铝板伞形风帽				1. 板伞形风帽制作、安装 2. 风帽筝绳制作、安装 3. 风帽泛水制作、安装
030703016	玻璃钢风帽				1. 玻璃钢风帽安装 2. 筒形风帽滴水盘安装 3. 风帽筝绳安装 4. 风帽泛水安装
030703017	碳钢罩类	1. 名称 2. 型号 3. 规格 4. 质量 5. 类型 6. 形式	个	按设计图示数量计算	1. 罩类制作 2. 罩类安装
030703018	塑料罩类				
030703019	柔性接口	1. 名称 2. 规格 3. 材质 4. 类型 5. 形式	M^2	按设计图示尺寸以展开面积计算	1. 柔性接口制作 2. 柔性接口安装
030703020	消声器	1. 名称 2. 规格 3. 材质 4. 形式 5. 质量 6. 支架的形式、材质	个	按设计图示数量计算	1. 消声器制作 2. 消声器安装 3. 支架制作安装
030703021	静压箱	1. 名称 2. 规格 3. 形式 4. 材质 5. 支架的形式、材质	1. 个 2. m^2	1. 以个计量，按设计图示数量计算 2. 以 m^2 计量，按设计图示以展开面积计算	1. 静压箱制作、安装 2. 支架制作、安装

续表 7.11

项目编码	项目名称	项目特征	计量单位	工程量计算规则	工作内容
030703022	人防超压自动排气阀	1. 名称 2. 型号 3. 规格 4. 类型	个	按设计图示数量计算	安装
030703023	人防手动密闭阀	1. 名称 2. 型号 3. 规格 4. 支架的形式、材质	个	按设计图示数量计算	1. 密闭阀安装 2. 支架制作、安装
030703024	人防其他部件	1. 名称 2. 型号 3. 规格 4. 类型	个（套）	按设计图示数量计算	安装

> **技术提示**
>
> 其特征描述应注意以下几点：
> ①调节阀的类型应描述三通调节阀（手柄式、拉杆式）、蝶阀（防爆、保温等）、防火阀（圆形、矩形）等；调节阀的周长，圆形管道指直径，矩形管道指边长。
> ②风口类型应描述百叶风口、矩形风口、旋转吹风口、送吸风口、活动箅风口、网式风口、钢百叶窗等；散流器类型则描述矩形空气分布器、圆形散流器、方形散流器、流线形散流器；风口形状应描述方形或圆形等。
> ③风帽的形状应描述伞形、锥形、筒形等；风帽的材质应描述材料类别（碳钢、不锈钢、塑料、铝材等）、材料成分等。
> ④罩类的类型应描述皮带防护罩、电动机防护罩、侧吸罩、焊接台排气罩、整体分组式槽边侧吸罩、吹吸式槽边通风罩、条缝槽边抽风罩、泥心烘炉排气罩、升降式回转排气罩、上下吸式圆形回转罩、升降式排气罩、手锻炉排气罩等。
> ⑤消声器的类型应描述片式、矿棉管式、聚酯泡沫管式、卡普隆纤维式、弧形流声式等；静压箱的材质应描述材料种类和板厚，规格应描述其（长×宽×高）尺寸等。

4. 通风工程检测、调试

通风工程检测、调试工程量清单计算规则，应按表7.12的规定执行。

表7.12 通风工程检测、调试

项目编码	项目名称	项目特征	计量单位	工程量计算规则	工作内容
030704001	通风工程检测、调试	风管工程量	系统	按通风系统计算	1. 通风管道风量测定 2. 风压测定 3. 温度测定 4. 各系统风口、阀门调整
030704002	风管漏光试验、漏风试验	漏光试验、漏风试验、设计要求	m^2	按设计图纸或规范要以展开面积计算	通风管道漏光试验、漏风试验

7.4.4 清单计价案例

【例题 7.3】 某机器制造厂 3#厂房通风空调工程，计算图纸和设计说明见例题 7.2，并根据例 7.2 计算的工程量，编制分部分项工程量清单计价表、分部分项工程量清单综合单价分析表等清单文件。运用清单计算的方法，分部分项工程量清单与计价，见表 7.13，工程量清单综合单价分析见表 7.14。

解 按照现行的规范、主材查阅相应造价信息、并根据例 7.2 中计算的工程量，编制分部分项工程量清单与计价表，综合单价分析表，见表 7.13 和表 7.14。

表 7.13 分部分项工程量清单与计价表

工程名称：某机械制造厂 3#厂房通风空调工程　　标段：　　　　　　　　　　第 1 页　共 1 页

序号	项目编码	项目名称	项目特征描述	计量单位	工程量	金额/元		
						综合单价	合价	其中：暂估价
1	030701003001	空调器安装	名称：空调器 型号：ZK.1 质量：1 200 kg 安装方式：落地式	台	1	2 429.13	2 429.13	
2	030702006001	玻璃钢通风管道	名称：玻璃钢通风管道 形状：矩形 规格：1 000×500 板材厚度：1	m²	2.4	234.90	563.76	
3	030702006002	玻璃钢通风管道	名称：玻璃钢通风管道 形状：矩形 规格：1 000×300 板材厚度：1	m²	31.7	42.24	1 339.0	
4	030703001001	碳钢阀门	名称：碳钢阀门 型号：T310—1.2 质量：12.23 kg 类型：矩形风管三通调节阀	100 kg	0.49	30.30	14.84	
5	030703008001	碳钢风口、散流器、百叶窗	名称：百叶窗 型号：J718—1 类型：钢制百叶窗	m²	0.5	376.23	188.11	
6	030703019001	柔性接口	名称：柔性接口 材质：人造革	m²	1.56	314.05	489.91	

表 7.14　工程量清单综合单价分析表

工程名称：某机械制造厂 3#厂房通风空调工程　　标段：　　　　　　　　　　第 1 页　共 6 页

项目编码	030701003001	项目名称	空调器安装	计量单位	台	工程量	1

清单综合单价组成明细

定额编号	定额项目名称	定额单位	数量	单价				合价			
				人工费	材料费	机械费	管理费和利润	人工费	材料费	机械费	管理费和利润
9-305	落地式空调器安装	台	1	779.71	3.14	0	296.28	779.71	3.14	0	296.28
人工单价		小计						779.71	3.14	0	296.28
48 元/工日		未计价材料费						1350			
		清单项目综合单价						2429.13			

材料费明细	主要材料名称、规格、型号	单位	数量	单价/元	合价/元	暂估单价/元	暂估合价/元
	落地式调器安装	台	1	1 350	1 350		
	其他材料费			—	3.14		
	材料费小计			—	1 353.14		

工程名称：某机械制造厂 3#厂房通风空调工程　　标段：　　　　　　　　　　第 2 页　共 6 页

项目编码	030702006001	项目名称	玻璃钢板矩形风管 1 000×500	计量单位	10 m²	工程量	0.24

清单综合单价组成明细

定额编号	定额项目名称	定额单位	数量	单价				合价			
				人工费	材料费	机械费	管理费和利润	人工费	材料费	机械费	管理费和利润
9-415	玻璃钢板矩形风管 4 000 以下	10 m²	0.24	125.42	86.41	9.57	47.65	30.10	32.83	2.29	11.43
人工单价		小计						30.10	32.83	2.29	11.43
48 元/工日		未计价材料费						1 544.20			
		清单项目综合单价						675.35			

材料费明细	主要材料名称、规格、型号	单位	数量	单价/元	合价/元	暂估单价/元	暂估合价/元
	玻璃钢板矩形风管	m²	2.4×1.32=3.2	487.13	1 544.20		
	其他材料费			—	32.83		
	材料费小计			1 544.20	1 577.03		

续表 7.14

工程名称:某机械制造厂 3#厂房通风空调工程　　标段:　　第 3 页 共 6 页

项目编码	030702006002	项目名称	玻璃钢板矩形风管 1 000×300	计量单位	10 m²	工程量	3.17

清单综合单价组成明细

定额编号	定额项目名称	定额单位	数量	单价				合价			
				人工费	材料费	机械费	管理费和利润	人工费	材料费	机械费	管理费和利润
9-415	镀锌薄钢板矩形风管 4 000 以下	10 m²	3.17	125.42	86.41	9.57	47.65	396.88	273.91	30.33	151.05
人工单价			小计					396.88	273.91	30.33	151.05
48 元/工日			未计价材料费					20 381.51			
清单项目综合单价								668.98			

材料费明细	主要材料名称、规格、型号	单位	数量	单价/元	合价/元	暂估单价/元	暂估合价/元
	玻璃钢板矩形风管	m²	31.7×1.32=41.8	487.13	20 381.51		
	其他材料费			—	273.91		
	材料费小计			—	20 655.42		

工程名称:某机械制造厂 3#厂房通风空调工程　　标段:　　第 4 页 共 6 页

项目编码	030703001001	项目名称	矩形风管三通调节阀 T310-1、2 制作安装	计量单位	100 kg	工程量	0.49

清单综合单价组成明细

定额编号	定额项目名称	定额单位	数量	单价				合价			
				人工费	材料费	机械费	管理费和利润	人工费	材料费	机械费	管理费和利润
9-69	矩形风管三通调节阀 T310-1、2 制作安装	100 kg	0.49	1479.07	387.50	602.29	562.04	724.74	189.65	295.12	275.39
人工单价			小计					724.74	189.65	295.12	275.39
48 元/工日			未计价材料费					1617.28			
清单项目综合单价								63.41			

材料费明细	主要材料名称、规格、型号	单位	数量	单价/元	合价/元	暂估单价/元	暂估合价/元
	碳钢三通调节阀安装辅材费	100 kg	0.49×0.87=0.43	38	1 617.28		
	其他材料费			—	189.65		
	材料费小计			—	1 806.93		

续表 7.14

工程名称：某机械制造厂 3#厂房通风空调工程　　标段：　　　　　第 5 页　共 6 页

项目编码	030703008001	项目名称	钢百叶窗 J718-1	计量单位	m²	工程量	0.5

<table>
<tr><th colspan="9">清单综合单价组成明细</th></tr>
<tr><th rowspan="2">定额编号</th><th rowspan="2">定额项目名称</th><th rowspan="2">定额单位</th><th rowspan="2">数量</th><th colspan="4">单价</th><th colspan="4">合价</th></tr>
<tr><th>人工费</th><th>材料费</th><th>机械费</th><th>管理费和利润</th><th>人工费</th><th>材料费</th><th>机械费</th><th>管理费和利润</th></tr>
<tr><td>9-137</td><td>钢百叶窗</td><td>m²</td><td>0.5</td><td>97.78</td><td>210.58</td><td>30.72</td><td>37.15</td><td>48.89</td><td>105.29</td><td>15.36</td><td>18.57</td></tr>
<tr><td colspan="2">人工单价</td><td colspan="6">小计</td><td>48.89</td><td>105.29</td><td>15.36</td><td>18.57</td></tr>
<tr><td colspan="2">48 元/工日</td><td colspan="6">未计价材料费</td><td colspan="4">12.5</td></tr>
<tr><td colspan="6">清单项目综合单价</td><td colspan="6">401.22</td></tr>
</table>

材料费明细	主要材料名称、规格、型号	单位	数量	单价/元	合价/元	暂估单价/元	暂估合价/元
	钢百叶窗辅材费	m²	0.5×1=0.5	25	12.5		
	其他材料费			—	105.29		
	材料费小计			—	117.79		

工程名称：某机械制造厂 3#厂房通风空调工程　　标段：　　　　　第 6 页　共 6 页

项目编码	030703019001	项目名称	柔性接口制作安装	计量单位	m²	工程量	1.56

<table>
<tr><th colspan="9">清单综合单价组成明细</th></tr>
<tr><th rowspan="2">定额编号</th><th rowspan="2">定额项目名称</th><th rowspan="2">定额单位</th><th rowspan="2">数量</th><th colspan="4">单价</th><th colspan="4">合价</th></tr>
<tr><th>人工费</th><th>材料费</th><th>机械费</th><th>管理费和利润</th><th>人工费</th><th>材料费</th><th>机械费</th><th>管理费和利润</th></tr>
<tr><td>9-407</td><td>柔性接口</td><td>m²</td><td>1.56</td><td>119.47</td><td>96.78</td><td>52.42</td><td>45.39</td><td>186.37</td><td>150.97</td><td>81.77</td><td>70.80</td></tr>
<tr><td colspan="2">人工单价</td><td colspan="6">小计</td><td>186.37</td><td>150.97</td><td>81.77</td><td>70.80</td></tr>
<tr><td colspan="2">48/工日</td><td colspan="6">未计价材料费</td><td colspan="4">202.43</td></tr>
<tr><td colspan="6">清单项目综合单价</td><td colspan="6">443.8</td></tr>
</table>

材料费明细	主要材料名称、规格、型号	单位	数量	单价/元	合价/元	暂估单价/元	暂估合价/元
	柔性接口辅材费	m²	1.56×1=1.56	129.76	202.43		
	其他材料费			—	150.97		
	材料费小计			—	353.4		

【重点串联】

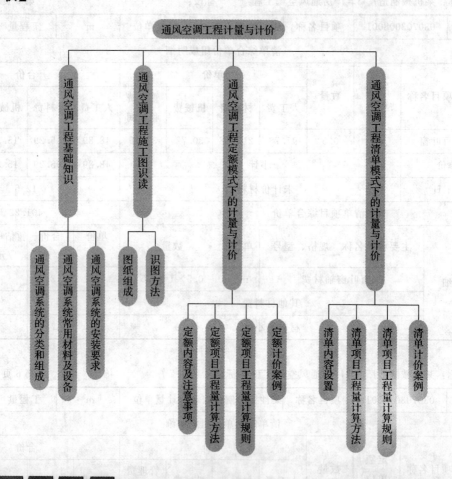

拓展与实训

职业能力训练

一、填空题

1. 圆形直风管的展开面积按_____计算。
2. 风管长度一律以图示中心线长度为准（主管与支管以其中心线交点划分），包括弯头、三通、变径管、天圆地方等管件的长度，但不包括_____所占长度。
3. 集中式空调系统由_____组成。

二、单选题

1. 通风管道施工图的识读顺序是（ ）
 A. 按照系统图或原理图、平面图、剖面图、大样图的顺序，并按照空气流动方向逐段识读
 B. 按照平面图、系统图或原理图、剖面图、大样图的顺序
 C. 按照大样图、系统图或原理图、平面图、剖面图的顺序，并按照空气流动方向逐段识读
 D. 按照剖面图、系统图或原理图、平面图、大样图的顺序

2. 按材质分类，下列哪种风管不属于金属风管（　　）

A. 镀锌钢板风管　　B. 不锈钢风管　　C. 铝板风管　　D. 玻璃钢风管

3. 空气调节系统根据不同的使用要求，可分为（　　）

A. 集中式空调系统、局部式空调系统、混合式空调系统三类
B. 恒温恒湿空调系统、舒适性空调系统和除湿性空调系统
C. 局部式空调系统、混合式空调系统
D. 恒温恒湿空调系统、舒适性空调系统

三、简答题

1. 通风系统按有哪些分类方法？
2. 空调工程如何分类？
3. 空调系统的组成如何？
4. 通风、空调管道与部件制作与安装根据材料不同可分为哪几类？
5. 空调部件及设备支架制作安装工程量如何计算？
6. 通风空调定额计价与清单计价的区别是什么？

工程模拟训练

试结合例7.4，编制措施项目清单计价表，其他项目计价表。

链接执考

[2009年重庆市全国建设工程造价员资格考试试题（单选题）]

1. 单风道集中式空调系统是（　　）。

A. 混合空调系统　　　　　　　　B. 二次循环空调系统
C. 全空气式空调系统　　　　　　D. 洁净空调系统

[2009年安装造价员实务考试试题（单选题）]

2. 目前在空调工程中，风管与风管之间，风管与部件之间的连接，主要采用（　　）。

A. 螺纹连接　　B. 法兰连接　　C. 焊接连接　　D. 承插连接

[2012年浙江省安装造价员实务考试试题（单选题）]

3. 在编制工程量清单时，空调水的系统调试费应（　　）计算。

A. 按项目编码030904001设置计算
B. 按项目编码030807001设置计算
C. 由投标单位自行计算，并计入措施项目费中
D. 由投标单位自行计算，并分摊到分部分项工程量清单的综合单价中

[2012年浙江省安装造价员实务考试试题（单选题）]

4. 不锈钢矩形风管500 mm×300 mm套用圆形风管的相应子目，其当量直径为（　　）。

A. 500 mm　　B. 375 mm　　C. 415 mm　　D. 245 mm

模块 8

刷油、防腐蚀、绝热工程计量与计价

【模块概述】

刷油、防腐蚀、绝热工程计量与计价是安装工程计量与计价的重要组成部分，主要研究除锈工程、刷油工程、绝热工程、防腐蚀工程的工程量计算规则及计价方法。本模块以计量规则和计价方法为主线，结合工程实例，应用最新的定额和规范，进行了定额计价模式和清单计价模式两种造价文件的编制。

【知识目标】

1. 除锈方法、除锈等级；
2. 刷油方法、常用油漆品种；
3. 绝热分类、绝热材料；
4. 防腐蚀分类、防腐蚀涂料；
5. 刷油、防腐蚀、绝热工程定额内容及注意事项；
6. 刷油、防腐蚀、绝热工程清单内容及注意事项；
7. 刷油、防腐蚀、绝热工程工程量计算规则；
8. 刷油、防腐蚀、绝热工程计价。

【技能目标】

1. 熟悉刷油、防腐蚀、绝热工程基础知识；
2. 熟悉刷油、防腐蚀、绝热工程定额和清单的内容和注意事项；
3. 能根据刷油、防腐蚀、绝热工程工程量计算规则计量；
4. 掌握刷油、防腐蚀、绝热工程施工图预算计价；
5. 掌握刷油、防腐蚀、绝热工程工程量清单计价。

【课时建议】

6课时

模块 8 刷油、防腐蚀、绝热工程计量与计价

工程导入

某公共卫生间给排水工程，给水管道地上部分刷银粉漆两遍，埋地部分刷沥青漆两遍；排水铸铁管地上部分除锈后刷红丹防锈漆一遍，再刷银粉漆两遍，地下部分除锈后刷热沥青两遍。你能说出为什么要对管道进行除锈、刷油吗？编制预算时，会用到本地区现行预算定额、《建设工程工程量清单计价规范》（GB 50500—2013）、《通用安装工程工程量计算规范》（GB 50856—2013），你知道这些定额和规范的适用范围和特点么？你能根据已知条件编制施工图预算文件和清单文件吗？

8.1 刷油、防腐蚀、绝热工程基础知识

8.1.1 除锈工程

1. 除锈方法

除锈方法包括手工、半机械、机械除锈及化学除锈。手工除锈指操作人员利用钢丝刷、铁砂布、破布等对锈蚀的构件进行除锈处理。半机械除锈指操作人员利用电动工具、钢丝刷、砂轮片、破布进行除锈处理。机械除锈指操作人员利用鼓风机、除锈喷砂机、空气压缩机、轴流风机等对锈蚀器具进行除锈处理。化学除锈指操作人员利用化学反应原理对锈蚀构件进行除锈处理。

2. 除锈级别

手工、半机械除锈分为轻锈、中锈、重锈 3 种；喷砂除锈分为 Sa3 级、Sa2.5 级、Sa2 级，区分标准见表 8.1。

表 8.1 除锈级别

类别	等级	划 分 标 准
手工除锈 半机械除锈	轻锈	部分氧化皮开始破裂脱落，红锈开始发生
	中锈	部分氧化皮破裂脱落，呈堆粉状，除锈后用肉眼能看见腐蚀小凹点
	重锈	大部分氧化皮脱落，呈片状锈层或凸起的锈斑，除锈后出现麻点或麻坑
喷砂除锈	Sa3 级	除净金属表面上的油脂、氧化皮、锈蚀产物等一切杂物，呈现均一的金属本色，并有一定的粗糙度
	Sa2.5 级	完全除去金属表面上的油脂、氧化皮、锈蚀产物等一切杂物，可见的阴影条纹、斑痕等残留物不得超过单位面积的 5%
	Sa2 级	除去金属表面上的油脂、锈皮、疏松氧化皮、浮锈等杂物，允许有紧附的氧化皮

8.1.2 刷油工程

刷油，又称涂覆，是安装工程施工的一项重要内容，设备、管道及附属钢结构经除锈后，即可在表面刷油。刷油是将普通油脂漆料涂刷在金属表面，使之与外界隔绝，以防止气体、水分对金属表面的氧化侵蚀，并增加设备、管道以及附属钢结构的光泽美观。

1. 刷油的方法

刷油的施工方法有涂刷法、喷涂法、浸涂法、电泳涂装法等。

（1）涂刷法

用刷子将涂料均匀地刷在被涂物表面上。这种方法使用的工具简单，但施工质量主要取决于操作者的熟练程度，并且功效较低。

(2) 喷涂法

利用压缩空气为动力,用喷枪将涂料喷成雾状,均匀地涂在物体表面上。这种方法功效高,施工简易,涂膜分散均匀,但涂料利用率低,施工中必须保证良好的通风和安全预防措施。

(3) 浸涂法

将物件浸入盛在容器中的涂料里浸渍,适用于小型零件和内外表面的涂覆。这种方法设备简单,生产效率高,操作简单,但易产生不均匀的漆膜表面,一般不适用于干燥快的涂料。

(4) 电泳涂装法

以被涂物件的金属表面作阳极,以盛漆的金属容器作阴极,利用电泳原理涂覆的一种方法。这种方法涂料利用率高,施工功效高,涂层质量好,适用于水性涂料。

一般来说,刷漆的种类、方法和遍数可根据设计图纸或有关规范要求确定。

2. 常用油漆品种

刷油工程中,常用的油漆品种有红丹防锈漆、带锈底漆、银粉漆、厚漆、调和漆、磁漆、沥青漆、热沥青、有机硅耐热漆等。

8.1.3 绝热工程

绝热是为减少管道、设备及其附件向周围环境传热,或为减少环境向其传递热量,而在其外表面包覆保温材料,以减少热(冷)量损失,提高用热(冷)的效能。

1. 绝热的分类

绝热按用途可分为保温、加热保温和保冷。保温就是减少管道和设备内部所通过的介质的热量向外部传导和扩散,用隔热材料加以保护,从而减少工艺过程中热损失。保冷就是减少外部热量向被保冷物体内传导。

2. 绝热结构

绝热结构是由保温层和保护层两部分组成。为了区别不同的管道和设备,一般在保护层的外面再刷一层色漆。保温层起保温保冷的作用,是保温结构的主要部分。对保冷结构而言,保温层外面要设置防潮层,以防止生成凝结水使保温层受潮降低保温性能。保护层设在保温层或防潮层外面,主要是保护保温层或防潮层不受机械损伤。

3. 绝热材料

保温层材料主要包括珍珠岩类、蛭石类、硅藻土类、泡沫混凝土类、软木类、石棉类、玻璃纤维类、泡沫塑料类、矿渣棉类、岩棉类。防潮层常用的材料有沥青及沥青油毡、玻璃丝布、聚乙烯薄膜和铝箔等。保护层常用材料有石棉石膏、石棉水泥、金属薄板、玻璃丝布等。

8.1.4 防腐蚀工程

防腐蚀是为避免管道和设备腐蚀损失,而在其表面喷涂防锈漆,粘贴耐腐蚀材料和涂抹防腐蚀面层,以抵御腐蚀物质的侵蚀。

1. 防腐的分类

防腐可分为内防腐和外防腐。安装工程中的管道、设备、管件、阀门等,除采取外防腐措施防止锈蚀外,有些工程还要按照使用的要求,采用内防腐措施,涂刷防腐材料或用防腐材料衬里,附着于内壁,与腐蚀物质隔开。因此,也可以说防腐蚀工程是根据需要对除锈、刷油、衬里、绝热等工程的综合处理。

2. 防腐涂料

涂料按其作用可分为底漆和面漆,先用底漆打底,再用面漆罩面。常用的防腐涂料包括生漆、漆酚树脂漆、酚醛树脂漆、聚氨酯漆、环氧-酚醛树脂漆、环氧树脂涂料、过氯乙烯漆等。

【知识拓展】

刷油工程与防腐蚀涂料工程的区别

①从材料上：刷油工程使用的涂料为一般防腐蚀涂料，其稀释剂对人体刺激不大，而防腐蚀工程使用的稀释剂对人体刺激较大，必须施工时通风；再者刷油工程涂料配套性要求不太严格，而防腐蚀工程必须是配套的涂料才可以；从涂料成膜来看，防腐蚀涂料比刷油的涂料漆膜厚，固体含量较高，黏度大，成膜后耐蚀性高。

②从施工工艺上：防腐蚀工程要底漆、中间漆、面漆需要相同种类的涂料配套使用，而刷油工程就没有太大的必要了。

③从防腐蚀角度上：防腐蚀涂料使用年限长而刷油工程使用年限短。

④从造价上：刷油工程造成低而防腐蚀工程造价高，并增加了轴流风机的机械费用。

8.2 刷油、防腐蚀、绝热工程定额模式下的计量与计价

8.2.1 定额内容及注意事项

定额模式下的刷油、防腐蚀、绝热工程计量与计价应使用各地区现行的安装工程预算定额和相应的材料价格。本部分内容主要套用《××省安装工程预算基价》第十一册《刷油、防腐蚀、绝热工程》。

1.定额内容

本册定额包括给除锈工程、刷油工程、防腐蚀涂料工程、手工糊衬玻璃钢工程、橡胶板及塑料板衬里工程、衬铅及搪铅工程、喷镀（涂）工程、耐酸砖及板衬里工程、绝热工程管道补扣补伤工程、阴极保护及牺牲阳极等共11章2 540个基价子目，见表8.2。

本册定额适用于新建、扩建项目中的设备、管道、金属结构等的刷油、防腐蚀、绝热工程。

表8.2 防腐蚀、绝热工程量计算定额内容

章目	各章内容	适用范围
第一章 除锈工程	手工除锈，动力工具除锈，喷砂除锈，化学除锈	适用于金属表面的手工、动力工具、干喷砂除锈及化学除锈工程
第二章 刷油工程	管道刷油，设备与矩形管道刷油，金属结构刷油，铸铁管、散热器刷油，灰面刷油，玻璃布、白布面刷油，麻布面、石棉布面刷油，气柜刷油，玛蹄脂面刷油，喷漆	适用于金属面、管道、设备、通风管道、金属结构域玻璃布面、石棉布面、玛蹄脂面、抹灰面等刷（喷）油漆工程
第三章 防腐蚀涂料工程	漆酚树脂漆，聚氨酯漆，环氧、酚醛树脂漆，冷固环氧树脂漆，环氧呋喃树脂漆，酚醛树脂漆等防腐蚀涂料	适用于设备、管道、金属结构等各种防腐涂料工程
第四章 手工糊衬玻璃钢工程	环氧树脂玻璃钢、环氧酚醛玻璃钢等各种玻璃钢及各种玻璃钢聚合	适用于碳钢设备手工糊衬玻璃钢和塑料管道玻璃钢增强工程
第五章 橡胶板及塑料板衬里工程	热硫化硬橡胶衬里，热硫化软、硬胶板复合衬里，预硫化橡胶衬里，自然硫化橡胶衬里，5 m长管段热硫化橡胶衬里，软聚氯乙烯板衬里	适用于金属管道、管件、阀门、多孔板、设备的橡胶板衬里；金属表面的软聚氯乙烯塑料板衬里工程
第六章 衬铅及搪铅工程	衬铅，搪铅	适用于金属设备、型钢等表面衬铅、搪铅工程
第七章 喷镀（涂）工程	喷铝，喷钢，喷锌，喷铜，喷塑	适用于金属管道、设备、型钢等表面气喷镀工程及塑料和水泥砂浆的喷涂工程

续表 8.2

章目	各章内容	适用范围
第八章 耐酸砖、板衬里工程	硅质胶泥砌块材，树脂胶泥砌块材，聚酯树脂胶泥砌块材，环氧煤焦油胶泥砌块材，酚醛树脂胶泥砌浸渍石墨板，硅脂胶泥抹面，表面涂刮鳞片胶泥，衬石墨管接，铺衬石棉板，耐酸砖板砌体热处理	适用于各种金属设备的耐酸砖、板衬里工程
第九章 绝热工程	硬质瓦块安装，泡沫玻璃瓦块（管道）安装，泡沫玻璃瓦块（设备）安装，泡沫玻璃板安装（设备），纤维类制品（管壳）安装，纤维制品（板）安装，管道、岩（矿）棉带安装，泡沫塑料瓦块安装，泡沫塑料板安装，毡类制品安装，棉席（被）类制品安装，纤维类散装材料安装，聚氨酯保温，硅酸盐类涂抹材料安装（管道），硅酸盐类涂抹材料安装（设备），硅酸盐类涂抹材料安装（管件），复合硅酸铝绳安装，橡塑保温，防潮层、保护层安装，金属保温盒、托盘、钩钉制安	适用于设备、管道、通风管道的绝热工程
第十章 管道补扣补伤工程	环氧煤沥青普通防腐，环氧煤沥青加强防腐，环氧煤沥青特加强防腐，氯磺化聚乙烯漆，聚氨酯漆，无机富锌漆	适用于金属管道的补扣补伤防腐工程
第十一章 阴极保护及牺牲阳极	恒电位仪及电气联结安装，检查头、通电点制作安装，阳极接地与均压线安装，牺牲阳极安装	适用于长输管道工程阴极保护、牺牲阳极工程

2. 有关规定

①脚手架搭拆费，按下列系数计算，其中人工工资占 25%。

a. 刷油工程：按人工费的 8%。

b. 防腐蚀工程：按人工费的 12%。

c. 绝热工程：按人工费的 20%。

②超高降效增加费，以设计标高正负零为准，当安装高度超过 ±6.00 m 时，超过部分人工和机械分别乘以 1.3 系数。

③超过 20 m 或六层以上的高层建筑降效增加费，以人工、机械费为基础，分别按表 8.3 所示系数计算。

表 8.3 超高降效增加费系数

高度或层数	9 层以下 30 m 以内	12 层以下 40 m 以内	15 层以下 50 m 以内	18 层以下 60 m 以内	21 层以下 70 m 以内	24 层以下 80 m 以内	24 层以上 80 m 以上
系数	0.40	0.50	0.60	0.70	0.80	0.90	1.00

④厂区外 1~10 km 施工增加的费用，按超过部分的人工和机械乘以系数 1.0 计算。

⑤安装与生产同时进行增加的费用，按人工费的 10% 计算。

⑥在有害身体健康的环境中施工增加的费用，按人工费的 10% 计算。

8.2.2 定额项目工程量计算方法

1. 施工图的识读

刷油、防腐蚀、绝热工程是安装工程的附属工程，是为工艺服务的，由于工艺需要的不同，刷油、防腐蚀、绝热的要求也不同。例如：地沟管道和设备要做绝热，一般管道和设备只做刷油，埋地管道要做防腐。

对于刷油、防腐蚀、绝热工程的设计，除了复杂的绝热工程要出局部或节点详图外，一般没有专门的图纸，只在设计说明中提出具体要求，说明采用刷油、防腐蚀、绝热的方法、类别等具体要求。因此，在识读工艺施工图时，注意设计说明对刷油、防腐蚀、绝热的具体要求，然后按设计要求计算工程量，套相应的预算定额项目，做出部分的工程预算。

2. 工程量计算方法

①因为刷油、防腐蚀、绝热工程是某专业主体工程的一个分部或分项，计算工程量时应与主体工程同时进行，以便一次计算，多次采用。例如：某采暖工程的施工图设计说明要求地沟内敷设的管道做40 mm厚蛭石瓦块保温，室内明设管道刷一道红丹防锈漆、两道银粉漆。则在计算其主体工程量——管道数量时，就不需重复计算保温管的数量，而只根据分别计算的数量，按相应的规则计算保温工程量即可。

②对于室内、室外分别敷设的管道，由于计算管道安装费的项目不同，一般能够做到分别计算，计算保温、刷油工程量时较方便。

③对于执行统一安装项目的管道，注意在计算管道工程量时，需要考虑刷油、绝热工程量计算的需要。所以，在做每一工程的施工图预算时，要先认真分析、研究图纸，不要为了求快而盲目动手，这样往往欲速而不达。应该反复看设计说明，工艺流程，做到心中有数，明确哪些附属项目已综合在主体项目之内，哪些需分别计算；计算时哪些数据可以重复利用，哪些可以一次计算多次使用。只有明确了这些问题后，然后再根据工程类别或自己的习惯，按工程量计算规则顺序进行实际计算。

8.2.3 定额项目工程量计算规则

1. 除锈工程量计算规则

(1) 注意事项

①各种管件、阀件及设备上人孔管口凸凹部分的除锈已综合在定额内。

②喷砂除锈按Sa2.5级标准确定。若变更级别标准，如按Sa3级则人工、材料、机械乘以系数1.1，按Sa2级或Sa1级则人工、材料、机械乘以系数0.9。

③本章定额不包括除微锈（标准：氧化皮完全紧附，仅有少量锈点），发生时按轻锈定额的人工、材料、机械乘以系数0.2。

④因施工需要发生的二次除锈，其工程量应另行计算。

⑤设备中ϕ1 000 mm以下执行管道除锈定额。

⑥铸铁散热器除锈执行设备除锈定额。

(2) 工程量计算规则

①除锈工程中设备、管道、气柜按面积计算，以"m^2"为计量单位。

除锈工程量算法有公式法和查表法。

a. 公式法：

设备筒体、钢管除锈工程量按设备筒体、钢管外表面展开面积计算，公式为

$$S=\pi DL$$

式中 D——设备或管道外径，m；

L——设备筒体高或管道延长，m。

铸铁管除锈需考虑承口增加面积，公式为

$$S=1.2\pi DL$$

b. 查表法：

查表法是通过直接查阅第十一册《刷油、防腐蚀、绝热》附录，得到除锈相应的工程量，附录中表格形式，见表8.4和表8.5。

表 8.4 焊接钢管刷油、绝热工程量计算表 （体积 m³）/100 m

绝热层厚度/mm	管道公称直径（外径）/mm										
	15 (21.25)	20 (26.75)	25 (33.5)	32 (42.25)	40 (48)	50 (60)	70 (75.5)	80 (88.5)	100 (114)	125 (140)	150 (165)
20	0.27	0.31	0.35	0.41	0.45	0.52	0.62	0.71	0.87	1.04	1.21
25	0.38	0.43	0.48	0.55	0.60	0.70	0.82	0.93	1.13	1.35	1.55
30	0.51	0.56	0.63	0.71	0.77	0.89	1.04	1.16	1.41	1.66	1.91
40	0.81	0.88	0.97	1.09	1.16	1.32	1.52	1.69	2.02	2.35	2.68
50	1.18	1.27	1.38	1.52	1.62	1.81	2.06	2.27	2.69	3.11	3.52
60	1.62	1.73	1.86	2.03	2.14	2.38	2.68	2.93	3.43	3.93	4.42
70	2.13	2.25	2.40	2.60	2.73	3.01	3.36	3.65	4.23	4.82	5.39
80	2.70	2.84	3.02	3.24	3.39	3.70	4.11	4.44	5.11	5.78	6.43
90	3.34	3.50	3.69	3.95	4.12	4.47	4.92	5.30	6.05	6.80	7.53
100	4.04	4.22	4.44	4.73	4.91	5.30	5.80	6.22	7.05	7.90	8.71

表 8.5 焊接钢管刷油、绝热工程量计算表 （面积 m²）/100 m

绝热层厚度/mm	管道公称直径（外径）/mm										
	15 (21.25)	20 (26.75)	25 (33.5)	32 (42.25)	40 (48)	50 (60)	70 (75.5)	80 (88.5)	100 (114)	125 (140)	150 (165)
0	6.67	8.42	10.53	13.29	15.08	18.85	23.72	27.81	35.82	43.98	51.84
20	22.46	24.19	26.30	29.06	30.85	34.62	39.49	43.57	51.59	59.75	67.61
25	25.76	27.49	29.59	32.36	34.15	37.92	42.79	46.87	54.88	63.05	70.91
30	29.06	30.79	32.89	35.66	37.45	41.22	46.09	50.17	58.18	66.35	74.20
40	35.66	37.39	39.49	42.25	44.05	47.82	52.68	56.77	64.78	72.95	80.80
50	42.25	43.98	46.09	48.85	50.64	54.41	59.28	63.37	73.38	79.55	87.40
60	48.85	50.58	52.68	55.46	57.24	61.01	65.88	69.96	77.97	86.14	94.00
70	55.45	57.18	59.28	62.05	63.84	67.61	72.48	75.56	84.57	92.74	100.59
80	62.05	63.77	65.88	68.64	70.46	74.20	79.07	83.16	91.17	99.34	107.19
90	68.64	70.37	72.48	75.24	77.03	80.80	85.67	89.76	97.77	105.93	113.79
100	75.24	76.97	79.07	81.84	83.63	87.40	92.27	96.35	104.36	112.53	120.39

②一般钢结构和管廊结构按质量计算，以 kg 为计量单位。

③H 型钢制结构（包括大于 400 mm 以上的型钢）按面积计算，以 m^2 为计量单位。

2. 刷油工程量计算规则

(1) 注意事项

①金属面刷油不包括除锈工作内容。

②各种管件、阀件和设备上入孔、管口凸凹部分的刷油已综合考虑在定额内，不得另行计算。

③本章定额按安装地点就地刷（喷）油漆考虑，如安装前管道集中刷油，人工乘以系数 0.7（散热器片除外）。

④本章定额主材与稀干料可以换算，但人工与材料消耗量不变。

⑤标志色环等零星刷油，执行本章定额相应项目，其人工乘以系数 0.2。

⑥用一种油漆刷三遍以上时，从第三遍开始，各遍油漆均套用第二遍的定额子目。

⑦设备裙衬刷油将其表面积与相应本体面积合并计算。

(2) 工程量计算规则

①刷油工程中设备、管道按面积计算，以 m^2 为计量单位。

a. 不保温管道刷油工程量按管道外表面展开面积计算，计算方法同除锈。

b. 保温管道工程量按保温层外表面展开面积计算，算法有公式法和查表法。

公式为

$$S = L \times \pi \times (D + 2.1\delta + 0.008\ 2)$$

式中 L——管道长，m；

D——管道外径，m；

δ——保温层厚度，mm；

2.1——调整系数；

0.008 2——捆扎线直径或带厚＋防潮层厚度，m。

查表法：查阅第十一册《刷油、防腐蚀、绝热》附录，得到管道刷油工程量。

c. 不保温设备刷油工程量按设备外表面积计算。

d. 保温设备刷油工程量按保温层外表面积计算。

②一般金属结构和管廊结构以 kg 为计量单位。

③H 型钢制结构（包括大于 400 mm 以上的型钢）以 m^2 为计量单位。

3. 绝热工程量计算规则

(1) 有关规定

①依据规范要求，保温厚度大于 100 mm、保冷厚度大于 80 mm 时应分层施工，工程量分层计算。但是如果设计要求保温厚度小于 100 mm、保冷厚度小于 80 mm 也需分层施工时，也应分层计算工程量。

②仪表管道绝热工程，应执行本章定额相关项目。

③管道绝热工程，除法兰、阀门外，其他管件均已考虑在内，设备绝热工程除法兰、人孔外，其封头已考虑在内。

④保护层

镀锌铁皮的规格按 1 000×2 000 和 900×1 800，其厚度 0.8 mm 以下综合考虑，若采用其他规格铁皮外，可按实际调整。厚度大于 0.8 mm 时，其人工乘以系数 1.2；卧式设备保护层安装，其人工乘以系数 1.05。

此项也适用于铝皮保护层，主材可以换算。

⑤采用不锈钢薄钢板作保护层安装，执行本章定额金属保护层相关项目，其人工乘以系数

1.25，钻头消耗量乘以系数 2.0，机械乘以系数 1.15 计算。

⑥矩形管道绝热需要加防雨坡度时，其人工、材料、机械应另行计算。

⑦管道绝热除浇注发泡外，均按现场安装后绝热施工考虑，若先绝热后安装时，其人工乘以系数 0.9。

⑧卷材安装应执行相同材质的板材安装项目，其人工、铁线消耗量不变，但卷材用量损耗率按 3.1% 考虑。

⑨复合成品材料安装应执行相同材质瓦块（或管壳）安装项目。复合材料分别安装时应按分层计算。

⑩纤维类管壳适用于岩棉、矿棉、玻璃棉、超细玻璃棉等。

⑪纤维板适用于岩棉板、石棉板、矿棉板、玻璃棉板等。

（2）计算规则

①设备筒体或管道绝热层：

公式为

$$V = \pi \times (D + 1.033\delta) \times 1.033\delta \times L$$

式中 D——设备筒体或管道直径，m；

δ——绝热层厚度，m；

1.003——调整系数；

L——设备筒体或管道长度，m。

查表法 按照保温层厚度，直接查阅安装工程消耗量定额第十一册《刷油、防腐蚀、绝热》得到管道绝热工程量。

②伴热管道绝热工程量计算公式为

a. 单管伴热或双管伴热（管径相同，夹角小于 90°时）

$$D' = D1 + D2 + (10 \sim 20 \text{ mm})$$

b. 双管伴热（管径相同，夹角大于 90°时）

$$D' = D1 + 1.5D2 + (10 \sim 20 \text{ mm})$$

c. 双管伴热（管径不同，夹角小于 90°时）

$$D' = D1 + 1.5D_{伴大} + (10 \sim 20 \text{ mm})$$

式中 D'——伴热管道综合值；

$D1$——主管道直径；

$D2$——伴热管道直径；

$D_{伴大}$——伴热管中直径较大的；

（10～20 mm）——主管道与伴热管道之间的间隙。

③设备封头绝热、防潮和保护层工程量计算式

$$V = [(D + 1.033\delta)/2] 2\pi \times 1.033\delta \times 1.5 \times N$$

④阀门绝热防潮和保护层计算公式

$$V = \pi (D + 1.033\delta) \times 2.5D \times 1.033\delta \times 1.05 \times N$$

⑤法兰绝热、防潮和保护层计算公式

$$V = \pi (D + 1.033\delta) \times 1.5D \times 1.033\delta \times 1.05 \times N$$

⑥弯头绝热、防潮和保护层计算公式

$$V = \pi (D + 1.033\delta) \times 1.5D \times 2\pi \times 1.033\delta \times N/B$$

⑦拱顶罐封头绝热、防潮和保护层计算公式

$$V = 2\pi r (h + 1.033\delta) \times 1.033\delta$$

4. 防腐蚀涂料工程量计算规则

（1）注意事项

①本章定额不包括除锈工作内容。

②涂料配合比与实际设计配合比不同时，可根据设计要求进行换算，其人工、机械消耗量不变。

③本章定额聚合热固化是采用蒸汽及红外线间接聚合固化考虑的，如采用其他方法，应按施工方案另行计算。

④如采用本章定额未包括的新品种涂料，应按相近定额项目执行，其人工、机械消耗量不变。

⑤环氧煤沥青漆防腐：

一底两油为普通级，0.3 mm 厚；

一底一布三油为加强级，0.5 mm 厚；

一底两布四油为特加强级，0.8 mm 厚。

⑥本章定额过氯乙烯涂料是按喷涂施工方法考虑的，其他涂料均按刷涂考虑，若发生喷涂施工时，其人工乘以系数 0.3，材料乘以系数 1.16，增加喷涂机械内容。

（2）工程量计算规则

防腐蚀涂料工程中设备、管道按设计图示尺寸按面积计算，以 m^2 为计量单位；一般钢结构和管廊钢结构以 kg 为计量单位；H 型钢制钢结构（包括大于 400 mm 以上的型钢）以 m^2 为计量单位。

计算设备、管道内壁、防腐蚀工程量时，当壁厚≥10 mm 时，按其内径计算；当壁厚<10 mm 时，按其外径计算。

①设备筒体、管道表面积计算公式

设备筒体、管道表面积计算公式同管道刷油表面积公式。

②阀门、弯头、法兰表面积计算公式

a. 阀门表面积

$$S = \pi \times D \times 2.5D \times K \times N$$

式中　D——直径；

　　　K——1.05；

　　　N——阀门个数。

b. 弯头表面积

$$S = \pi \times D \times 1.5D \times K \times 2\pi \times N/B$$

式中　D——直径；

　　　N——弯头个数；

　　　B 值取定为：90°弯头 B=4；45°弯头 B=8。

c. 法兰表面积

$$S = \pi \times D \times 1.5D \times K \times N$$

式中　D——直径；

　　　K——1.05；

　　　N——法兰个数。

③设备和管道法兰翻边防腐蚀工程量计算公式

$$S = \pi \times (D + A) \times A$$

式中　D——直径；

　　　A——法兰翻边宽。

④抹面保护层面积计算公式

$$S = \pi \times L \times (D + 2.1\delta + d)$$

式中　D——管道、设备外径；
　　　L——设备筒体高度或按延长米计算的管道长度；
　　　δ——绝热层厚度；
　　　d——抹面保护层厚度。

8.2.4　定额计价案例

【例题8.1】某省市大楼三层空调工程共有DN50空调冷水管道100 m，DN20管道100 m（镀锌钢管），均已安装完毕。现要求对冷水管用泡沫玻璃瓦块保温，保温层厚度为4 cm，保温层的保护层为玻璃丝布，保护层外刷调和漆一道。施工期间，大楼照常营业，但对施工无影响。已知泡沫玻璃瓦预算价格为600元/m³，玻璃丝布1.94元/m²，调和漆9.92元/kg。请编制该工程施工图预算。该工程为一类工程，由国有二级企业承包施工。

试计算该工程的绝热工程量，并编制定额施工图预算文件。

解：

1. 编制依据及有关说明

（1）本施工图预算是按省市大楼三层空调工程施工图及设计说明计算工程量。

（2）定额采用《××省/市安装工程预算基价》第十一册《刷油、防腐蚀、绝热工程》。

（3）材料价格按定额附录及2014年《××工程造价信息》取定，缺项材料参照市场价格。

2. 预算编制

（1）划分工程项目

①保温层安装。

②保护层安装。

③保护层刷油。

④保护层刷油工程量。

（2）工程量计算

工程量可查表得出，也可根据公式计算，本例采用查表法求得。

> **技术提示**
>
> 上面讲述了公式计算，请同学们通过公式进行实际计算和套用表格所得到的经验数据相比较。

查上表可得：

DN50管道保温层安装工程量为1.32 m³；

DN20管道保温层安装工程量为0.88 m³；

DN50管道保护层安装工程量为47.82 m²；

DN20管道保护层安装工程量为37.39 m²；

具体计算见工程量计算表8.6、工程预算表8.7、措施项目费计价表8.8及费用汇总表8.9。

表 8.6　工程量计算表

工程名称：某空调工程水管保温　　　　　　　　　　　　　　　　　第 1 页　共 1 页

序号	项目名称	计算式	单位	数量
（一）	管道系统			
1	空调水管道（镀锌钢管 DN50）		m	100
（1）	保温材料的实际消耗量	定额标准消耗量×工程量 = 1.10×1.32	m³	1.452
（2）	玻璃丝布实际消耗量	定额单位工程消耗量×工程量 = 14×4.782	m²	66.948
（3）	油漆实际消耗量	定额单位工程消耗量×工程量 = 1.9 kg×4.782	kg	9.0858
2	空调水管道（镀锌钢管 DN20）		m	100
（1）	保温材料的实际消耗量	定额标准消耗量×工程量 = 1.15×0.88	m³	1.012
（2）	玻璃丝布实际消耗量	定额单位消耗量×工程量 = 14×37.39	m²	52.346
（3）	油漆实际消耗量	定额单位工程消耗量×工程量 = 1.9 kg×3.739	kg	7.1041
汇总	保温材料实际工程量	1.452+1.012=2.464	m³	2.464
	保温层实际工程量	66.948+52.346=119.294	m²	119.29
	保温层刷油实际工程量	9.0858+7.1041=16.189 9	kg	16.19

工程名称：某工程空调水管保温　　　　表 8.7 保温工程预算表　　　　第 1 页 共 1 页

序号	定额编号	工程及费用名称	单位	工程量数量	造价单价	造价合价	未计价材料费单价	未计价材料费合价	人工费单价	人工费合价	材料费单价	材料费合价	机械费单价	机械费合价	管理费单价	管理费合价
1	11—1762	保温瓦安装（管道外径φ133以内）	m³	1.32	713.93	942.39	600.00	871.20	308.45	407.15	353.34	466.41	8.62	11.38	43.52	57.45
2	11—1754	保温瓦安装（管道外径φ57以内）	m³	1.452												
		保温瓦安装	m³	1.012	947.68	833.96	600.00	607.20	460.66	405.38	413.40	363.79	8.62	7.59	65.00	57.20
3	11—2234	保温层安装	m³	0.88												
		玻璃丝布	10 m²	8.521	36.07	307.35			19.20	163.60	14.16	120.66	—	—	2.71	23.08
4	11—270	保温层刷油	10 m²	8.521	68.69	585.31		231.42	42.05	358.31	20.71	176.47	—	—	5.93	55.56
		调和漆	kg	119.29			1.94									
				16.19			9.92	160.60								
		合计				2 669.01		1 870.42		1 334.44		1 127.33		18.97		201.19

表 8.8 措施项目费计价表

工程名称：某工程空调水管保温　　　　　　　　　　　　　　　　　　　　第 1 页　共 1 页

序号	项目名称	计算基数	费率/%	金额/元
1	安全文明施工措施费	人工费＋材料费＋机械费	1.2	29.77
2	其中：人工费	1	16	4.76
3	保温工程脚手架措施费	人工费	20	195.23
4	其中：人工费	3	25	48.81
5	刷油工程脚手架措施费	人工费	8	28.66
6	其中：人工费	5	25	7.17
7	措施费合计	1＋3＋5	—	253.66
8	其中人工费合计	2＋4＋6	—	60.74

注：本案例只计算了措施费中的安全文明施工措施费和脚手架措施费，措施费计算项目应以实际发生为准

表 8.9 保温工程预算费用汇总表

工程名称：某工程空调水管保温　　　　　　　　　　　　　　　　　　　　第 1 页　共 1 页

序号	费用名称	计算基数	费率/%	金额/元
1	施工图预算子目计价合计	Σ（工程量×编制期预算基价）＋主材费＋设备费	—	4 351.16
2	其中：人工费	Σ（工程量×编制期预算基价中人工费）	—	1 334.44
3	施工措施费合计	Σ施工措施项目计价	—	253.66
4	其中：人工费	Σ施工措施项目计价中人工费	—	60.74
5	小计	1＋3	—	4 604.82
6	其中：人工费	2＋4	—	1 395.18
7	企业管理费	6	25	348.80
8	利润	6	17	237.18
9	规费	5＋7＋8	5.57	289.13
10	税金	5＋7＋8＋9	3.48	190.70
11	含税造价	5＋7＋8＋10	—	5 670.63

8.3　刷油、防腐蚀、绝热工程清单模式下的计量与计价

8.3.1　清单内容设置

刷油、防腐蚀、绝热工程清单工程量计算规则应以《通用安装工程工程量计算规范》(GB 50856—2013)附录 M "刷油、防腐蚀、绝热工程"及相关内容为依据。

"附录 M　刷油、防腐蚀、绝热工程"包括：

M.1 刷油工程

M.2 防腐蚀涂料工程

M.3 手工糊衬玻璃钢工程

M.4 橡胶板及塑料板衬里工程

M.5 衬铅及搪铅工程

M.6 喷镀（涂）工程

M.7 耐酸砖、板衬里工程

M.8 绝热工程

M.9 管道补口补伤工程

M.10 阴极保护剂牺牲阳极

M.11 相关问题及说明

8.3.2　清单项目工程量计算方法

清单项目工程量的计算方法与定额计价基本一致。

8.3.3 清单项目工程量计算规则

1. 刷油工程

刷油工程工程量清单项目设置、项目特征描述的内容、计量单位及工程量计算规则,应按表 8.10 的规定执行。

表 8.10 刷油工程(编码:031201)

项目编码	项目名称	项目特征	计量单位	工程量计算规则	工作内容
031201001	管道刷油	1. 除锈级别 2. 油漆品种 3. 涂刷遍数、漆膜厚度 4. 标志色方式、品种	1. m² 2. m	1. 以 m² 计量,按设计图示表面积尺寸以面积计算 2. 以 m 计量,按设计图示尺寸以长度计算	1. 除锈 2. 调配、涂刷
031201002	设备与矩形管道刷油				
031201003	金属结构刷油	1. 除锈级别 2. 油漆品种 3. 结构类型 4. 涂刷遍数、漆膜厚度	1. m² 2. kg	1. 以 m² 计量,按设计图示表面积尺寸以面积计算 2. 以 kg 计量,按金属结构的理论质量计算	1. 除锈 2. 调配、涂刷
031201004	铸铁管、暖气片刷油	1. 除锈级别 2. 油漆品种 3. 涂刷遍数、漆膜厚度	1. m² 2. m	1. 以 m² 计量,按设计图示表面积尺寸以面积计算 2. 以 m 计量,按设计图示尺寸以长度计算	
031201005	灰面刷油	1. 油漆品种 2. 涂刷遍数、漆膜厚度 3. 涂刷部位	m²	按设计图示面积计算	调配、涂刷
031201006	布面刷油	1. 布面品种 2. 油漆品种 3. 涂刷遍数、漆膜厚度 4. 涂刷部位			
031201007	气柜刷油	1. 除锈级别 2. 油漆品种 3. 涂刷遍数、漆膜厚度 4. 涂刷部位			1. 除锈 2. 调配、涂刷
031201008	玛蹄脂面刷油	1. 除锈级别 2. 油漆品种 3. 涂刷遍数、漆膜厚度			调配、涂刷
031201009	喷漆	1. 除锈级别 2. 油漆品种 3. 喷涂遍数、漆膜厚度 4. 喷涂部位			1. 除锈 2. 调配、涂刷

注:1. 管道刷油以 m 计算,按图示中心线以延长米计算,不扣除附属构筑物、管件及阀门等所占长度
2. 涂刷部位:指涂刷表面的部位,如设备、管道等部位
3. 结构类型:指涂刷金属结构的类型,如一般钢结构、管廊钢结构、H 型钢钢结构等类型
4. 设备筒体、管道表面积:$S = \pi \cdot D \cdot L$,π—圆周率,D—直径,L—设备筒体高或管道延长米
5. 设备筒体、管道表面积包括管件、阀门、法兰、人孔、管口凹凸部分
6. 带封头的设备面积:$S = L \cdot \pi \cdot D + (D/2) \cdot \pi \cdot K \cdot N$,$K—1.05$,$N$—封头个数

2. 防腐蚀涂料工程

防腐蚀涂料工程工程量清单项目设置、项目特征描述的内容、计量单位及工程量计算规则，应按表 8.11 的规定执行。

表 8.11 防腐蚀涂刷工程（编码：031202）

项目编码	项目名称	项目特征	计量单位	工程量计算规则	工作内容
031202001	设备防腐蚀	1. 除锈级别 2. 涂刷（喷）品种 3. 分层内容 4. 涂刷（喷）遍数、漆膜厚度	m^2	按设计图示表面积计算	1. 除锈 2. 调配、涂刷（喷）
031202002	管道防腐蚀		m^2	1. 以 m^2 计量，按设计图示表面积尺寸以面积计算 2. 以 m 计量，设计图示尺寸以长度计算	
031202003	一般钢结构防腐蚀		1. m^2 2. m	按一般钢结构的理论质量计算	
031202004	管廊钢结构防腐蚀		kg	按管廊钢结构的理论质量计算	
031202005	防火涂料	1. 除锈级别 2. 涂刷（喷）品种 3. 涂刷部位			
031202006	H 型钢制钢结构防腐蚀	1. 布面品种 2. 油漆品种 3. 涂刷（喷）遍数、漆膜厚度 4. 耐火极限（h） 5. 耐火厚度（mm）	m^2	按设计图示表面积计算	
031202007	金属油罐内壁防静电	1. 除锈级别 2. 涂刷（喷）品种 3. 分层内容 4. 涂刷（喷）遍数、漆膜厚度			
031202008	埋地管道防腐蚀	1. 除锈级别 2. 刷缠品种 3. 分层内容 4. 刷缠遍数	1. m^2 2. m	1. 以 m^2 计量，按设计图示表面积尺寸以面积计算 2. 以 m 计量，设计图示尺寸以长度计算	1. 除锈 2. 刷油 3. 防腐蚀 4. 缠保护层
031202009	环氧煤沥青防腐蚀				1. 除锈 2. 涂刷、缠玻璃布
031202010	涂料聚合一次	1. 聚合类型 2. 聚合部位	m^2	按设计图示表面积计算	聚合

注：1. 分层内容：指应注明每一层的内容，如底漆、中间漆、面漆及玻璃丝布等内容
  2. 如设计要求热固化需注明
  3. 设备筒体、管道表面积：$S=\pi \cdot D \cdot L$，π—圆周率，D—直径，L—设备筒体高或管道延长米
  4. 阀门表面积：$S=\pi \cdot D \cdot 2.5D \cdot K \cdot N$，$K$—1.05，$N$—阀门个数
  5. 弯头表面积：$S=\pi \cdot D \cdot 1.5D \cdot 2\pi \cdot N/B$，$N$—弯头个数，$B$ 值取定：90°弯头 $B=4$；45°弯头 $B=8$
  6. 法兰表面积：$S=\pi \cdot D \cdot 1.5D \cdot K \cdot N$，$K$—1.05，$N$—法兰个数
  7. 设备、管道法兰翻边面积：$S=\pi \cdot (D+A) \cdot A$，$A$—法兰翻边宽
  8. 带封头的设备面积：$S= L \cdot \pi \cdot D+(D2/2) \cdot \pi \cdot K \cdot N$，$K$—1.5，$N$—封头个数
  9. 计算设备、管道内壁防腐蚀工程量，当壁厚大于 10 mm 时，按其内径计算；当壁厚小于 10 mm 时，按其外径计算

3. 绝热工程

绝热工程工程量清单项目设置、项目特征描述的内容、计量单位及工程量计算规则,应按表8.12的规定执行。

表8.12 绝热工程(编码:031208)

项目编码	项目名称	项目特征	计量单位	工程量计算规则	工作内容
031208001	设备绝热	1. 绝热材料品种 2. 绝热厚度 3. 设备形式 4. 软木品种	m³	按图示表面积加绝热层厚度及调整系数计算	1. 安装 2. 软木制品安装
031208002	管道绝热	1. 绝热材料品种 2. 绝热厚度 3. 管道外径 4. 软木品种			
031208003	通风管道绝热	1. 绝热材料品种 2. 绝热厚度 3. 软木品种	1. m³ 2. m²	1. 以m³计量,按图示表面积加绝热层厚度及调整系数计算 2. 以m²计量,按图示表面积及调整系数计算	
031208004	阀门绝热	1. 绝热材料 2. 绝热厚度 3. 阀门规格	m³	按设计图示表面积加绝热层厚度及调整系数计算	安装
031208005	法兰绝热	1. 绝热材料 2. 绝热厚度 3. 法兰规格			
031208006	喷涂、涂抹	1. 材料 2. 厚度 3. 对象	m²	按设计图示表面积计算	喷涂、涂抹安装
031208007	防潮层、保护层	1. 材料 2. 厚度 3. 对象 4. 结构形式 5. 层数	1. m² 2. kg	1. 以m²计量,按设计图示表面积计算 2. 以kg计量,按图示金属结构质量计算	安装
031208008	保温盒、保温托盘	名称	1. m² 2. kg	1. 以m²计量,按设计图示表面积计算 2. 以kg计量,按图示金属结构质量计算	制作、安装

续表 8.12

注：1. 设备形式指立式、卧式或球形
2. 层数指一布二油、两布三油等
3. 对象指设备、管道、通风管道、阀门、法兰、钢结构
4. 结构形式指钢结构：一般钢结构、H 型钢制结构、管廊钢结构
5. 如设计要求保温、保冷分层施工需注明
6. 设备筒体、管道绝热工程量 $V=\pi \cdot (D+1.033\delta) \cdot 1.033\delta \cdot L$，$\pi$—圆周率，$D$—直径，1.033 调整系数，$\delta$—绝热层厚度，$L$—设备筒体高或管道延长米
7. 设备筒体、管道防潮和保护层工程量 $S=\pi \cdot (D+2.1\delta+0.0082) \cdot L$，2.1—调整系数，0.0082 捆扎线直径或钢带厚
8. 单管伴热管、双管伴热管（管径相同，夹角小于 90°时），工程量：$D'=D_1+D_2+(10 \text{ mm} \sim 20 \text{ mm})$，$D'$—伴热管道综合值，$D_1$—主管道直径，$D_2$—伴热管道直径，（10 mm～20 mm）—主管道与伴热管道之间的间隙。
9. 双管伴热（管径相同，夹角大于 90°时），工程量：$D'=D_1+1.5D_2+(10 \text{ mm} \sim 20 \text{ mm})$
10. 双管伴热（管径不同，夹角大于 90°时），工程量：$D'=D_1+D_{伴大}+(10 \text{ mm} \sim 20 \text{ mm})$
将注 8、9、10 的 D' 代入注 6、7 公式即是伴热管道的绝热层、防潮层和保护层工程量。
11. 设备封头绝热工程量：$V=[(D+1.033\delta)/2]^2\pi \cdot 1.033\delta \cdot 1.5 \cdot N$，$N$—设备封头个数
12. 设备封头防潮和保护层工程量：$S=[(D+2.1\delta)/2]^2\pi \cdot 1.5 \cdot N$，$N$—设备封头个数
13. 阀门绝热工程量：$V=\pi \cdot (D+1.033\delta) \cdot 2.5D \cdot 1.05 \cdot N$，$N$—阀门个数
14. 阀门防潮层和保护层工程量 $S=\pi \cdot (D+2.1\delta) \cdot 2.5D \cdot 1.05 \cdot N$，$N$—阀门个数
15. 法兰绝热工程量：$V=\pi \cdot (D+1.033\delta) \cdot 1.5D \cdot 1.033\delta \cdot 1.05 \cdot N$，1.05 调整系数，$N$—法兰个数
16. 法兰防潮和保护层工程量：$S=\pi \cdot (D+2.1\delta) \cdot 2.5D \cdot 1.5D \cdot 1.05 \cdot N$，$N$—法兰个数
17. 弯头绝热工程量：$V=\pi \cdot (D+1.033\delta) \cdot 1.5D \cdot 2\pi \cdot 1.033\delta \cdot N/B$，$N$—弯头个数；$B$ 指：90°弯头 $B=4$；45°弯头 $B=8$
18. 弯头防潮和保护层工程量：$S=\pi \cdot (D+2.1\delta) \cdot 1.5D \cdot 2\pi \cdot N/B$，$N$—弯头个数；$B$ 指：90°弯头 $B=4$；45°弯头 $B=8$
19. 拱顶罐封头绝热工程量：$V=2\pi r \cdot (h+1.033\delta) \cdot 1.033\delta$
20. 拱顶罐封头防潮和保护层工程量：$S=2\pi r \cdot (h+2.1\delta)$
21. 绝热工程第二层（直径）工程量：$D=D+2.1\delta+0.0082$，以此类推
22. 计算规则中调整系数按注中的系数执行
23. 绝热工程前需除锈、刷油，应按本附录刷油工程相关项目编码列项

8.3.4 清单计价案例

【例题 8.2】某省市大楼三层空调工程的保温工程，计算说明见例 8.1 所示。试根据《通用安装工程工程量计算规范》（GB 50856—2013）、《建设工程工程量清单计价规范》（GB 50500—2013），并根据例 8.1 计算的工程量，编制分部分项工程量清单计价表、分部分项工程量清单综合单价分析表等清单文件。

解

按照现行的规范、《××省安装工程预算定额》、主材查阅相应造价信息、并根据例 8.1 中计算的工程量，编制分部分项工程量清单与计价表，综合单价分析表等。

分部分项工程工程量清单计价表、综合单价分析表分别见表 8.13 和表 8.14。

工程量清单计价过程以表格的形式：

表 8.13　分部分项工程量和单价措施项目清单与计价表

工程名称：某工程空调水管保温　　　　　标段　　　　　　　第 1 页　共 1 页

序号	项目编码	项目名称	计量单位	工程量	金额/元 综合单价	合价	其中暂估价
1	031208002001	管道绝热：泡沫玻璃 φ133 以内，保温厚度 4 cm，运料、割料、粘接、安装、捆扎、抹缝、修理找平	m³	1.32	2 175.01	2 871.01	
2	031208002002	管道绝热：泡沫玻璃 φ57 以内，保温厚度 4 cm，运料、割料、粘接、安装、捆扎、抹缝、修理找平	m³	0.88	1 768.2	1 556.02	
3	031208007001	保护层、防潮层：玻璃丝布，裁油毡纸、包油毡纸、熬沥青、粘接、绑铁线	m²	8.521	666.92	5 682.83	
4	031201006001	布面刷油：保护层外刷调和漆一道，调配、涂刷	m²	8.521	987.51	8 414.57	
		合计				18 524.43	

表 8.14　综合单价分析表

工程名称：某工程空调水管保温　　　　　标段　　　　　　　第 1 页　共 4 页

项目编码	031208002001	项目名称	管道绝热 φ133 以内	计量单位	m³	工程量	1.32

清单综合单价组成明细

定额编号	定额项目名称	定额单位	数量	单价 人工费	材料费	机械费	管理费和利润	合价 人工费	材料费	机械费	管理费和利润
11-1762	DN50 管道绝热 φ133 以内	m³	1.32	308.45	353.34	8.62	317.32	407.15	466.41	11.38	418.87
人工单价		小计						407.15	466.41	11.38	418.87
48.00 元/工日		未计价材料费						871.20			
		清单项目综合单价						2 175.01			

材料费明细	主要材料名称、规格、型号	单位	数量	单价/元	合价/元	暂估单价/元	暂估合价/元
	泡沫玻璃瓦块	m³	1.1×1.32＝1.452	600	871.20		
	其他材料费			—	466.41		
	材料费小计			—	1 337.61		

续表 8.14

工程名称：某工程空调水管保温　　　　标段　　　　第 2 页　共 4 页

项目编码	031208002002	项目名称	管道绝热 φ57 以内	计量单位	m³	工程量	0.88

清单综合单价组成明细								
定额编号	定额项目名称	定额单位	数量	单价				合价			
^	^	^	^	人工费	材料费	机械费	管理费和利润	人工费	材料费	机械费	管理费和利润
11-1754	DN20 管道绝热 φ57 以内	m³	0.88	460.66	413.40	8.62	436.64	405.38	363.79	7.59	384.24
人工单价				小计				405.38	363.79	7.59	384.24
48.00 元/工日				未计价材料费						607.20		
				清单项目综合单价						1 768.2		
材料费明细		主要材料名称、规格、型号		单位	数量		单价/元	合价/元	暂估单价/元	暂估合价/元	
^	^	泡沫玻璃瓦块		m³	1.15×0.88=1.012		600	607.20		
^	^	其他材料费					—	363.79	—	
^	^	材料费小计					—	970.99	—	

工程名称：某工程空调水管保温　　　　标段　　　　第 3 页　共 4 页

项目编码	031208007001	项目名称	保护层安装	计量单位	10 m²	工程量	8.521

清单综合单价组成明细								
定额编号	定额项目名称	定额单位	数量	单价				合价			
^	^	^	^	人工费	材料费	机械费	管理费和利润	人工费	材料费	机械费	管理费和利润
11-2234	保护层、防潮层	10 m²	8.521	19.20	14.16	—	17.75	163.60	120.66	—	151.22
人工单价				小计				163.60	120.66	—	151.22
48.00 元/工日				未计价材料费						231.44		
				清单项目综合单价						666.92		
材料费明细		主要材料名称、规格、型号		单位	数量		单价/元	合价/元	暂估单价/元	暂估合价/元	
^	^	玻璃丝布		10 m²	14×8.521=11.93		19.40	231.44		
^	^	其他材料费					—	120.66	—	
^	^	材料费小计					—	352.10	—	

续表 8.14

工程名称:某工程空调水管保温　　　　标段　　　　　　　　　　第 4 页　共 4 页

项目编码	031208006001	项目名称	保护层刷油	计量单位	10 m²	工程量	8.521

清单综合单价组成明细

定额编号	定额项目名称	定额单位	数量	单价				合价			
				人工费	材料费	机械费	管理费和利润	人工费	材料费	机械费	管理费和利润
11-270	刷油	10 m²	8.521	42.05	20.71	—	34.28	358.31	176.47	—	292.12
人工单价			小计					358.31	176.47	—	292.12
48.00 元/工日			未计价材料费					160.61			
清单项目综合单价								987.51			

材料费明细	主要材料名称、规格、型号	单位	数量	单价/元	合价/元	暂估单价/元	暂估合价/元
	调和漆	kg	16.19	9.92	160.61		
	其他材料费			—	176.47	—	
	材料费小计			—	337.08	—	

【重点串联】

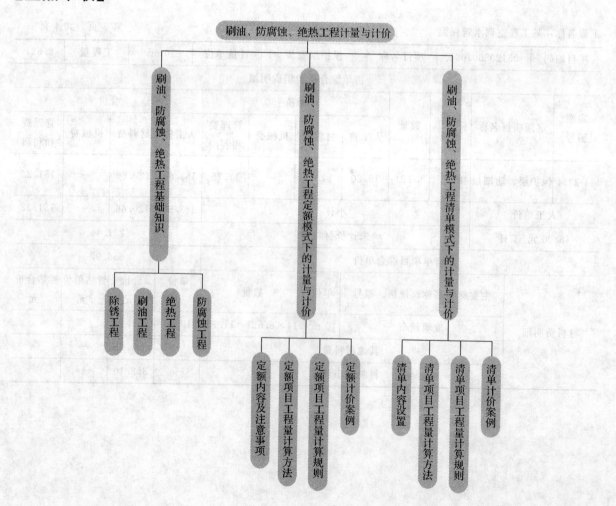

模块 8 刷油、防腐蚀、绝热工程计量与计价

拓展与实训

职业能力训练

一、单项选择题

1. 设备内防腐或刷油工程，可按内径或外径计算，其分界点为壁厚（　　）。
   A. 10 mm　　　　B. 15 mm　　　　C. 8 mm　　　　D. 20 mm

2. 清单计价法的分部分项工程费不包括（　　）。
   A. 人工费　　　B. 材料费　　　C. 机械费　　　D. 企业管理费
   E. 规费

3. 室内给水钢管除锈、刷油工程量，其计算式为（　　）。
   A. $F=1.2\pi DL$　　B. $F=\pi DL$　　C. $F=1.1\pi DL$　　D. $F=1.05\pi DL$

4. 绝热层施工方法有（　　）。
   A. 人工捆扎　　B. 机械喷涂　　C. 浇注　　D. 刮涂法

5. 除去金属表面上的油脂、铁锈、氧化皮等杂物，允许有紧附的氧化皮、锈蚀产物或旧漆存在的旧锈质量等级属于（　　）标准。
   A. 一级　　　　B. 二级　　　　C. 三级　　　　D. 四级

6. 在下列施工中，应采用 Sa2.5 除锈级别的工程有（　　）。
   A. 衬胶化工设备内壁防腐　　　　B. 搪铅
   C. 衬玻璃钢　　　　　　　　　　D. 衬软聚氯乙烯板

7. 大面积除锈质量要求较高的防腐蚀工程应采用（　　）。
   A. 手工除锈　　B. 半机械除锈　　C. 机械除锈　　D. 化学除锈

8. 热力管道直接埋地敷设的要求有（　　）。
   A. 管子与保温材料之间尽量不留空气间层
   B. 管道保温结构具有低的导热系数
   C. 管道保温结构具有高的耐压强度
   D. 管道保温结构具有良好的防火性能

二、简答题

1. 除锈有哪几种方法？管道除锈、刷油工程量怎样计算？
2. 什么是保温绝热，其工程量如何计算？

工程模拟训练

试结合例 8.2，根据《工程量清单计价规范》中给定统一格式，编制措施项目清单计价表，其他项目计价表，以及计算工程造价。

链接执考

[2013 年度全国注册造价工程师职业资格考试《技术与计量（安装）》试题：（单选题）]

1. 安装工程防腐蚀施工时，不能直接涂刷在金属表面的涂料有（　　）。
   A. 聚氯基甲酸酯漆　　　　　　　B. 过氯乙烯漆
   C. 呋喃树脂漆　　　　　　　　　D. 酚醛树脂漆

[2005年度全国注册造价工程师职业资格考试《技术与计量（安装）》试题：（单选题）]

2. 热硫化橡胶板衬里的选择原则规定，为了避免腐蚀性气体的渗透作用，一般宜采用（　　）。

　　A. 衬一层硬橡胶　　　　　　　　　B. 衬二层硬橡胶
　　C. 衬一层软橡胶　　　　　　　　　D. 衬一层软橡胶一层硬橡胶

[2005年度全国注册造价工程师职业资格考试《技术与计量（安装）》试题：（单选题）]

3. 当金属表面除锈级别为 Sa2.5 级时，其适用涂层及防腐的工程有（　　）。

　　A. 金属喷镀　　　　　　　　　　　B. 衬玻璃钢
　　C. 软聚氯乙烯粘接衬里　　　　　　D. 衬胶

[2005年度全国注册造价工程师职业资格考试《技术与计量（安装）》试题：（单选题）]

4. 防腐衬胶管道未衬里前应先预安装，预安装完成后，需要进行（　　）。

　　A. 气压试验　　B. 严密性试验　　C. 水压试验　　D. 渗漏试验

[2006年度全国注册造价工程师职业资格考试《技术与计量（安装）》试题：（单选题）]

5. 钢材表面经轻度的喷射或抛射除锈后，其表面已无可见的油脂和污垢，且没有附着不牢的氧化皮、铁锈和油漆涂层等，此钢材表面除锈质量等级为（　　）。

　　A. St2 级　　　　B. St3 级　　　　C. Sa1 级　　　　D. Sa2 级

[2006年度全国注册造价工程师职业资格考试《技术与计量（安装）》试题：（单选题）]

6. 绝热工程中，必须设置防潮层的管道应是（　　）。

　　A. 架空敷设保温管道　　　　　　　B. 埋地敷设保温管道
　　C. 架空敷设保冷管道　　　　　　　D. 埋地敷设保冷管道

参考文献

[1] 冯钢,景巧玲. 安装工程计量与计价 [M]. 北京:北京大学出版社,2009.
[2] 戴建忠,赵中永. 建筑设备 [M]. 北京:中国铁道出版社,2011.
[3] 许明丽. 安装工程预算 [M]. 哈尔滨:哈尔滨工业大学出版社,2013.
[4] 汤万龙,刘玲. 建筑设备安装识图与施工工艺 [M]. 北京:中国建筑工业出版社,2011.
[5] 于业伟,张梦同. 安装工程计量与计价 [M]. 武汉:武汉理工大学出版社,2009.
[6] 杜贵成. 新版安装工程——工程量清单计价及实例 [M]. 北京:化学工业出版社,2013.
[7] 张建新. 新编安装工程预算 [M]. 北京:中国建材工业出版社,2009.
[8] 吴心伦. 安装工程造价 [M]. 重庆:重庆大学出版社,2009.
[9] 景星蓉. 建筑设备安装工程预算 [M]. 北京:中国建筑工业出版社,2009.
[10] 傅艺. 建筑设备安装工程预算 [M]. 北京:机械工业出版社,2012.
[11] 管锡珺,夏宪成. 安装工程计量与计价 [M]. 北京:中国电力出版社,2009.
[12] 张雪莲,张清. 建筑水电安装工程预算 [M]. 武汉:武汉理工大学出版社,2004.
[13] 岳井峰. 看图学电气安装工程预算 [M]. 北京:中国电力出版社,2011.
[14] 马爱华. 看图学水暖安装工程预算 [M]. 北京:中国电力出版社,2014.
[15] 张国栋. 安装工程工程量清单分部分项计价与预算定额计价对照实例详解 [M]. 北京:中国建筑工业出版社,2012.
[16] 王青山,王丽. 建筑设备 [M]. 北京:机械工业出版社,2009.
[17] 中华人民共和国住房和城乡建设部,中华人民共和国国家质量监督检验检疫总局. GB 50500—2013建设工程工程量清单计价规范 [S]. 北京:中国计划出版社,2013.
[18] 中华人民共和国住房和城乡建设部,中华人民共和国国家质量监督检验检疫总局. GB 50856—2013通用安装工程工程量计算规范 [S]. 北京:中国计划出版社,2013.
[19] 内蒙古自治区建设工程造价管理总站. 内蒙古自治区安装工程预算定额 [S]. 呼和浩特:内蒙古自治区新闻出版局. 2009.
[20] 天津市城乡建设和交通委员会. 天津市安装工程预算基价 [S]. 北京:中国建筑工业出版社,2012.